职业教育任务引领型规划教材

建 筑 施 工 技 术

（第二版）

王军霞　主编
付路军　主审

中国建筑工业出版社

图书在版编目（CIP）数据

建筑施工技术/王军霞主编．—2版．—北京：中国建筑工业出版社，2017.8（2021.8重印）
职业教育任务引领型规划教材
ISBN 978-7-112-20900-2

Ⅰ.①建… Ⅱ.①王… Ⅲ.①建筑施工-技术-职业教育-教材 Ⅳ.①TU74

中国版本图书馆CIP数据核字（2017）第147320号

本书根据国家最新颁布的规范和标准进行编写，重点培养学生按照施工规范和施工程序进行规范化施工的能力。本次修订特别添加了装配式建筑施工相关内容，以便学生了解和学习行业最新动态和发展成果。本书内容主要包括：导语、土方工程施工、地基处理、基础工程施工、砌筑工程施工、钢筋混凝土工程施工、屋面工程施工、保温工程施工、装饰装修工程施工、装配式混凝土结构施工、季节性施工。

本书可作为中等职业院校建筑工程施工专业课程教材，也可作为施工从业人员的参考用书。

为更好地支持相应课程的教学，我们向采用本书作为教材的教师提供教学课件，有需要者可与出版社联系，邮箱：jckj@cabp.com.cn，电话：01058337285，建工书院 http://edu.cabplink.com。

责任编辑：张 晶 李 明 吴越恺
责任校对：李美娜 党 蕾

"十三五"职业教育国家规划教材
职业教育任务引领型规划教材
建筑施工技术（第二版）
王军霞 主编
付路军 主审
*
中国建筑工业出版社出版、发行（北京海淀三里河路9号）
各地新华书店、建筑书店经销
北京红光制版公司制版
北京圣夫亚美印刷有限公司印刷
*
开本：787×1092毫米 1/16 印张：19¼ 字数：416千字
2017年9月第二版 2021年8月第八次印刷
定价：**37.00**元（赠教师课件）
ISBN 978-7-112-20900-2
（30544）

第二版前言

本书依据中等职业学校施工技术课程专业教学标准编写，面向实际，培养的对象是具有初中及以上学历者。本书作为建筑施工技术及相关专业的教学用书，以就业为导向，以职业实践为主线，以能力为本位，以够用、实用为目标，围绕专业的实际需要进行编写。本书采用任务教学法编写，教材内容浅显易懂，生动形象。按照课程培养目标的要求，尽量多用图示、表格来直观表达。

本书内容是按照国家最新颁布的规范进行编写，是培养学生能够按照施工规范和施工程序来进行规范化施工的一门综合性、实践性很强的应用型课程。本书教学内容及课时安排建议见下表：

序　号	课程内容	学时数		
		教学学时	实践学时	备　　注
1	任务1　导语	2		
2	任务2　土方工程施工	12	6	
3	任务3　地基处理	6		
4	任务4　基础施工	10	2	
5	任务5　砌筑工程施工	6	4	
6	任务6　钢筋混凝土工程施工	14	10	
7	任务7　屋面工程施工	4	2	
8	任务8　保温工程施工	4	2	
9	任务9　装饰装修工程施工	4	4	
10	任务10　装配式混凝土结构施工	10	2	
11	任务11　季节性施工	4		
总计		76	32	

本书由王军霞任主编。其中，任务1、任务3、任务7、任务8、任务10由王军霞编写，任务2、任务4由梁士萍编写，任务5、任务9由丁伟贞编写，任务6、任务11由孙翠兰编写。王军霞负责全书统稿。

本书由高级工程师付路军任主审，对书稿提出了许多宝贵意见，在此表示衷心感谢。

由于编者水平有限，加之时间仓促，错误之处在所难免，特别是对一些较新的知识内容，还需不断完善和补充，敬请读者批评指正。

第一版前言

本书是依据中等职业学校施工技术课程教学大纲编写，面向建筑企业，培养的对象是具有初中及以上学历者。本书作为工业与民用建筑及相关专业的教学用书，以就业为导向，以职业实践为主线，以能力为本位，以够用、实用为目标，围绕专业的实际需要来进行编写。本书采用任务教学法编写，教材内容浅显易懂，生动形象。按照课程培养目标的要求，尽量多用图示、表格来直观表达。

本书内容是按照国家最新颁布的规范进行编写，培养学生能够按照施工规范和施工程序来进行规范化施工的一门综合性、实践性很强的应用型课程。本书教学内容及课时安排建议如下：

序号	课程内容	学时数		
		教学学时	实践学时	备注
1	任务1　导语	2		
2	任务2　土方工程施工	12	6	
3	任务3　地基处理	6		
4	任务4　基础工程施工	10	2	
5	任务5　砌筑工程施工	6	4	
6	任务6　钢筋混凝土工程施工	14	10	
7	任务7　屋面工程施工	4	2	
8	任务8　保温工程施工	4	2	
9	任务9　装饰装修工程施工	4	4	
10	任务10　季节性施工	4		
总计		66	30	

本书由王军霞任主编。其中，任务1、任务3、任务7、任务8由王军霞编写，任务2、任务4由梁士萍编写，任务5、任务9由丁伟贞编写，任务6、任务10由孙翠兰编写。

本书由高级工程师付路军任主审，对书稿提出了许多宝贵意见，在此表示衷心感谢。

由于编者水平有限，加之时间仓促，错误之处在所难免，特别是对一些内容，尚待进一步商榷，敬请读者批评指正。

建筑施工技术（第二版）
JIANZHU SHIGONG JISHU (DI ER BAN)
目录
CONTENTS

任务 1

导 语

【任务目标】

(1) 知道建筑工程的划分；

(2) 掌握单位工程、分部工程的概念。

过程 1.1 建筑施工技术概述

一个建筑物或一个建筑群的建成，是由许多工种工程组成的。而每一个工种工程的施工，都可以采用不同的施工方案、不同的施工技术和机械设备、不同的施工组织方法来完成。如何根据施工对象的特点，选择合理的施工方法来建造一个建筑物，是我们施工技术课程主要教授的内容。

目前建筑施工技术方面，在地基加固和基础工程施工中，推广了钻孔灌注桩、旋喷桩、挖孔桩、深层搅拌桩、强夯法、地下连续墙等技术；在现浇混凝土工程中应用了组合钢模板、大模板、滑升模板、早拆模、台模，钢筋焊接及机械连接、泵送混凝土、预应力混凝土等技术；在主体结构施工中应用了大吨位塔吊、高层施工电梯的垂直机械化运输等技术。

过程 1.2 建筑工程划分

为了加强建筑工程的技术管理和统一施工验收标准，由国家建设主管部门批准、颁发了《建筑工程施工质量验收统一标准》GB 50300—2013，以达到提高施工技术水平、保证工程质量、节约工程成本的目的。

建筑工程一般施工周期较长，从开工到竣工交付使用，要经过若干工序、若干专业工种的相互配合，故工程质量合格与否，取决于各工序和各专业工种的施工质量。为确保工程质量达到合格的标准，就须对建筑工程进行细化管理，一般可把一个建筑工程划分为单位工程、分部工程、分项工程进行管理和控制。

1.2.1 单位工程的划分

单位工程的划分按以下原则确定：

（1）具备独立施工条件并能形成独立使用功能的建筑物及构筑物为一个单位工程。

建筑物及构筑物的单位工程是由建筑工程和建筑设备安装工程共同构成。如住宅小区中的一栋住宅楼，学校中的一栋教学楼、办公楼等均为一个单位工程。单位工程由多个分部工程组成。

（2）建筑规模较大的单位工程，可将其能形成独立使用功能的部分划分为子单位工程。

子单位工程必须具有独立施工条件和独立的使用功能，如某商厦大楼的裙楼等。子单位工程的划分，由建设单位、监理单位、施工单位自行商议确定。

1.2.2 分部工程的划分

分部工程可划分一个或多个分项工程。分部工程的划分按以下原则确定：

1. 按专业性质、建筑部位确定

建筑工程可分为地基与基础、主体结构、建筑装饰装修、建筑屋面等几个分部。

2. 当分部工程较大或较复杂时，可将其划分为若干个子分部工程

分部工程可按材料种类、施工特点、施工程序、专业系统及类别等划分为若干个子分部工程。子分部工程可按相近工作内容和系统划分。

1.2.3 分项工程的划分

分项工程是工程的最小单位，也是质量管理的基本单元。分项工程的划分应按主要工种、材料、施工技术、设备类别等进行划分。如按工种划分，钢筋混凝土工程可分为钢筋工程、模板工程、混凝土工程；按材料划分，砌体结构工程可分为砖砌体、混凝土小型空心砌块砌体、填充墙砌体、配筋砖砌体等。

为了及时纠正施工中出现的质量问题，确保工程质量，施工完成之后要进行检验评定，验评的最小单位是检验批，可把分项工程划分成检验批进行验收。检验批是指按同一生产条件或按规定的方式汇总起来供检验用的，由一定数量样本组成的检验体。

任务 2

土方工程施工

【任务目标】

(1) 了解土方工程的施工内容；
(2) 掌握建筑物的定位与放线；
(3) 知道土方工程特点及土的工程性质；
(4) 掌握基坑、基槽土方量的计算；
(5) 掌握土方工程施工准备与辅助工作；
(6) 依据土方机械的作用特点，正确选择土方机械；
(7) 掌握土方开挖注意事项；
(8) 掌握地基钎探目的、探点布置及验槽；
(9) 正确选择回填土料；
(10) 掌握土方填筑与压实方法、要求；
(11) 知道土方工程质量标准与安全技术。

过程 2.1　明确土方工程施工内容

土方工程是建筑工程地基与基础分部工程中子分部工程之一，它包括土方的开挖、运输、填筑、弃土、平整与压实等主要施工过程，以及场地清理、测量放线、施工排水、降水和边坡支护等准备工作与辅助工作。

过程 2.2　进行建筑物定位

2.2.1　建筑物的定位测量

建筑物的定位测量就是在地面上确定建筑物的位置，即根据设计文件将建筑物外轮廓的各轴线交点测设到地面上。进行建筑物的定位放线，是确定建筑物平面位置和开挖基槽的关键环节，实测中必须保证精度。

1. 定位所需仪器设备

定位一般用全站仪、经纬仪、水准仪和钢尺等测量仪器。

2. 建筑物的定位方法

建筑物定位测量一般根据原有建筑物或道路中心线进行，可采用直角坐标法或极坐标法定位。

（1）根据原有建筑物定位

在原有建筑群内新建、改建、扩建时，设计图纸中一般会给出拟建建筑物与原有建筑物的相对位置关系。这样，就可依据设计给定的条件定位。

【例 2-1】　如图 2-1 所示，拟建 3 号楼横轴线长 27.60m，纵轴线长 12.00m，该楼外墙厚 240mm，轴线居中。3 号楼与原有 2 号楼外墙皮之间的间距为 15.00m，南墙外墙皮齐平，3 号楼定位步骤如下：

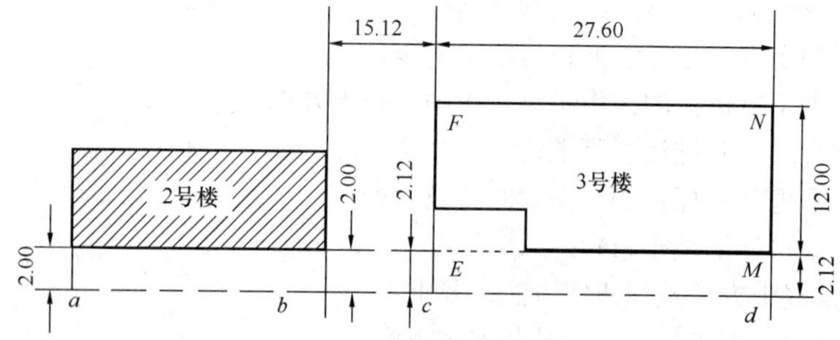

图 2-1　根据原有建筑物定位

解：（1）计算测设数据：2 号楼东山墙外皮至 3 号楼西山墙轴线之间的间距为：

$$15.00+0.24/2=15.12\text{m}$$

（2）绘制测设详图：将测设数据标注于图中的相应位置，如图 2-1 所示。

（3）测设步骤：

1）设置辅助点 a、b。沿 2 号楼西山墙方向测设水平距离 2.00m，标定 a 点；同法标定 b 点。

2）设置垂足 c、d。在 a 点安装经纬仪，以 b 点定向，沿经纬仪视线方向先测水平距离 bc=15.12m，标定 c 点，再测水平距离 cd=27.6m，标定 d 点。

3）钉角桩 E、F、M、N。在 c 点安装经纬仪，以 d 点定向，逆时针旋转 90°，依据测设数据分别测设出 E、F，同理，在 d 点安装经纬仪，分别测设出 M、N。

4）检测与校核。一般先检测最弱角，再检测最弱边。弱角 $\angle F$、$\angle N$，弱边 FN，应符合《工程测量规范》GB 50026—2007 的规定。

（2）直角坐标法定位

当平面控制采用建筑基线、建筑方格网或建筑红线时，常用直角坐标法定位。

【例 2-2】 拟建建筑物 $EFNM$，在建筑坐标系中的设计坐标如图 2-2 所示。O、A、B、G、H、K 为已有的六个平面控制点，其坐标值见表 2-1 所列。

定位步骤：

解：（1）计算测设数据

依据 E、N 点的坐标，计算出建筑物的长度、宽度。

$EM=FN=714.00-630=84.00\text{m}$

$EF=MN=457.30-430=27.30\text{m}$

$Oa=630.00-600=30\text{m}$

$aE=bM=430-400.00=30.00\text{m}$

$Gb=714.00-700.00=14.00\text{m}$

平面控制点坐标 **表 2-1**

坐标 \ 点号	O	A	B	G	H	K
x	400.00	600.00	400.00	400.00	400.00	500.00
y	600.00	600.00	900.00	700.00	800.00	600.00

（2）绘制测设详图

将测设数据注于图中的相应位置，便是测设详图，如图 2-2 所示。

（3）测设步骤

1）设置垂足 a、b。在 O 点安置经纬仪，以 B 点定向，沿经纬仪视准轴方向先测设水平距离 $Oa=30\text{m}$，标定 a 点；再测设水平距离 $Gb=14.00\text{m}$，标定 b 点。

2）钉角桩 E、F。在 a 点安装经纬仪，以 B 点定向，反拨 90°，沿视准轴方向先测设水平距离 $aE=30.00\text{m}$，钉 E 点；再测水平距离 $EF=27.30\text{m}$，钉 F 点。

3）钉角桩 M、N 与检测，同【例 2-1】。

2.2.2 建筑物放线

建筑物定位测量时，只是根据建筑物的外轮廓或轴线尺寸以控制网的形式把建筑物测设到地面上，许多轴线控制桩还没有测出来。为满足施工需要，还要进一步测设出各轴线交点的位置，根据基础的宽度、土质情况、基础埋置深度及施工方法，计算

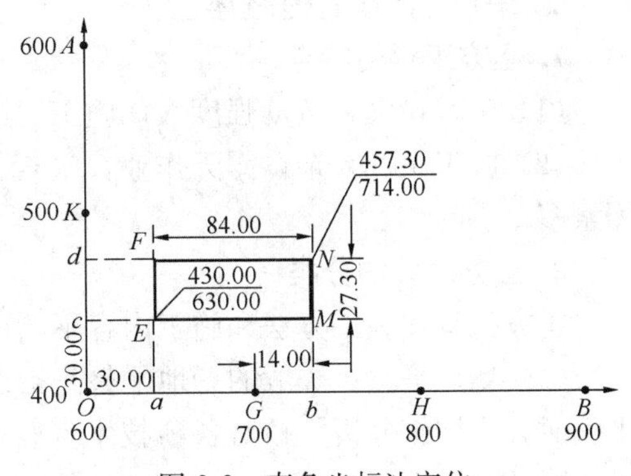

图 2-2 直角坐标法定位

任务2 土方工程施工

确定基槽（坑）上口开挖宽度，拉通线后用石灰在地面上画出基槽（坑）开挖的上口边线即放线。

根据建筑物定位桩，详细测设出其他轴线交点的位置，并用木桩标定出来，称为中心桩。由于基槽开挖后，定位桩和中心桩将被挖掉，为了在施工中恢复各轴线位置，应把各轴线延长到槽外安全地点，并做好标志。其方法有设置龙门板和轴线控制桩两种形式。

1. 设置龙门板

在民用建筑施工时，为了便于恢复轴线和抄平放线，可在房屋四角及各主要轴线处测设水平木板桩，将控制轴线引至水平木板上。水平木板称为龙门板，固定木桩称为龙门桩，如图 2-3 所示。

2. 设置轴线控制桩

轴线控制桩又称引桩，必须设在不受施工干扰又便于引测的地方。当现场条件许可时，也可以在轴线延长线两端的固定建筑物上直接做上标记，如图 2-4 所示。一般轴线控制桩最好与测设轴线同时进行，以保证轴线控制桩的精度。

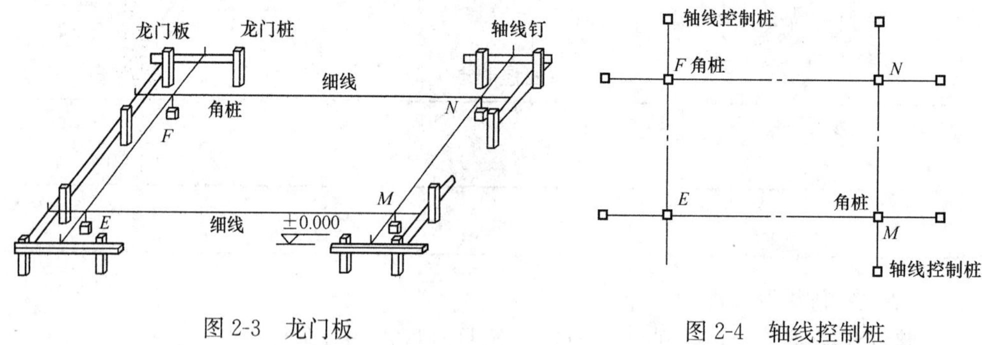

图 2-3　龙门板　　　　图 2-4　轴线控制桩

过程 2.3　开挖土方

2.3.1　土方工程概述

1. 土方工程的特点

（1）工程量大，劳动强度大，施工工期长。

（2）施工条件复杂，露天作业，受气候、水文、地质等条件影响，难以确定因素多。

2. 土方工程的分类

土方工程按施工方法和施工内容不同可分为：

（1）场地平整：一般的场地平整是指±30cm 以内的挖、填、找平。进行场地平整时，应详细分析、核对各项技术资料，进行现场调查，尽量满足挖填平衡要求，降低施工费用。

(2) 基坑（槽）及管沟开挖：基坑是指基底面积在 20m² 以内的土方工程；基槽是指宽度在 3m 以内，长度是宽度的 3 倍以上的土方工程。

(3) 大型挖方工程：主要对人防工程、大型建筑物的地下室、深基础施工等而进行的大型土方开挖。它涉及降低地下水位、边坡稳定与支护、邻近建筑物的安全与防护等一系列问题，因此，在土方开挖前，应详细研究各项技术资料，进行专项施工设计。

(4) 土方的填筑与压实：对填筑的土方，要求严格选择土料，分层回填压实。

3. 土的分类与鉴别

在建筑施工中，根据土开挖的难易程度将土分为：松软土、普通土、坚土、砂砾坚土、软石、次坚石、坚石、特坚硬石八类。其中前四类属一般土，后四类属岩石。土的工程分类方法及现场鉴别方法见表 2-2 所列。

土的工程分类与现场鉴别方法 **表 2-2**

土的分类	土的名称	可松性系数		现场鉴别方法
		K_s	K'_s	
一类土（松软土）	砂；粉土；冲积砂土层；种植土；泥炭（淤泥）	1.08～1.17	1.01～1.03	能用锹、锄头挖掘
二类土（普通土）	粉质黏土；潮湿的黄土；夹有碎石、卵石的砂；种植土；填筑土	1.14～1.28	1.02～1.05	用锹、锄头挖掘，少许用镐翻松
三类土（坚土）	软及中等密实黏土；粉质黏土；粗砾石；干黄土及含碎石、卵石的黄土、粉质黏土；压实的填筑土	1.24～1.30	1.04～1.07	用镐，少许用锹、锄头挖掘，部分用撬棍
四类土（砂砾坚土）	坚硬密实的黏性土及含碎石、卵石的黏土；粗卵石；密实的黄土；天然级配砂石；软泥灰岩及蛋白石	1.26～1.32	1.06～1.09	整个先用镐、撬棍，然后用锹挖掘，部分用楔子及大锤
五类土（软石）	硬质黏土；中等密实的页岩、泥灰岩、白垩土；胶结不紧的砾岩；软的石灰岩	1.30～1.45	1.10～1.20	用镐或撬棍、大锤挖掘，部分使用爆破方法
六类土（次坚石）	泥岩；砂石；砾岩；坚实的页岩；泥灰岩；密实的石灰石；风化花岗石；片麻岩	1.30～1.45	1.10～1.20	用爆破方法开挖，部分用风镐
七类土（坚石）	大理石；辉绿岩；玢岩；粗、中粒花岗石；坚实的白云岩、砂石、砾岩、片麻岩、石灰石；微风化的安山岩、玄武岩	1.30～1.45	1.10～1.20	用爆破方法开挖
八类土（特坚硬石）	安山岩；玄武岩；花岗片麻岩、坚实的细粒花岗石、闪长岩、石英岩、辉长岩、辉绿岩、玢岩	1.45～1.50	1.20～1.30	用爆破方法开挖

2.3.2　土的工程性质

1. 土的天然密度和干密度

（1）土的天然密度：在天然状态下，单位体积土的质量。它与土的密实程度和含水量有关。

土的天然密度可按下式计算：

$$\rho = \frac{m}{V} \tag{2-1}$$

式中　ρ——土的天然密度（kg/m^3）；

m——土的总质量（kg）；

V——土的体积（m^3）。

（2）干密度：土的固体颗粒质量与总体积的比值，可用下式表示：

$$\rho_d = \frac{m_s}{V} \tag{2-2}$$

式中　ρ_d——土的干密度（kg/m^3）；

m_s——固体颗粒质量（kg）；

V——土的体积（m^3）。

在一定程度上，土的干密度反映了土的颗粒排列紧密程度。土的干密度越大，表示土越密实。土的密实程度主要通过检验填方土的干密度和含水量来控制。

2. 土的含水量

土的含水量：土中水的质量与固体颗粒质量之比的百分率，可用下式计算：

$$W = \frac{m_w}{m_s} \times 100\% \tag{2-3}$$

土的含水量对土方开挖的难易程度、边坡留置的大小、回填土的夯实有一定程度的影响。

3. 土的可松性系数

土的可松性：天然土经开挖后，其体积因松散而增加，虽经振动夯实，仍然不能完全复原，土的这种性质称为土的可松性。

土的可松性用可松性系数表示，即

$$K_s = \frac{V_2}{V_1} \tag{2-4}$$

$$K'_s = \frac{V_3}{V_1} \tag{2-5}$$

式中　K_s、K'_s——土的最初、最终可松性系数；

V_1——土在天然状态下的体积（m^3）；

V_2——土挖出后在松散状态下的体积（m^3）；

V_3——土经压（夯）实后的体积（m^3）。

可松性系数对土方的调配、计算土方运输量都有影响。各类土的可松性系数见表 2-2 所列。

【例 2-3】 要将 $1000m^3$ 普通土开挖运走，考虑到该土的最初可松性系数 K_s（取 1.19），所需运走的土方量不是 $1000m^3$，而是 $1000m^3 \times 1.19 = 1190m^3$。又如需要回填 $1000m^3$ 普通土，考虑其最终可松性系数 K'_s（取 1.035）的影响，所需挖方的体积 $1000m^3/1.035 = 966m^3$ 就够了。

【例 2-4】 已知某基槽需挖土方 $300m^3$，基础体积 $180m^3$，土的最初可松性系数为 1.4，最终可松性系数为 1.1，计算预留回填量和弃土量（按松散状态计算）。

解：由 K_s、K'_s 二者间的关系可知：

预留回填土量：$V_{留} = (V_{挖} - V_{基}) \times \dfrac{K_s}{K'_s} = (300-180) \times \dfrac{1.4}{1.1} = 152.73m^3$

弃土量：$V_{弃} = V_{挖} \cdot K_s - V_{留} = 300 \times 1.4 - 152.73 = 267.27m^3$

4. 土的渗透系数

土的渗透系数表示单位时间内水穿透土层的能力，以 m/d 表示。根据土的渗透系数不同，可分为透水性土（如砂土）和不透水性土（如黏土）。它主要影响施工降水与排水速度，一般土的渗透系数见表 2-3。

土的渗透系数 **表 2-3**

土的名称	渗透系数（m/d）	土的名称	渗透系数（m/d）
黏土	<0.005	中砂	5.0～20.0
轻质黏土	0.005～0.10	匀质中砂	25.0～50.0
粉土	0.1～0.5	粗砂	20.0～50.0
黄土	0.25～0.5	圆砾	50.0～100.0
粉砂	0.5～1.0	卵石	100.0～500.0
细砂	1.0～5.0		

2.3.3 基坑、基槽土方量计算

1. 土方边坡

基坑、沟槽开挖过程中，土壁的稳定，主要由土体内土颗粒间存在的内摩擦力和黏聚力来保持平衡的。一旦土体在外力作用下失去平衡而发生滑移时，土壁就会塌方。土壁塌方不仅会妨碍基坑开挖，有时还会危及附近建筑物，严重的会造成人员伤亡事故。为防止土壁塌方，确保施工安全，当挖方超过一定深度或填方超过一定高度时，其边沿应放出足够的边坡。

边坡坡度应根据土质、开挖深度、开挖方法、施工工期、地下水位、坡顶荷载等因素确定。边坡可做成直线形、折线形或阶梯形。

基坑（土方）边坡坡度以挖方深度（或填方深度）H 与底宽 B 之比表示，如图 2-5 所示。

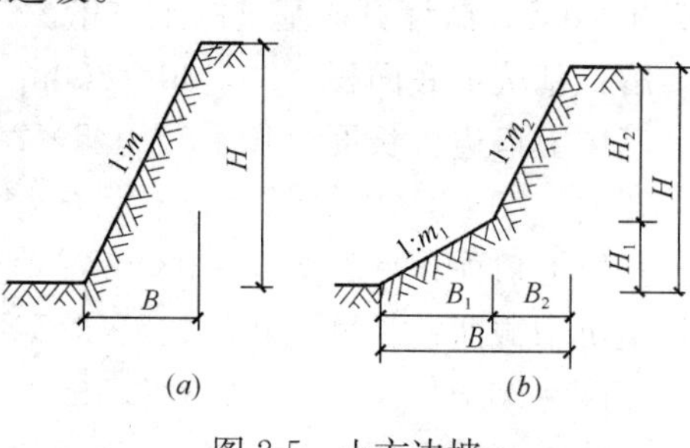

图 2-5 土方边坡

$$土方边坡坡度 = H/B = 1/(B/H) = 1/m \tag{2-6}$$

式中　$m=B/H$ 称为边坡坡度系数。

根据《建筑地基基础工程施工质量验收规范》GB 50202—2002 的规定：临时性挖方的边坡应符合表 2-4 的规定。

临时性挖方的边坡值　　**表 2-4**

土的类别		边坡值（高∶宽）
砂土（不包括细砂、粉砂）		1∶1.25～1∶1.50
一般性黏土	硬	1∶0.75～1∶1.00
	硬、塑	1∶1.00～1∶1.25
	软	1∶1.50 或更缓
碎石类土	充填坚硬、硬塑黏性土	1∶0.50～1∶1.00
	充填砂土	1∶1.00～1∶1.50

注：1. 设计有要求时，应符合设计标准。
2. 如采用降水或其他加固措施，可不受本表限制，但应计算复核。
3. 开挖深度，对软土不应超过 4m，对硬土不应超过 8m。

2. 基坑与基槽土方量计算

土方工程施工前，必须计算土方的工程量，但各种土方工程的外形有时很复杂，而且不规则。一般情况下，都将其假设或划分成为一定的几何形状，采用具有一定精度而又和实际情况近似的方法进行计算。

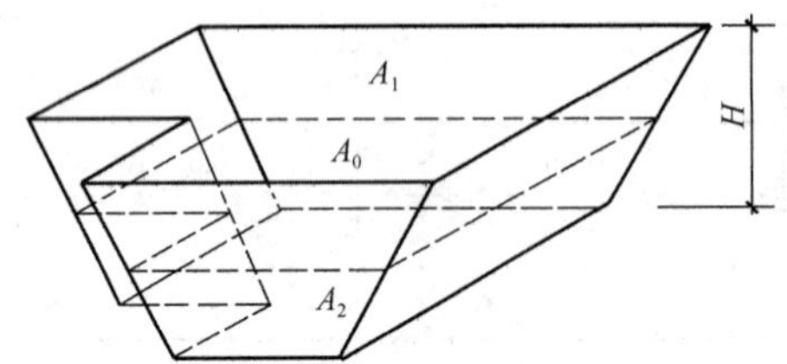

图 2-6　基坑土方量计算

（1）基坑土方量可按立体几何中拟柱体（由两个平行的平面作底的一种多面体，如图 2-6 所示）体积公式计算。即：

$$V = \frac{H}{6}(A_1 + 4A_0 + A_2) \tag{2-7}$$

式中　H——基坑深度（m）；

A_1、A_2——基坑上、下底的面积（m^2）；

A_0——基坑中截面的面积（m^2）。

【例 2-5】　已知某基坑坑底长度 40m，宽度 20m，基坑深 3m，基坑的边坡坡度为 1∶0.5，试计算该基坑的土方量。

解：基坑下底面积＝20×40＝800m^2

基坑上口边：长度＝40＋3×0.5×2＝43m

宽度＝20＋3×0.5×2＝23m

基坑上口面积＝23×43＝989m^2

基坑中截面：长度＝40＋1.5×0.5×2＝41.5m

宽度＝20＋1.5×0.5×2＝21.5m

基坑中截面面积＝21.5×41.5＝892.25m^2

$$V=\frac{H}{6}(A_1+4A_0+A_2)=\frac{3}{6}\times(989+4\times892.25+800)=2679\text{m}^3$$

（2）基槽土方量计算

计算基槽土方量时，可沿长度方向将基槽划分为若干个拟柱体，如图 2-7 所示，再采用拟柱体公式分别计算，即：

$$V_1=\frac{L_1}{6}(A_1+4A_0+A_2)\qquad(2\text{-}8)$$

式中 V_1——第一段的土方量（m^3）；

L_1——第一段的长度（m）。

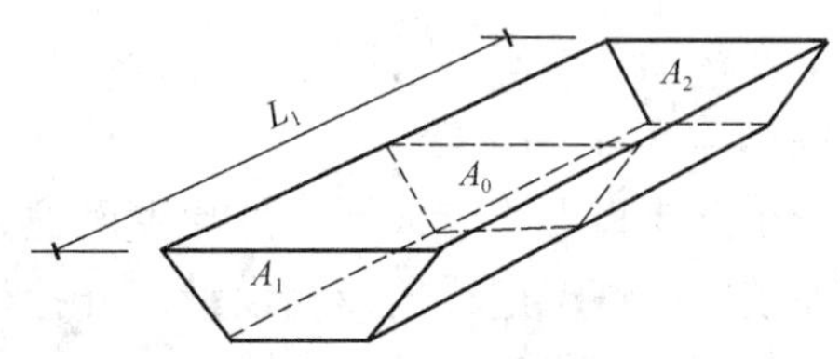

图 2-7 基槽土方量计算

将各段土方量相加，即得总土方量：

$$V=V_1+V_2+\cdots+V_n\qquad(2\text{-}9)$$

2.3.4 施工准备与辅助工作

1. 施工准备

（1）平整场地。

（2）对施工区域内障碍物要调查清楚，制定方案，并征得主管部门同意，拆除影响施工的建筑物、构筑物；拆除和改造通信和电力设施、自来水管道、煤气管道和地下管道；迁移树木。

（3）尽可能利用自然地形和永久性排水设施，采用排水沟、截水沟或挡水坝措施，把施工区域内的雨雪自然水、低洼地区的积水及时排除，使场地保持干燥，便于土方工程施工。

（4）修好临时道路、电力、通信及供水设施，以及生活和生产用临时房屋。

2. 边坡坍塌与土壁支撑

（1）边坡稳定，主要是由土体内摩阻力和黏结力保持平衡，一旦失去平衡，边坡土壁就会塌方。造成土壁塌方的主要原因有：

1）边坡过陡，使土体本身稳定性不够，尤其是在土质差、开挖深度大的坑槽中，常引起塌方。或通过不同土层时，没有根据土的特性放成不同的坡度，使边坡失稳。

2）雨水、地下水渗入基坑，使土体重力增大及抗剪能力降低，是造成塌方的主要原因。

3）基坑（槽）边缘附近大量堆土，或停放机具、材料，或由于动荷载的作用，使土体产生的剪应力超过土体的抗剪强度，土体失稳而塌方。

当地质条件良好、土质均匀且地下水位低于基坑（槽）或管沟底面标高时，挖方边坡可做成直立壁不加支撑，但深度不宜超过下列规定：

密实、中密的砂土和碎石类土（充填物为砂土）：1.0m；

硬塑、可塑的粉土及粉质黏土：1.25m；

硬塑、可塑的黏土和碎石类土（充填物为黏性土）：1.5m；

坚硬的黏土：2m。

挖土深度超过上述规定时，应考虑放坡或做成直立壁加支撑。

（2）土壁支撑

在沟槽开挖时，为减少土方量或受场地条件的限制不能放坡时，可采用设置土壁支撑的方法施工。

土壁支撑形式应根据开挖深度和宽度、土质、地下水条件以及开挖方法、相邻建筑物等情况进行选择和设计。开挖较窄沟槽时多用横撑式支撑，横撑式支撑由挡土板、楞木和工具式横撑组成。

根据挡土板放置方式不同，分为水平挡土板支撑和垂直挡土板支撑两类，如图 2-8 所示。水平挡土板支撑按挡土板布置又分断续式和连续式两种，断续式水平挡土板支撑适用于开挖深度小于 3m、湿度小的黏性土。连续式水平挡土板支撑适用于松散、湿度大的土，挖土深度可达 5m。垂直挡土板支撑适用于土质松散、湿度很高的环境，基坑深度不限。

3. 深基坑支护结构

深基坑开挖采用放坡无法保证施工安全；若场地无放坡条件时，一般采用支护结构临时支挡，以保证基坑的土壁稳定。深基坑支护结构既要保证坑壁稳定、邻近建筑物和管线安全，又要考虑支护结构施工方便、经济合理、有利于土方开挖和地下室的建造。常见的支护结构有：土钉墙、深层搅拌水泥土桩挡土墙、钢筋混凝土板桩、钢板桩、钻孔灌注桩、土层锚杆等。

（1）土钉墙

土钉墙是指采用土钉加固的基坑侧壁土体与护面等组成的支护结构。这种支护结构施工设备简单，施工时不需要单独占用场地，造价低，噪声低，因此得到广泛采用，适用于一般黏性土，如图 2-9 所示。

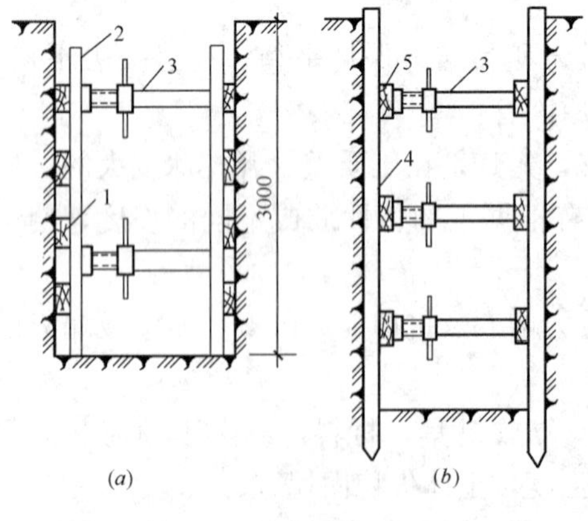

图 2-8　横撑式支撑

（a）断续式水平挡土板支撑；（b）垂直挡土板支撑

1—水平挡土板；2—竖楞木；3—工具式横撑；

4—竖直挡土板；5—横木楞

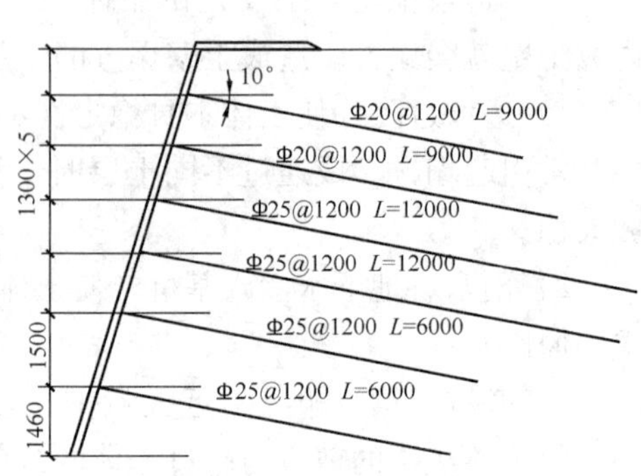

图 2-9　土钉墙剖面图

1）土钉墙的构造要求

① 土钉墙墙面坡度不宜大于 1∶0.1。

② 土钉钢筋宜采用 HRB335、HRB400 级钢筋，钢筋直径宜为 16～32mm，钻孔直径宜为 70～120mm。

③ 土钉长度宜为开挖深度的 0.5～1.2 倍，间距宜为 1～2m，与水平面夹角一般为 5°～20°。

④ 喷射混凝土面层宜配置钢筋网，钢筋直径为 6～10mm，钢筋间距 150～300mm。喷射混凝土的强度等级不低于 C20，面层厚度不小于 80mm。

2）土钉墙的施工工序

① 基坑开挖与修整边坡。基坑严格按设计要求自上而下分层分段开挖，每层深度取决于土体的自稳能力，一般每层开挖深度取土钉竖向间距，以便土钉施工。开挖完成后，及时修整边坡。

② 成孔、安设钢筋土钉、注浆。采用人工凿孔（孔深小于 6m）或机械钻孔（孔深不小于 6m）时，孔径和倾角应符合设计要求。钢筋土钉沿周边焊接居中支架，居中支架宜采用直径 6～8mm 钢筋弯成，间距 2.0～3.0m，注浆管与钢筋土钉虚扎，并同时插入孔内，边注浆边拔管。注浆应采用两次注浆工艺，第一次灌注宜为水泥砂浆，灌注量不应小于钻孔体积的 1.2 倍，第一次注浆初凝后方可进行二次注浆，第二次压注纯水泥浆，注浆量为第一次注浆量的 30%～40%，注浆压力宜为 0.4～0.6MPa。注浆完成后，孔口应及时封堵。

③ 铺设钢筋网，喷射混凝土。钢筋网宜绑扎或焊接，网片与加强联系钢筋交接部位应绑扎或焊接。喷射混凝土作业应分段分片依次进行，同一分段内喷射顺序应自下而上，一次喷射厚度不宜大于 120mm。喷射时，喷头与受喷面保持垂直，距离宜为 0.8～1m。喷射混凝土终凝 2h 后，应洒水养护。

④ 设置坡顶、坡面和坡脚的排水系统。

3）土钉墙的质量检测

① 应对土钉的抗拔承载力进行检测，土钉检测数量不宜少于土钉总数的 1%，且同一土层中土钉检测数量不应少于 3 根；检测土钉应采用随机抽样的方法选取；检测试验应在注浆固结体强度达到 10MPa 或达到设计强度的 70%后进行。

② 应进行土钉墙面层喷射混凝土的现场试块强度试验，每 $500m^2$ 喷射混凝土面积的试验数量不应少于一组，每组试块不应少于 3 个。

③ 应对土钉墙的喷射混凝土面层厚度进行检测，每 $500m^2$ 喷射混凝土面积的检测数量不应少于一组，每组的检查点不应少于 3 个；全部检测点的面层厚度平均值不应小于厚度设计值，最小厚度不应小于厚度设计值的 80%。

（2）土层锚杆

1）土层锚杆：将受拉杆件的一端（锚固段）固定在边坡或地基的土层中，另一端与护壁桩（墙）连接，用以承受土压力，防止土壁坍塌或滑坡。基坑内不设支撑，施工条件好。

2）土层锚杆的组成：土层锚杆由锚头、拉杆、锚固体等组成，如图 2-10 所示。

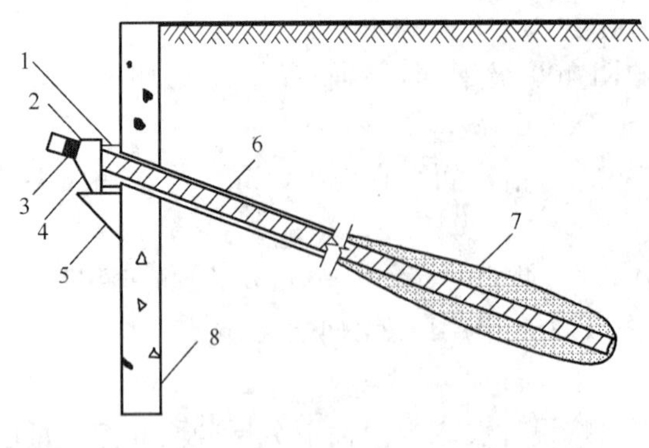

图 2-10　土层锚杆

1—腰梁；2—垫板；3—紧固器；4—台座；5—托架；6—自由段；7—锚固段；8—围护结构

3）土层锚杆的施工过程包括：成孔、锚杆制作安装、注浆。

① 成孔：土层锚杆的成孔设备可采用螺旋式钻孔机、旋转冲击式钻孔机，钻孔要保证位置正确，要随时注意调整好锚孔位置（上下左右及角度），防止高低参差不齐和相互交错。锚杆孔位、孔径、孔深及布置形式应符合设计要求。

② 锚杆制作安装：钢筋锚杆杆体制作规定：钢筋应平直、除锈、除油污；钢筋连接可采用焊接和机械连接；沿杆体轴线方向每隔 2.0～3.0m 应设置一个对中支架，注浆管、排气管应与锚杆杆体绑扎牢固。

钢绞线或高强钢丝锚杆杆体制作规定：钢绞线或高强钢丝应清除油污、锈斑，每根钢绞线的下料误差不应大于 50mm；钢绞线或高强钢丝平直排列，沿杆体轴线方向每隔 1.5～2.0m 应设置一个隔离架。

杆体安装时，杆体插入孔内应避免钢绞线在孔内弯曲或扭转。成孔后应及时插入杆体及注浆。

③注浆：灌浆是土层锚杆施工中的一道关键工序，必须认真进行，并作好记录。软弱、复杂地层锚固段注浆宜采用二次注浆工艺，注浆材料应根据设计要求确定，第一次灌注宜为水泥砂浆，水胶比为 0.45～0.5；第二次压注纯水泥浆应在第一次灌注的水泥砂浆初凝后进行。注浆浆液应搅拌均匀，随搅随用，并在初凝前用完。注浆管端部至孔底的距离不宜大于 200mm；注浆及拔管过程中，注浆管口应始终埋入注浆液面内，应在水泥浆液从孔口溢出后停止注浆；注浆后浆液面下降时，应进行孔口补浆。

4）锚杆张拉和锁定应符合的规定

① 锚头台座的承压面应平整，并应与锚杆轴线方向垂直。

② 锚杆张拉前应对张拉设备进行标定。

③ 锚杆正式张拉前，应取 0.1～0.2 倍轴向拉力设计值（N_t）对锚杆进行预张拉 1～2 次，使杆体完全平直，各部位接触紧密。

④ 锚杆张拉至 1.05～1.10N_t时，岩层、砂土层应持力 10min，黏性土层应持力 15min，然后卸荷至设计锁定值。

5）锚杆抗拔承载力检测

① 检测数量不应少于锚杆总数的 5%，且同一土层中的锚杆检测数量不应少于 3 根。

② 检测试验应在锚固段注浆固结体强度达到 15MPa 或达到设计强度的 75% 后进行。

③ 检测锚杆应采用随机抽样的方法选取。

（3）锚杆及土钉墙支护的质量标准

1）锚杆及土钉墙支护工程施工前应熟悉地质资料、设计图纸及周围环境，降水系统应确保正常工作，必需的施工设备，如挖掘机、钻机、压浆泵、搅拌机等应能正常运转。

2）一般情况下，应遵循分段开挖、分段支护的原则，不宜按一次挖再行支护的方式施工。

3）施工中应对锚杆或土钉位置，钻孔直径、深度及角度，锚杆或土钉插入长度，注浆配合比、压力及注浆量，喷锚墙面厚度及强度，锚杆或土钉应力等进行检查。

4）每段支护体施工完后，应检查坡顶或坡面位移，坡顶沉降及周围环境变化，如有异常情况，应采取措施，恢复正常后方可继续施工。

5）锚杆及土钉墙支护工程质量检验应符合表 2-5 的规定。

锚杆及土钉墙支护工程质量检验标准　　表 2-5

项　目	序　号	检查项目	允许偏差或允许值		检查方法
			单　位	数　值	
主控项目	1	锚杆土钉长度	mm	±30	用钢尺量
	2	锚杆锁定力	设计要求		现场实测
一般项目	1	锚杆或土钉位置	mm	±100	用钢尺量
	2	钻孔倾斜度	°	±1	测钻孔机倾角
	3	浆体强度	设计要求		试样送检
	4	注浆量	大于理论计算浆量		检查计量数据
	5	土钉墙面厚度	mm	±10	用钢尺量
	6	墙体强度	设计要求		试样送检

2.3.5　降低地下水位

在开挖基坑时，土的含水层常被切断，地下水将会不断地渗入基坑内，为了保持基坑干燥，防止由于水浸泡发生边坡塌方和地基承载力下降，必须做好基坑的排水、降水工作。常采用的降水方法是集水坑降水法和井点降水法。

1. 集水坑降水法

（1）概念

集水坑降水法是指开挖基坑过程中，遇到地下水或地表水时，在基础范围以外地下水流的上游，沿坑底的周围开挖排水沟，设置集水井，使水经排水沟流入井内，然后用水泵抽出坑外，如图2-11 所示。

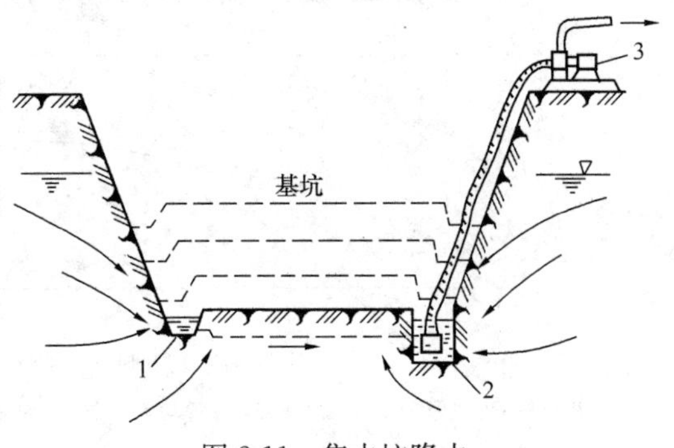

图 2-11　集水坑降水

1—排水沟；2—集水坑；3—水泵

（2）施工要点

1）四周的排水沟及集水井应设置在基础范围以外，地下水流的上游。根据地下水量的大小，基础平面形状及水泵能力，集水井每隔 20～40m 设置一个。

2）集水井的直径或宽度一般为 0.6～0.8m，其深度随着挖土深度的增加而加深，要始终低于挖土面 0.7～1m。

3）当基坑挖至设计标高后，井底应低于基坑底 1～2m，并铺设 0.3m 碎石滤水层，以免在抽水时将泥砂抽出，堵塞水泵，并防止井底土被扰动。

集水坑降水法是一种设备简单、应用普遍的人工降低水位的方法。

（3）适用范围

集水坑降水法适用于水流较大的粗粒土层的排水、降水，也可用于渗水量较小的黏性土层降水，但不适宜于细砂土和粉砂土层，因为地下水渗出会带走细粒而发生流砂现象。

2. 井点降水法

井点降水：基坑开挖前，在基坑四周预先埋设一定数量的井点管，在基坑开挖前和开挖过程中，利用抽水设备不断抽出地下水，使地下水位降到坑底以下，直至土方和基础工程施工结束为止。

井点降水法种类有：轻型井点、喷射井点、电渗井点、管井井点、深井井点等。施工时可根据土层的渗透系数、降低地下水位的深度、设备条件、施工技术水平等情况进行选择。其中轻型井点应用较广，故重点阐述。

（1）轻型井点

轻型井点就是沿基坑周围或一侧以一定间距将井点管（下端为滤管）埋入蓄水层内，井点管上部与总管连接，利用抽水设备使地下水经滤管进入井点管，经总管不断抽出，从而将地下水位降至坑底以下，如图 2-12 所示。

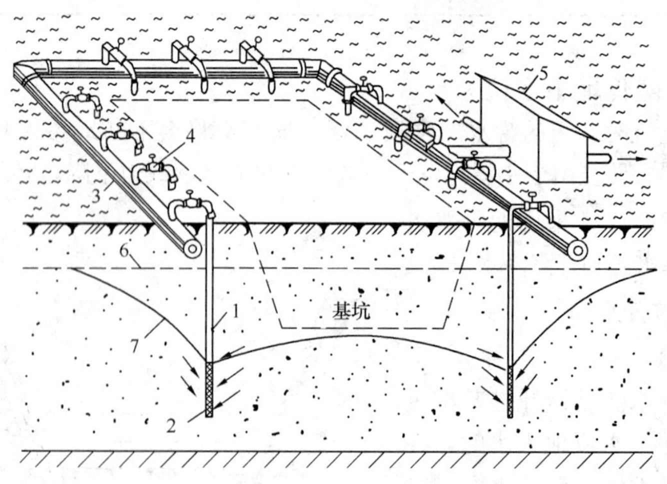

图 2-12　轻型井点降低地下水位图

1—井点管；2—滤管；3—总管；4—弯联管；5—水泵房；6—原有地下水位；7—降低后地下水位

轻型井点法适用于土壤渗透系数为 0.1～50m/d 的土层中；降低水位深度方

面：一级轻型井点 3～6m，二级井点可达 6～9m。

1）轻型井点设备

轻型井点设备由管路系统和抽水设备组成。管路系统包括滤管、井点管、弯联管及总管等。

滤管：滤管构造如图 2-13 所示。

滤管是井点管的一个重要部分，其构造是否合理对抽水设备影响很大。滤管的直径与井点管相同，一般为 38～50mm 的钢管，长度一般为 1.0～1.5m，管壁上钻有直径为 10～18mm 呈梅花形排列的孔，滤孔面积为滤管表面积的 20%～50%。

井点管：井点管采用直径为 38～50mm 的钢管，其长度为 5～7m，井点管的上端通过弯联管与总管相连。

弯联管：弯联管用橡胶软管或用透明塑料软管，后者能够随时观察井点管抽水的工作情况。

总管：集水总管一般采用直径为 75～150mm 的钢管分节制成，每节长度为 4m，其上每隔 0.8～1.6m 设一个与井点管连接的接头。

抽水设备：分为真空泵轻型井点和射流泵轻型井点。

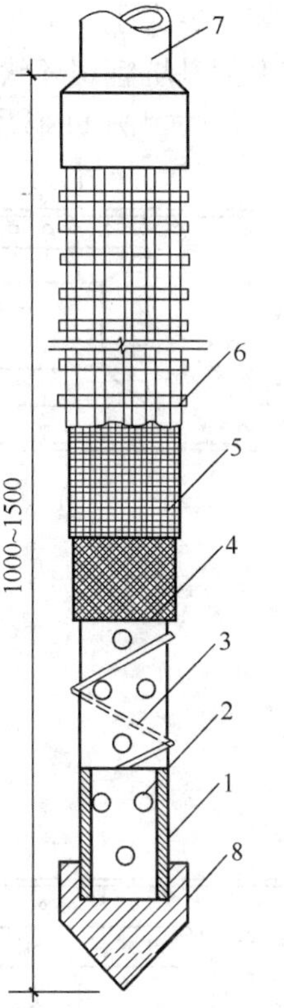

图 2-13　滤管构造

1—钢管；2—管壁上的小孔；3—缠绕的塑料管；4—细滤网；5—粗滤网；6—粗钢丝保护网；7—井点管；8—铸铁头

2）轻型井点的布置

轻型井点的布置应根据基坑平面形状及尺寸、基坑深度、土质、地下水位高低及流向、降水深度等要求确定。

① 平面布置

当基坑或沟槽宽度小于 6m，水位降低深度不超过 5m 时，可用单排线状井点（图 2-14），布置在地下水流的上游一侧，两端延伸长度一般不小于基坑（槽）宽

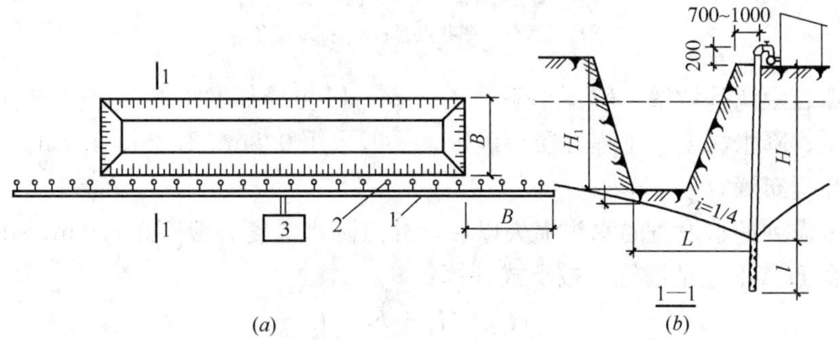

图 2-14　单排线状井点布置图

（a）平面布置；（b）高程布置

1—总管；2—井点管；3—抽水设备

度。如宽度大于 6m 或土质不良，渗透系数较大时，宜用双排井点（图 2-15），面积较大的基坑宜用环状井点（图 2-16）；为便于挖土机械和运输车辆出入基坑，可不封闭，布置为 U 形环状井点。

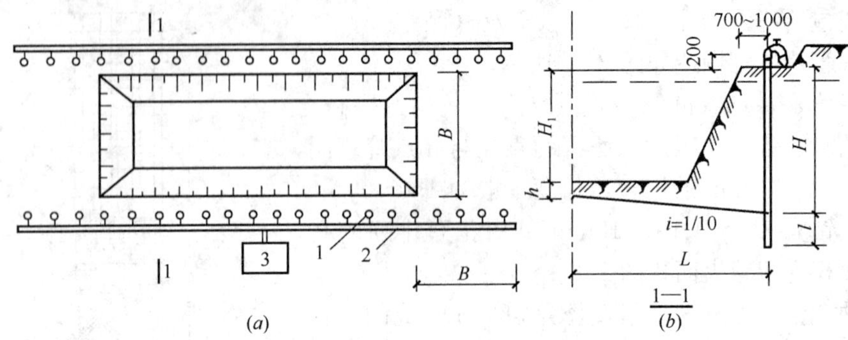

图 2-15 双排线状井点布置图

（a）平面布置；（b）高程布置

1—总管；2—井点管；3—抽水设备

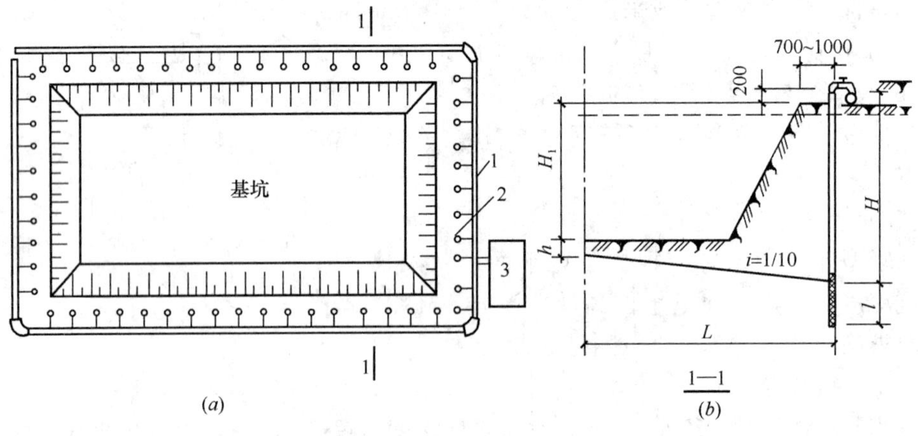

图 2-16 环形井点布置图

（a）平面布置；（b）高程布置

1—总管；2—井点管；3—抽水设备

井点管距离基坑壁一般不小于 0.7～1m，以防局部发生漏气，井点管间距应根据土质、降水深度、工程性质等确定，一般采用 0.8m、1.2m、1.6m。

②高程布置

在考虑到抽水设备的水头损失以后，井点降水深度一般不超过 6m。井点管的埋设深度 H（不包括滤管）按下式计算：

$$H \geqslant H_1 + h + iL \tag{2-10}$$

式中 H_1——井点管埋设面至基坑底的距离（m）；

h——基坑中心处坑底面（单排井点时，为远离井点一侧坑底边缘）至降低后地下水位的距离，一般为 0.5～1.0m；

i——地下水降落坡度，环状井点为 1/10，单排线状井点为 1/4；

L——井点管至基坑中心的水平距离（单排井点中为井点管至基坑另一侧的水平距离）（m）。

（2）轻型井点的施工

轻型井点的施工分为准备工作及井点系统安装。

1）准备工作

包括井点设备、动力、水泵及必要材料准备，排水沟的开挖，附近建筑物的标高监测以及防止附近建筑沉降的措施等。

2）埋设井点系统的顺序

①根据降水方案放线，挖管沟，布设总管。

②冲孔，沉设井点管，埋砂滤层，黏土封口。井点管的埋设一般用水冲法施工，分为冲孔和埋管两个过程（图 2-17）。冲孔时，先用起重设备将冲管吊起并插在井点的位置上，然后开动高压水泵，将土冲松，冲管则边冲边沉。冲孔直径一般为 300mm，以保证井管四周有一定厚度的砂滤层，冲孔深度宜比滤管深 0.5m

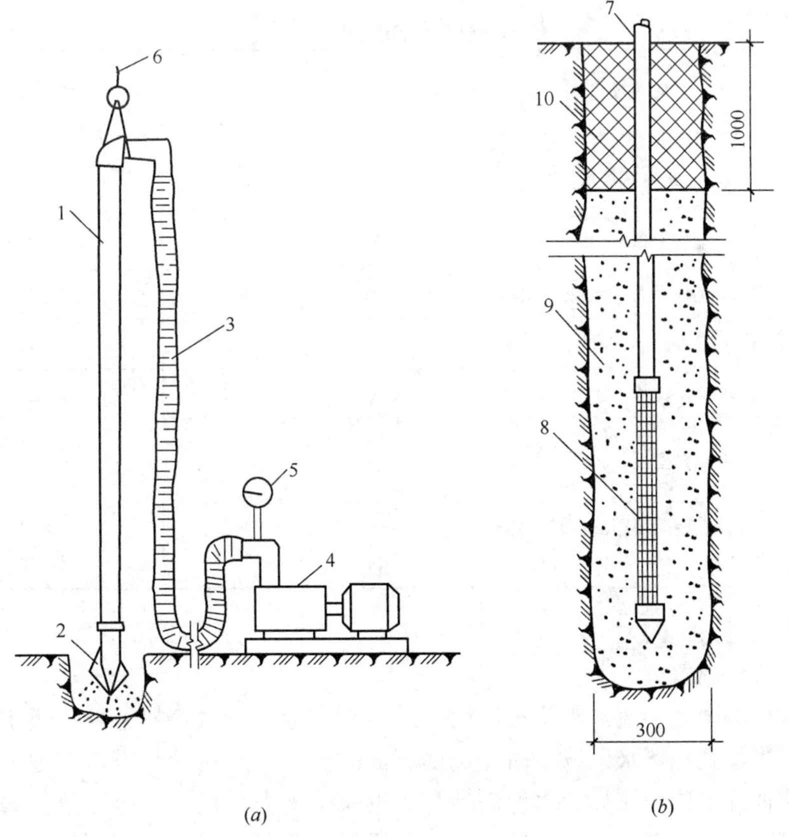

图 2-17　井点管的埋设

（a）冲孔；（b）埋管

1—冲管；2—冲嘴；3—胶皮管；4—高压水泵；5—压力表；6—起重机吊钩；7—井点管；8—滤管；9—填砂；10—黏土封口

左右，以防冲管拔出时，部分土颗粒沉于底部而触及滤管底部。井孔冲成后，立即拔出冲管，插入井点管，并在井点管与孔壁之间迅速填灌砂滤层，以防孔壁塌土。砂滤层的填灌质量是保证轻型井点顺利抽水的关键。一般宜选用干净粗砂，填灌均匀，并填至滤管顶上 1～1.5m，以保证水流畅通。井点填砂后，在地面以下 0.5～1.0m 内须用黏土封口，以防漏气。

③弯联管连接井点管与总管。

④安装抽水设备。

⑤试抽。井点系统安装完毕后，应立即进行抽水试验，以检查管路接头质量、井点出水状况和抽水机械运转情况等，有无漏气、漏水、死井等现象。如死井太多，严重影响降水效果时，应逐个用高压水冲洗或拔出重埋。轻型井点的正常出水规律是"先大后小，先浊后清"。

井点降水工作结束后所留的井孔，必须用砂砾或黏土填实。

3. 降水与排水施工质量检验

降水与排水施工质量检验应符合表 2-6 的规定。

降水与排水施工质量检验标准　　表 2-6

序号	检查项目	允许值或允许偏差		检查方法
		单位	数值	
1	排水沟坡度	‰	1～2	目测：坑内不积水，沟内排水畅通
2	井管（点）垂直度	%	1	插管时目测
3	井管（点）间距（与设计相比）	%	150	用钢尺量
4	井管（点）插入深度（与设计相比）	mm	≤200	水准仪
5	过滤砂砾料填灌（与计算值相比）	mm	≤5	检查回填料用量
6	井点真空度：轻型井点	kPa kPa	60 >93	真空度表 真空度表
7	电渗井点阴阳极距离：轻型井点 喷射井点	mm mm	80～100 120～150	用钢尺量 用钢尺量

4. 流砂

（1）流砂现象

当开挖深度大、地下水位较高而土质为细砂或粉砂时，如果采用集水井法降水开挖，当挖至地下水位以下时，坑底下面的土会形成流动状态，随地下水涌入基坑，这种现象称为流砂。发生流砂时，土完全丧失承载力，施工条件恶化，土边挖边冒，难以开挖到设计深度。流砂严重时，会引起基坑边坡倒塌，附近建筑物会因地基被掏空而产生下沉、倾斜，甚至倒塌。总之，流砂现象对土方工程施工和周围建筑物危害很大，施工时必须引起足够的重视。

（2）流砂发生的原因

水在土中渗流时对单位土体所作用的力称为动水压力，用 G_D 表示。动水压力的方向与水流方向相同。当水流在水位差作用下对土颗粒产生向上的压力时，动水压力不但使土颗粒受到水的浮力，而且还使土颗粒受到向上的压力。当动水压力不小于土浸水容重 γ'_w 时，即：

$$G_D \geqslant \gamma'_w$$

则土颗粒处于悬浮状态，土的抗剪强度等于零，土颗粒能随水一起流动，就会发生流砂现象。

（3）流砂防治措施

1）如条件许可，尽量安排枯水期施工，使最高地下水位不高于坑底 0.5m。

2）人工降低地下水位：一般采用井点降水方法，由于地下水的渗流向下，动水压力方向向下，可以避免流砂现象的发生。

3）打板桩法：将板桩沿基坑四周打入坑底下面一定深度，增加地下水的渗流路径，从而减小动水压力，防止流砂发生。

4）抢挖法：组织分段抢挖，使挖土速度超过冒砂速度，挖至设计标高后，立即铺上竹筏、芦席等，并抛大石块以平衡动水压力，压住流砂。此法仅适于解决局部或轻微的流砂现象。

5）水下挖土法：采用不排水施工，使坑内水压与地下水压平衡，从而防止流砂产生。此法在沉井挖土下沉过程中常采用。

6）地下连续墙法：沿基坑四周筑起连续的混凝土或钢筋混凝土墙，防止地下水流入坑内。

2.3.6　土方机械化施工

在土方工程施工中，人工开挖只适用于小型基坑、管沟及土方量少的场所，对大量的土方工程一般均应采用机械化施工，以减少繁重的体力劳动，提高劳动生产率，加快施工进度。

土方工程施工中，常用的土方开挖机械有推土机、铲运机、单斗挖土机等。施工时应会正确选择施工机械。

1. 常用土方施工机械的施工特点

（1）推土机

推土机是土方工程施工的主要机械之一，是在拖拉机上安装推土装置而成的机械。推土机操作灵活，运转方便，所需工作面较小，行驶速度快，易于转移，能爬 30°左右的缓坡，应用较为广泛。多用于平整和清理场地，开挖深度 1.5m 以内的基坑，回填基坑、管沟。

按行走的方式，可分为履带式推土机和轮胎式推土机。履带式推土机附着力强，爬坡性能好，适应性强；轮胎式推土机行驶速度快，灵活性好。

推土机作业方法及提高生产率的措施为：

1）下坡推土法：在斜坡上推土机顺下坡方向切土与推运，可以提高生产率，但坡度不宜超过 15°，以免后退时爬坡困难，如图 2-18 所示。

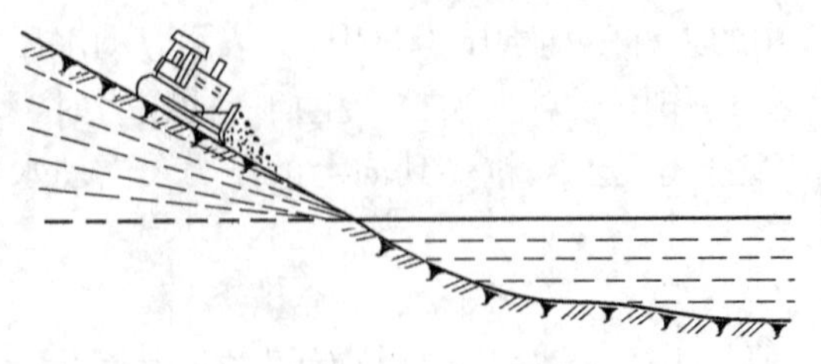
图 2-18 下坡推土

2）并列推土法：用 2～3 台推土机并列作业，可减少土的散失，提高生产率。一般采用 2 台推土机并列推土，铲刀相距 15～30cm，可增加推土量 15%～30%，平均运距不宜超过 50～70m，也不宜小于 20m，如图2-19所示。

3）槽形推土法：推土机重复在一条作业线上切土和推土，使地面逐渐形成一条浅槽，以减少土从铲刀两侧散失，可增加 10%～30%的推土量，如图 2-20 所示。

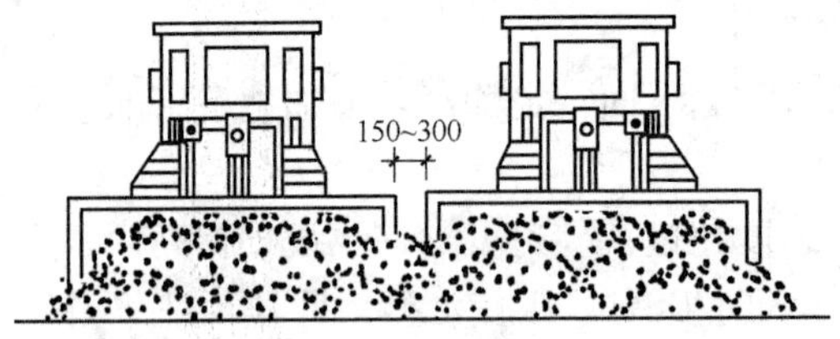

图 2-19 并列推土

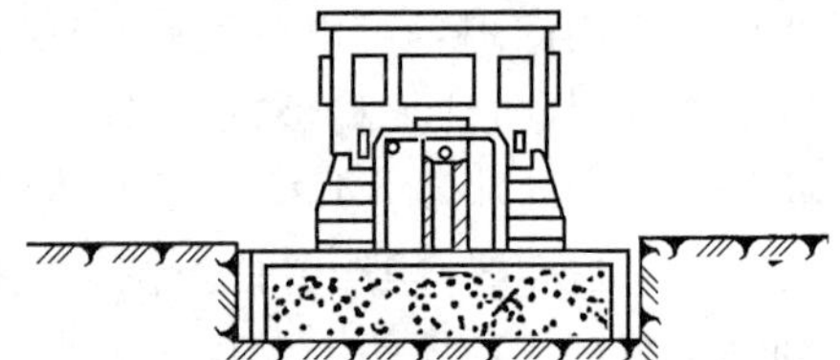
图 2-20 槽形推土

4）多刀送土法：在硬质土中，由于切土深度不大，可采用多次铲土，然后集中推送到卸土区。

（2）铲运机

铲运机由牵引机械和土斗组成，按行走方式分为拖式铲运机（图 2-21）和自行式铲运机（图 2-22),拖式铲运机由拖拉机牵引，自行式铲运机的行使和工作，都靠自身的动力设备，不需要其他机械的牵引和操纵。

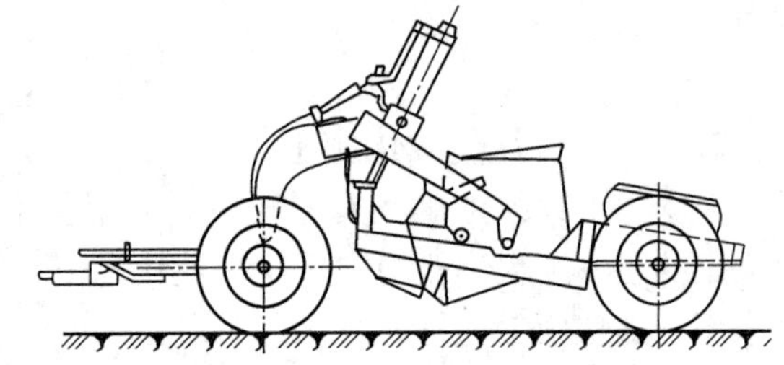
图 2-21 拖式铲运机

铲运机的特点是能完成挖土、运土、平土或填土等全部土方工程施工工序，操纵灵活，对行驶道路要求低，适用于大面积场地平整，开挖大基坑等工程。为

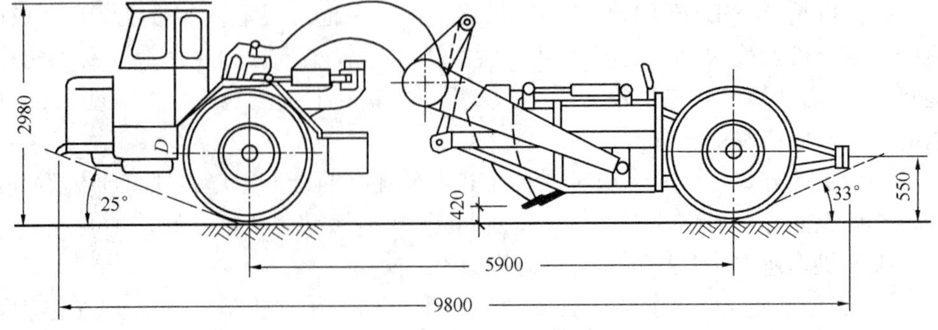

图 2-22 自行式铲运机

了提高铲运机的生产效率，根据不同的施工条件选择合理的开行路线和施工方法。

1）铲运机开行路线一般有环形路线和“8”字形路线两种形式，如图 2-23 所示。

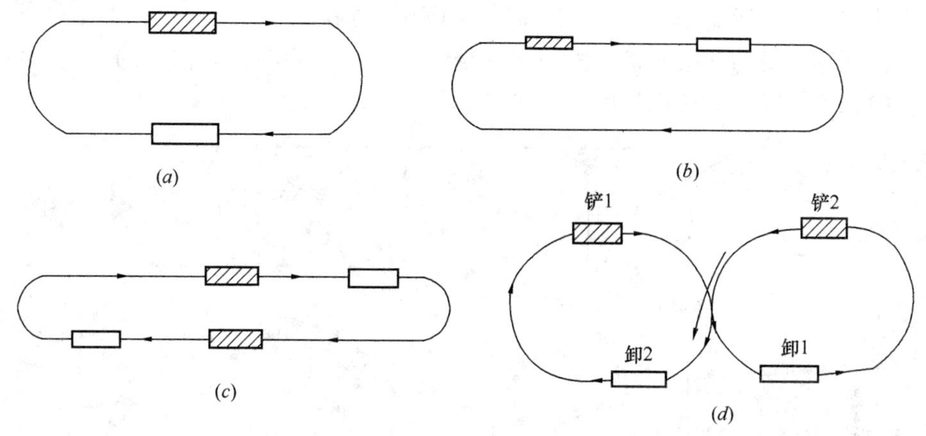

图 2-23　铲运机开行路线

(a)、(b) 环形路线；(c) 大环形路线；(d) 8 字形路线

2）铲运机常用的施工方法为下坡铲土、推土机推土助铲等，这几种施工方法可以缩短装土时间，使铲斗的土装得较满。

（3）单斗挖土机

单斗挖土机在土方工程中应用较广，种类很多，单斗挖土机按工作装置不同，可分为正铲、反铲、拉铲和抓铲四种。按其操纵机械的不同，可分为机械式和液压式两类，如图 2-24 所示。

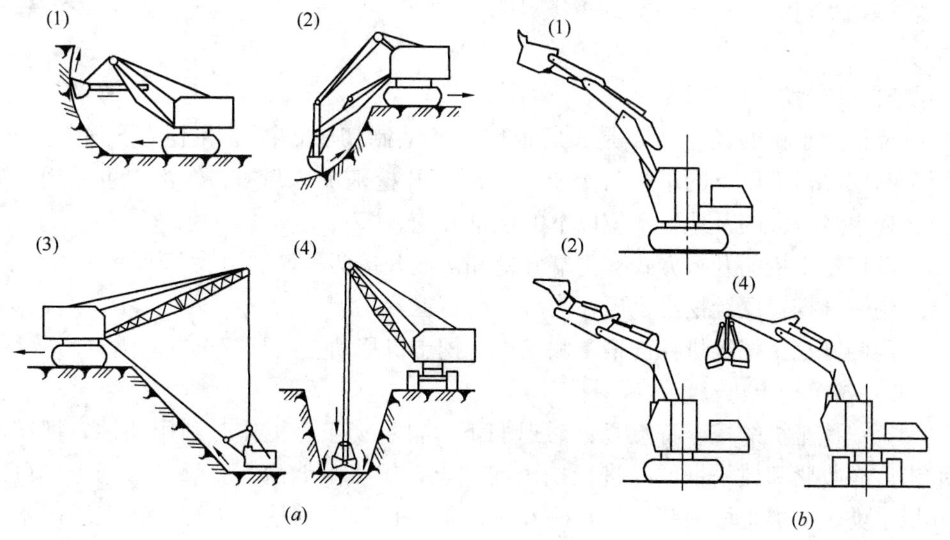

图 2-24　单斗挖土机

(a) 机械式；(b) 液压式

(1) 正铲；(2) 反铲；(3) 拉铲；(4) 抓铲

1）正铲挖土机

正铲挖土机的挖土特点是：前进向上，强制切土，铲斗由下向上强制切土，挖掘力大，生产效率高；适用于开挖停机面以上的Ⅰ～Ⅲ类土，且与自卸汽车配合完成整个挖掘运输作业；可以挖掘大型干燥基坑和土丘等。

正铲挖土机的开挖方式，根据开挖路线与运输车辆的相对位置的不同，可分为正向挖土侧向卸土和正向挖土后方卸土两种，如图 2-25 所示。

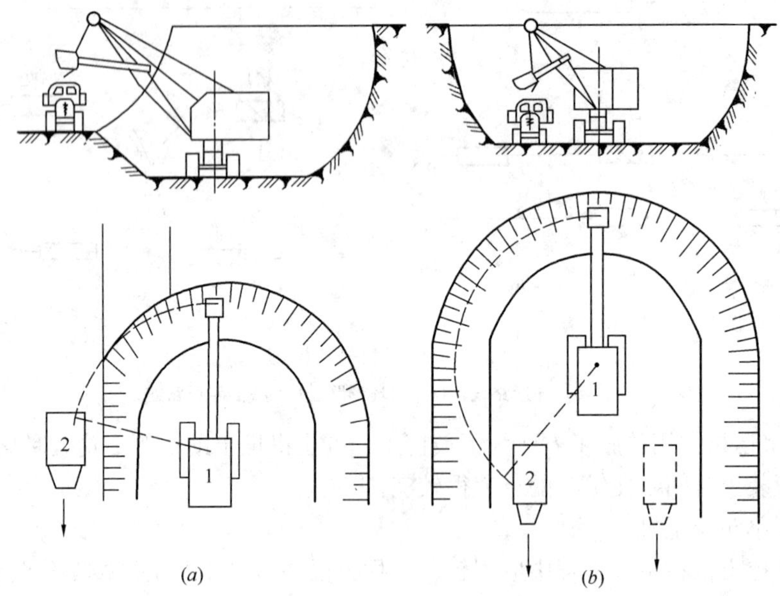

图 2-25　正铲挖土机开挖方式

(a) 侧向卸土；(b) 后方卸土

1—正铲挖土机；2—自卸汽车

2）反铲挖土机

反铲挖土机的挖土特点是：后退向下，强制切土，铲斗由上至下强制切土，用于开挖停机面以下的Ⅰ～Ⅲ类土，适用于开挖基坑、基槽、管沟，也适用于湿土、含水量较大的及地下水位以下的土壤开挖。

反铲挖土机的开行方式有沟端开挖和沟侧开挖两种，如图 2-26 所示。

沟端开挖：反铲挖土机停在沟端，向后退着挖土。

沟侧开挖：挖土机在沟槽一侧挖土，挖土机移动方向与挖土方向垂直。

3）拉铲挖土机

拉铲挖土机的挖土特点是：后退向下，自重切土，工作时利用惯性，把铲斗甩出后靠收紧和放松钢丝绳进行挖土或卸土，铲斗由上而下，靠自重切土，可以开挖Ⅰ类、Ⅱ类土壤的基坑、基槽和管沟等地面以下的挖土工程，特别适用于含水量大的水下松软土和普通土的挖掘。

拉铲开挖方式与反铲相似，可沟端开挖，也可沟侧开挖，如图 2-27 所示。

4）抓铲挖土机

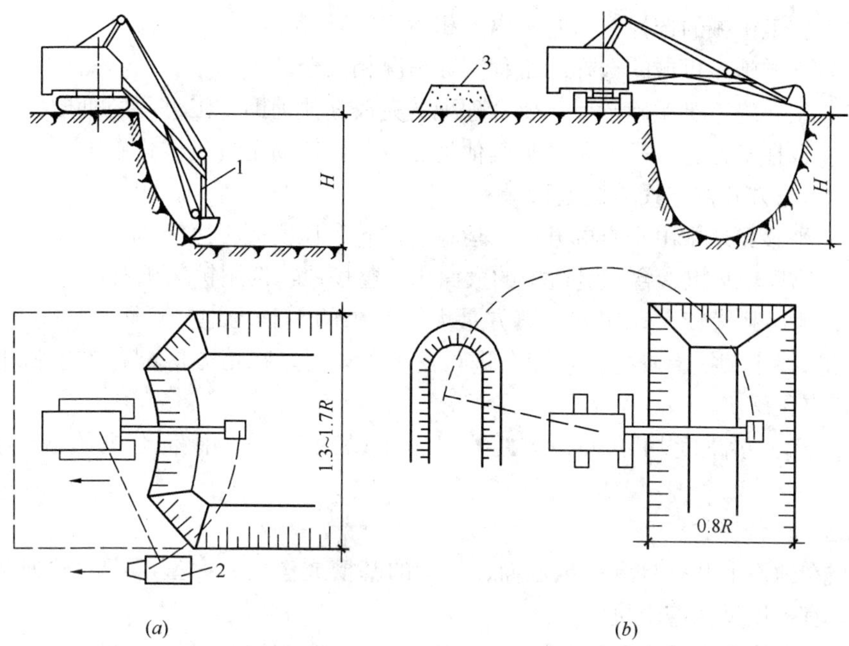

图 2-26　反铲挖土机开挖方式

（a）钩端开挖；（b）沟侧开挖

1—反铲挖土机；2—自卸汽车；3—弃土堆

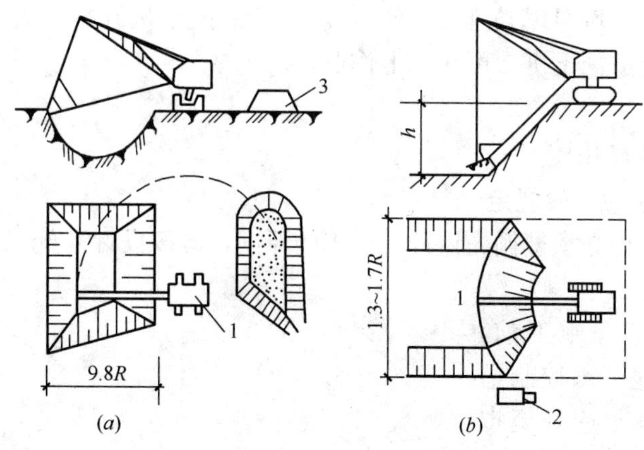

图 2-27　拉铲挖土机开挖方式

（a）沟侧开挖；（b）沟端开挖

1—拉铲挖土机；2—自卸汽车；3—弃土堆

抓铲挖土机的挖土特点是：直上直下，自重切土，抓斗用钢丝绳吊装于挖土机臂端。主要用于开挖土质比较松软，施工面比较狭窄的基坑、沟槽、沉井等工程，特别适用于水下挖土。土质坚硬时不能用抓铲施工。

2. 土方机械的选择

（1）土方机械选择的原则

1）施工机械的选择应与施工内容相适应。

2）土方施工机械的选择与工程实际情况相结合。

3）主导施工机械确定后，要合理配备完成其他辅助施工过程的机械。

4）选择土方施工机械要考虑其他施工方法，辅助土方机械化施工。

（2）土方开挖方式与机械选择

1）平整场地常由土方的开挖、运输、填筑和压实等工序完成。

① 地势较平坦、含水量适中的大面积平整场地，选用铲运机较适宜。

② 地形起伏较大，挖方、填方量大且集中的平整场地，运距在 1000m 以上时，可选择正铲挖土机配合自卸车进行挖土、运土，在填方区配备推土机平整及压路机碾压施工。

③ 挖填方高度均不大，运距在 100m 以内时，采用推土机施工，灵活、经济。

2）长槽式开挖

指在地面上开挖具有一定截面、长度的基槽或沟槽。大型厂房的柱列基础和管沟，宜采用反铲挖土机。

若为水中取土或土质为淤泥，且坑底较深，则可选择抓铲挖土机挖土。

若土质干燥，槽底开挖不深，基槽长 30m 以上，可采用推土机或铲运机施工。

3）整片开挖

对于大型浅基坑且基坑土干燥，可采用正铲挖土机开挖。若基坑内土潮湿，则采用拉铲或反铲挖土机，可在坑上作业。

2.3.7 土方开挖

1. 基坑开挖的一般规定

（1）基坑工程必须遵循先设计后施工的原则，应按设计和施工方案要求分层、分段、均衡开挖。

（2）土方工程施工前，应采取有效的地下水控制措施。基坑内地下水应降至拟开挖下层土方的底面以下 0.5m。

（3）基坑开挖应进行全过程监测，应采用信息化的施工法，根据基坑支护体系和周边环境的监测数据，适时调整基坑开挖的施工顺序和施工方法。

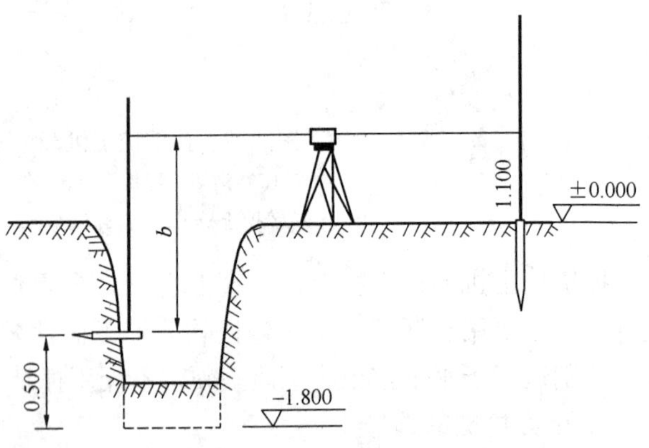

图 2-28　用抄平法控制基槽开挖深度

（4）机械挖土时，为防

止扰动基底土层，坑底以上预留 200～300mm 范围内的土方应采用人工修底的方式挖除。放坡开挖的基坑边坡应采取人工修坡的方式。

(5) 基坑开挖的分层厚度宜控制在 3m 以内，并应配合支护结构的设置和施工要求，临近基坑边的局部深坑宜在大面积垫层完成后开挖。

(6) 土方开挖应遵循“开槽支撑，先撑后挖，分层开挖，严禁超挖”的原则。

(7) 基坑放坡开挖应根据土层性质、开挖深度、荷载等通过计算确定坡体坡度、放坡平台宽度，多级放坡开挖的基坑，坡间放坡平台宽度不宜小于 3m。

(8) 放坡开挖基坑的坡顶及放坡平台的施工荷载应符合设计要求。

(9) 采用土钉墙、土层锚杆支护的基坑开挖应分层分段进行，每层开挖深度应根据土钉、土层锚杆施工作业面确定，并满足设计工况要求，每层分段长度不宜大于 30m；每层每段开挖后应及时进行土钉、土层锚杆的施工，缩短无支护暴露时间，上一层土钉支护、土层锚杆支护完成后的养护时间或强度满足设计要求后，方可开挖下一层土方。

2. 槽底宽度检验

先利用轴线钉拉小线，然后用线坠将轴线引测至槽底，根据轴线检查两侧挖方是否符合槽底设计宽度。如果因挖方尺寸小于应挖宽度就必须修整，以满足设计要求。

3. 基槽（坑）开挖注意事项

(1) 在开挖基槽（坑）之前，应检查龙门板、轴线桩有无走动现象，并根据设计图纸校核基础轴线的位置、尺寸及水准点的标高等。

(2) 基槽（坑）、管沟的挖土应分层进行。

(3) 在施工过程中，基槽（坑）、管沟边堆置土方不应超过设计荷载。堆土或材料通常应距挖方边缘 1.0m 以外，堆土高度不得超过 1.5m。

(4) 基槽（坑）土方施工中及雨后，应对支护结构、周围环境进行观察和监测，如出现异常情况应及时处理，待恢复正常后方可继续施工。

(5) 为防止地基土受到浸水或其他原因的扰动，基坑（槽）挖好后，应立即做垫层或浇筑基础，否则，挖土时应在基底标高以上保留 15～30cm 厚的土层，待基础施工时再行挖去。

(6) 基槽（坑）开挖时，要加强垂直高度方向的测量，防止超挖，如用机械挖土，为防止扰动基底土层，在基底标高以上预留 20～30cm 厚的土层，待基础施工前用人工清理修整。

(7) 对特大型基坑，应分区分块挖至设计标高，分区分块及时浇筑垫层。

(8) 土方开挖施工中，若发现古墓及文物等，要保护好现场，并立即通知文物管理部门，经查看处理后方可施工。

2.3.8 基坑（槽）钎探

1. 钎探的定义、目的

基坑（槽）挖好后，把钢钎打入槽底的基土内，根据每打入一定深度的锤击次数，来判断地基土质情况。

钎探的目的：检查地基土 2m 范围内土质是否均匀，局部是否有过硬或过软部位，是否有古墓、洞穴等情况。

钢钎长度：一般为 2.1m，用 $\phi22\sim\phi25$ 钢筋制作，底部呈 60°尖锥形，每隔 30cm 有一刻度标记。

锤重：3.6～4.5kg。

落距：50～70cm，自由落下。

2. 钎探孔的布置

钎探孔布置和钎探深度应根据地基土质的复杂情况和基槽尺寸而定，一般可参考表 2-7 中的数值。

钎探孔布置　　表 2-7

槽宽（cm）	排列方式	间距（m）	钎探深度（m）
<80	中心一排	1～2	1.2
80～200	两排错开	1～2	1.5
>200	梅花形	1～2	2.1
柱基	梅花形	1～2	>1.5m，并不小于短边宽度

3. 钎探施工要求

（1）绘制钎探平面图，对探孔依次编号。

（2）按探孔编号依次进行钎探，大锤自由落下。

（3）钎探完成后，拔出钢钎，用砖等块状材料盖孔，待验槽时验孔。

（4）钎探同时，及时填写地基钎探记录。

（5）验槽完毕后，用粗砂罐孔。

2.3.9 验槽

基槽（坑）开挖完毕并清理好以后，在垫层施工以前，建设单位组织勘察单位、设计单位、施工单位、监理单位一起进行现场检查并验收基槽，通常称为验槽。

验槽（坑）的主要内容有：

（1）核对基槽（坑）的位置、平面尺寸、坑底标高。

（2）核对基槽（坑）土质和地下水情况。

（3）空穴、古墓、古井、防空掩体及地下埋设物的位置、深度、形状。

（4）对整个基槽（坑）底进行全面观察，注意基底土的颜色是否均匀一致，结合地基钎探记录，观察并分析土的坚硬程度是否一样，有无软硬不一或弱土层，局部的含水量有无异常现象，走上去有无颤动的感觉等。如有异常部位，要会同设计等有关单位进行处理。

（5）验槽的重点应选择在桩基、承重墙或其他受力较大部位。

过程 2.4 回填土方

2.4.1 正确选择回填土料

填土的土料应符合设计要求，含有大量有机物、石膏和水溶性硫酸盐（含量大于5%）的土以及淤泥、冻土、膨胀土等，均不应作为填方土料；以黏土为土料时，应检查其含水量是否在控制范围内，土料的含水量应满足压实要求。碎石类土或爆破石渣用作表层填土料时，其最大粒径不应大于每层铺填厚度的2/3，铺填时大块料不应集中，且不得回填在分段接头处。

2.4.2 基坑土方回填要求

基坑土方回填应符合下列规定：

1. 基础外墙有防水要求的，应在基础外墙防水施工完毕且验收合格后方可回填，防水层外宜设置保护层。

2. 基坑边坡或围护墙与基础外墙之间的土方回填，应与基础结构及基坑换撑施工工况保持一致，以回填作为基坑换撑的，应根据地下结构层数、设计工况分阶段进行土方回填，基坑设置混凝土或钢换撑带的，换撑带底部应采取保证回填密实的措施。

3. 宜对称、均衡地进行土方回填。

4. 回填较深的基坑，土方回填应控制降落高度。

2.4.3 压实方法

填土的压实方法一般有碾压法、夯实法、振动压实法。

1. 碾压法

碾压法是利用机械滚轮的压力压实土壤，使之达到所需的密实度，适用于大面积填土工程。碾压机械有光面碾（压路机）、羊足碾和振动碾。光面碾对砂土、黏性土均可压实；羊足碾只宜压实黏性土；振动碾是一种振动和碾压同时作用的高效能压实机械，适用于爆破石渣、碎石类土、杂填土的大型填方。碾压机械进行大面积填方碾压，宜采用“薄填、低速、多遍”的方法。

2. 夯实法

夯实法是利用夯锤自由下落的冲击力来夯实填土，适用于小面积填土的压实。夯实法分人工夯实和机械夯实两种。

夯实机械有夯锤、内燃夯土机和蛙式打夯机，人工夯土用的工具有木夯、石夯等。夯锤是借助起重机悬挂重锤进行夯土的夯实机械，适用于夯实砂性土、湿陷性黄土、杂填土以及含有石块的填土。

3. 振动压实法

振动压实法是将振动压实机放在土层表面，借助振动机械使压实机振动，土颗粒在振动力的作用下发生相对位移而达到紧密状态。这种方法用于振实非黏性土效果较好。

2.4.4 填土压实的影响因素

填土压实的主要影响因素为压实功、土的含水率以及每层铺土厚度。

1. 压实功的影响

填土压实后的密度与压实机械在其上所施加的功有一定的关系。土的密度与所耗的功的关系如图 2-29 所示。若土的含水量一定，在开始压实时，土的密度急剧增加，直至接近土的最大干密度时，压实功虽然增加许多，而土的密度则变化很小。

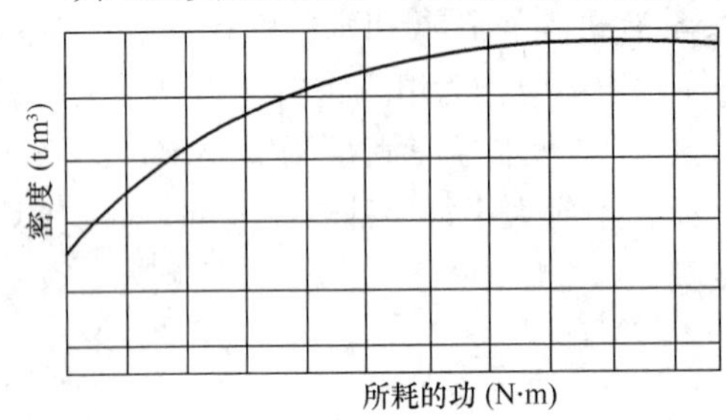

图 2-29 土的密度与压实功的关系示意图

2. 含水率的影响

填土含水率的大小直接影响碾压（或夯实）遍数和压实质量。

较为干燥的土，由于土颗粒之间摩阻力较大，而不易压实。当含水率超过一定限度时，土颗粒之间由水填充而呈饱和状态，也不宜被压实，形成橡皮土。为保证填土在压实过程中具有最优含水率，压实前应先试验，以得到符合密实度要求的最优含水率。含水率过大，应采取翻松、晾晒、风干、换土、掺入干土等措施；含水率过小，应洒水湿润。

工地简单检验黏性土含水量的方法一般是以手握成团落地开花为宜。为了保证填土在压实过程中处于最佳状态，当土过湿时，应翻松晾干，也可掺入同类干土或吸水性土料；当土过干时，则应预先洒水润湿（表 2-8）。

土的最佳含水量和最大干密度参考表　　表 2-8

项　次	土的种类	变动范围	
		最佳含水量（%）（质量比）	最大干密度（g/cm^3）（质量比）
1	砂土	8～12	1.80～1.88
2	黏土	19～23	1.58～1.70
3	粉质黏土	12～15	1.85～1.95
4	粉土	16～22	1.61～1.80

3. 铺土厚度的影响

在压实功作用下，土中的应力随深度增加而逐渐减小（图 2-31），其压实作用也随土层深度的增加而逐渐减小，故压实时不能一次铺填过厚，必须分层铺土和分层压实，才能使土体上下密度均匀。施工时，每层最优铺土厚度和压实遍数，可根据土的性质，对密实度的要求和压实机械性能等因素确定，可参照表 2-9。

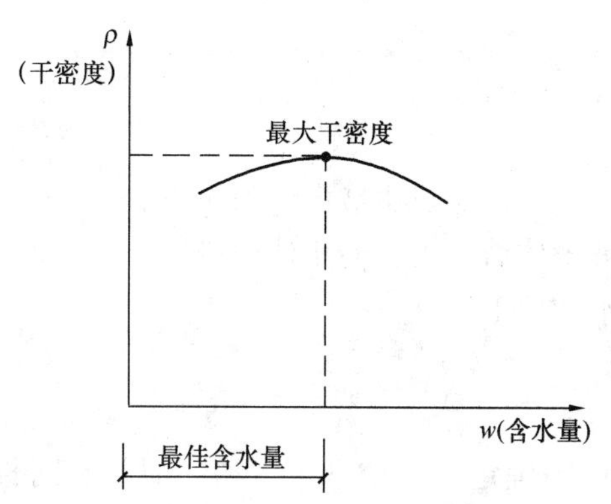

图 2-30　土的干密度与含水量关系

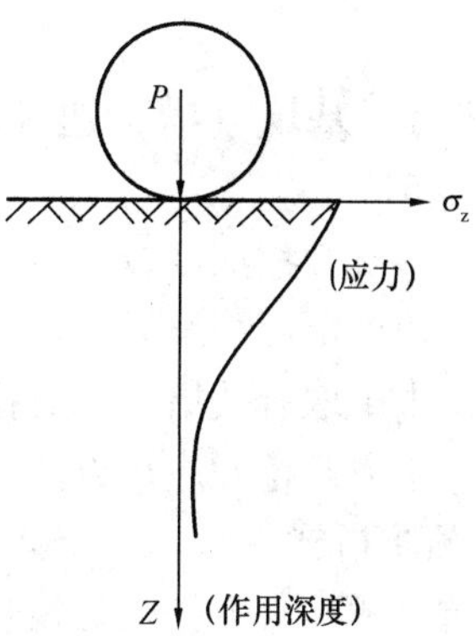

图 2-31　压实作用沿深度的变化

对于重要填方工程，其达到规定密实度所需的压实遍数、铺土厚度等应根据土质和压实机械在施工现场的压实试验来决定。

填方每层的铺土厚度及压实遍数　　**表 2-9**

压实机具	每层铺土厚度（mm）	每层压实遍数（遍）
平　碾	250～300	6～8
振动压实机	250～350	3～4
柴油打夯机	200～250	3～4
人工打夯	<200	3～4

2.4.5　土方回填的施工检验

（1）土方回填的施工质量检测应分层进行，应在每层压实系数符合设计要求后方可铺填上层土。

（2）应通过土料控制干密度和最大干密度的比值确定压实系数。土料的最大干密度应通过击实试验确定，土料的控制干密度可采用环刀法、灌砂法、灌水法或其他方法检验。

（3）基坑和室内土方回填，每层按 100～500m^2 取样 1 组，且不应少于 1 组；柱基回填，每层抽样柱基总数的 10%，且不少于 5 组；基槽和管沟回填，每层按长度 20～50m 取样 1 组，且不应少于 1 组；场地平整填方，每层按 400～900m^2 取样 1 组，且不应少于 1 组。

过程 2.5　土方工程常见的质量问题及处理

在土方工程施工过程中，经常遇到的质量问题有边坡塌方、基坑（槽）超挖、基坑回填土沉陷、橡皮土，以及遇到空洞、墓穴、废旧基础等，如处理不当，其危害性往往十分严重，会影响建筑物的不均匀沉陷、倾斜、开裂，甚至倒塌，因此必须引起足够的重视，严格按设计及施工规范要求进行，确保工程质量。

2.5.1 基坑（槽）边坡塌方

1. 原因

（1）基坑开挖深度较深，放坡不满足要求，造成边坡失稳而塌方。

（2）边坡上部荷载过大，增大了边坡土体剪应力，使土体失稳。

（3）未采取有效措施及时排除地表水和地下水。

（4）土方开挖顺序、方法不当。

2. 预防措施

基坑（槽）直立挖土深度应根据土质来确定；开挖基坑（槽）时，临时性挖方边坡应符合施工规范要求，若不满足规定时，应考虑边坡支护；做好地面排水措施，防止在影响边坡稳定范围内积水，造成边坡坍塌；尽量减少边坡上部荷载；基坑开挖应先深后浅，分层开挖。

2.5.2 基坑超挖

1. 原因

未控制好基坑底标高。

2. 预防措施

人工开挖时，如基坑挖好后不立即进行下道工序，应预留 15～30cm 的土层不挖，待下道工序开始前再挖至设计标高；机械开挖基坑时，应在基底标高以上预留 20～30cm 厚的土层人工清理。

2.5.3 基坑（槽）遭水浸泡

1. 原因

基坑（槽）遭水浸泡是指基坑开挖后，地基土被雨水或地面施工用水、地下水浸泡。

2. 预防措施

开挖基坑周围应设排水沟，防止地面水流入基坑内；在地下水位以下开挖土方，应采用集水坑降水法或井点降水法；基坑开挖后立即组织验收，进行下道工序施工，防止停歇而产生基坑渗水浸泡地基土。

3. 处理

应检查排水设施是否畅通，并将水引走；被水浸泡的土，可将其晾干后夯实，或采取换土夯实、挖去淤泥加深基础等措施。

2.5.4 基坑回填土沉陷

1. 原因

（1）基坑土方回填前，未将坑中的积水、淤泥清理干净。

（2）回填土的土料选择不当。

（3）回填土密实度不符合规范要求。

2. 预防措施

基坑回填前，必须将坑内积水排净，将淤泥清理干净；回填土料必须符合设计及规范要求；回填土应分层回填、分层夯实，按照规定的每层铺土厚度、含水量、压实遍数进行回填，并同时检查回填土的密实度。

2.5.5 橡皮土

1. 原因

在含水量很大的黏土或粉质黏土等原状土地基上进行回填，或以这种土料做回填时，由于原状土被扰动，水分不易渗透和散发，形成弹塑状态的橡皮土，使回填土达不到规定的密实度。

2. 预防措施

土的含水量控制在最佳含水量范围内。

避免在含水量过大的黏土、粉质黏土等原状土上进行回填。

过程 2.6 质量标准与安全技术

2.6.1 基槽（坑）的验收内容

基槽（坑）的轴线位置、宽度；基槽（坑）底面的标高；基槽（坑）和管沟底的土质情况及处理；槽（坑）壁的边坡坡度；槽（坑）、管沟的回填情况和密实度。

2.6.2 土方工程的质量检验标准

土方工程的允许偏差和质量检验标准见表 2-10、表 2-11 所列。

土方开挖工程质量检验标准　　表 2-10

项目	序号	检查项目	允许偏差或允许值（mm）					检查方法
			柱基、基坑、基槽	挖方场地平整		管沟	地（路）面基层	
				人工	机械			
主控项目	1	标高	−50	±30	±50	−50	−50	水准仪
	2	长度、宽度（由设计中心线向两边量）	+200 −50	+300 −100	+500 −150	+100	—	经纬仪，用钢尺量
	3	边坡	设计要求					观察或用坡度尺检查
一般项目	1	表面平整度	20	20	50	20	20	用 2m 靠尺和楔形塞尺检查
	2	基底土性	设计要求					观察或土样分析

填土工程质量检验标准 **表 2-11**

项目	序号	检查项目	允许偏差或允许值（mm）					检查方法
			柱基、基坑、基槽	场地平整		管沟	地（路）面基层	
				人工	机械			
主控项目	1	标高	−50	±30	±50	−50	−50	水准仪
	2	分层压实系数	设计要求					按规定方法
一般项目	1	回填土料	设计要求					取样检查或直观鉴别
	2	分层厚度及含水量	设计要求					水准仪及抽样检查
	3	表面平整度	20	20	30	20	20	用靠尺或水准仪

2.6.3 安全技术

（1）基槽（坑）开挖时，人工操作间距应不小于 2.5m；采用机械作业时，挖土机的间距应大于 10m。挖土应由上而下逐层进行。

（2）基槽（坑）的开挖严格按要求放坡。

（3）尽量避免在坑槽边缘堆置大量土方、材料和机械设备。

（4）运输道路应平整坚实，坡度和转弯半径应符合有关安全规定。

（5）深基坑上下应先挖好阶梯或设置靠梯，或开斜坡道，禁止踩踏支撑上下；坑的四周应设安全栏杆或悬挂危险标志。

（6）基槽（坑）设置的支撑应经常检查有无松动、变形等不安全迹象，特别是雨雪后要加强巡视检查。

（7）坑（槽）沟边 1m 以内不得堆土、堆料和停放机具，1m 以外堆土，其高度不宜超过 1.5m。坑（槽）沟与附近建筑物的距离不得小于 1.5m，危险时必须加固。

过程 2.7 土方工程施工方案实例

某学校实训楼建筑面积 6872.57m^2。框架结构，基础采用柱下独立柱基础，局部柱下条形基础。建设单位已取得施工许可证，施工单位已进场，根据任务 2 所掌握的知识，编制土方工程施工方案。

1. 施工顺序

平整场地→建筑物定位、放开挖边线→土方开挖→人工清底→地基处理→基坑验槽→基础施工→拆模清理基坑→素土回填。

2. 施工测量

以测绘院提供的坐标网点为依据，根据建设方对本工程平面和标高的要求，准确地将水平控制线与标高反映在工程前期施工过程中，严格按工程测量规程要求做好控制线加密桩点和放样工作，保证工程施工的准确性。

(1) 主要测量器具及人员

选用经纬仪一台，水准仪一台，50m 钢卷尺一把，由一位测量员和工长来完成土方施工全过程的测量放线工作。

(2) 建立水平控制方格网

建设方给定的水平控制基点在施工现场以外的，先将其引测到施工场区周边的人行道上，设立永久的水平控制网点，作为一级控制网以备整个工程施工的使用。根据场区的实际地形地貌情况，建立二级水平控制点，通过打设木桩等办法设立水平控制点，用混凝土等将控制点加以保护，并设置明显标志，以防施工中造成破坏。

(3) 建立高程控制网

根据建设方移交的水准基点在施工场区周围建立首级水准控制网。土方施工前，对首级水准控制网适当加密，按施工现场分成的若干个方格网，以此为依据并根据现场地貌，对已建立的平面方格网的网点进行测设，根据场地平面复杂程度进行加密，确定其高程。

基坑开挖及回填时，先根据首级水准控制网在基坑四周的护壁上建立二级水准控制网。二级水准控制网用水准仪结合吊钢尺的方法测设。

一般定位放线工作由城市规划部门完成。

3. 土方开挖的施工方法及技术措施

按设计文件提供的资料，实训楼基底标高－2.250m。由于现场施工场地狭小，土方全部运出施工现场。

(1) 基坑开挖时应遵循“分层开挖，先撑后挖，严禁超挖”的原则，挖土直接运出场外。

(2) 机械挖土至坑底标高以上 20cm 左右的土方应采用人工修土，以保证原状土的完好，基坑开挖至设计标高后，应清除浮土，经验槽合格后，方可进行下一工序的施工。

(3) 基坑边 1.0m 内不宜堆置土方或其他设备和材料，以尽量减少地面荷载。

(4) 基坑开挖应连续进行，尽快完成。开挖使用 1 台反铲挖土机，6 台自卸汽车转运。基坑开挖过程中应加强对土方边坡的检查工作，发现有局部边坡坍塌、渗漏现象应及时查明原因并进行处理。

(5) 凡在施工区域内影响工程质量的软弱土层、淤泥、腐殖土、大卵石、孤石、垃圾、树根、草皮以及不宜做回填土料的湿土，应分情况全部挖除。

(6) 土方开挖施工完毕后，请建设单位组织监理单位、设计单位、质检单位、勘察单位、施工单位共同进行基坑验槽。

4. 土方回填的施工方法及技术措施

（1）回填土前应验槽，将基础四周垃圾、积水、淤泥等杂物清理干净，并做好每层回填土厚度控制标志，等基底干燥后再开始回填。

（2）回填土料的种类、粒径必须符合要求，无杂物，应适当控制土料的含水量，以用手紧握土料成团，两指轻捏能碎为宜，及时铺好夯实，由质检人员及时跟班检查，防止出现铺填超厚。接缝留置在除墙角、柱墩及承重窗间墙以外的位置，上下两层的接缝间距要大于50cm，用蛙式打夯机分层夯密实，每层压实遍数一般为3～4遍，严禁漏压。

（3）回填过程中必须有必要的防雨措施，对铺好未及时压实的土，若遇雨天，应及时用塑料布覆盖。

（4）回填土方每层压实后，报请监理检查，并按规范规定在位于每层2/3深度处，每层按50～100m^2取样1组进行环刀取样，检验密实度，然后再进行上一层的铺土。

5. 文明施工

加强现场材料的堆放，现场材料分类、分堆堆放整齐，施工区域同办公区域分隔开，现场主要道路采用硬化路面。

6. 安全技术措施

基坑开挖是四周按规范比例 $H:B=1:0.5$ 进行放坡，且在基坑四周搭设防护栏杆，防护栏杆离开基坑1m，高度为1.5m，水平钢管设两道，并且在醒目位置悬挂安全警示标志。工长及质安员应随时检查基坑周围的土壁有无裂纹或部分坍塌现象，如发现应及时对有问题部位采取支护措施，防止土壁坍塌，发生安全事故。现场办公室、临建一侧用钢管和安全网搭设临时围墙，且延伸至基坑边并悬挂安全标志。

7. 土方施工的现场保护

现场保护主要包括：

（1）做好同文物部门的配合，防止破坏地下文物。

（2）保证道路两侧市政设施、人行道、树木不受破坏；对出门车辆进行清扫，不带泥上路，以免污染路面。

（3）保护好场内的市政设施、地下管道、场内的电杆等。

（4）现场做好畅通的排水体系，保证雨水不在场内大量集聚，造成场地泥泞，无法施工。

（5）及时清扫落在路上的泥土，保持路面整洁。

复 习 思 考 题

1. 单项选择题

（1）根据土的坚硬程度，可将土分为八类，其中前四类土由软到硬的排列顺序为（　　）。

A. 松软土　普通土　坚土　砂砾坚土

B. 普通土 松软土 坚土 砂砾坚土

C. 松软土 普通土 砂砾坚土 坚土

D. 坚土 砂砾坚土 松软土 普通土

(2) 土的天然含水量是指（ ）之比的百分率。

A. 土中水的质量与所取天然土样的质量

B. 土中水的质量与土的固体颗粒质量

C. 土的孔隙与所取天然土样体积

D. 土中水的体积与所取天然土样的体积

(3) 填土的密实度常以设计规定的（ ）作为控制标准。

A. 可松性系数　B. 孔隙率　C. 渗透系数　D. 压实系数

(4) 基坑（槽）的土方开挖时，以下说法中不正确的是（ ）。

A. 当土体含水量大且不稳定时，应采取加固措施

B. 一般应采用“分层开挖，先撑后挖”的开挖原则

C. 开挖时如有超挖应立即填平

D. 在地下水位以下的土，应采取降水措施后开挖

(5) 填方工程中，若采用的填料具有不同透水性时，宜将透水性较大的填料（ ）。

A. 填在上部　B. 填在中部

C. 填在下部　D. 与透水性小的填料掺杂

(6) 填方工程施工（ ）。

A. 应由下至上分层填筑　B. 必须采用同类土填筑

C. 当天填土，应隔天压实　D. 基础墙两侧应分别填筑

(7) 铲运机适用于（ ）工程。

A. 中小型基坑开挖　B. 大面积场地平整

C. 河道清淤　D. 挖土装车

(8) 正铲挖土机的挖土特点是（ ）。

A. 后退向下，强制切土　B. 前进向上，强制切土

C. 后退向下，自重切土　D. 直上直下，自重切土

(9) 抓铲挖土机适用于开挖（ ）。

A. 山丘土方　B. 场地平整土方

C. 水下土方　D. 大型基础土方

(10) 某工程基坑拟采用放坡开挖，其坡度大小与（ ）无关。

A. 持力层位置　B. 开挖深度与方法

C. 坡顶荷载及排水情况　D. 边坡留置时间

(11) 观察验槽的内容不包括（ ）。

A. 坑的位置、尺寸、标高和边坡是否符合设计要求

B. 是否已挖到持力层

C. 槽底土的均匀程度和含水量情况

D. 降水方法与效益

(12) 观察验槽的重点应选择在（　　）。

A. 基坑中心点　　B. 基坑边角处

C. 受力较大的部位　　D. 最后开挖的部位

2. 简答题

(1) 什么是土的可松性？土的可松性对土方工程施工有什么影响？

(2) 简述人工降低地下水位的方法及适用范围。

(3) 影响土方边坡大小的因素有哪些？

(4) 简述单斗挖土机有哪几种类型？其工作特点和适用范围及提高生产率的措施。

(5) 什么是钎探？钎探目的和验槽的内容是什么？

(6) 进行土方回填时如何选择土料？填筑时有哪些要求？

(7) 影响回填土压实质量的因素有哪些？

3. 计算题

(1) 某基坑底长 80m，宽 60m，深 8m，四边放坡，坡度 1∶0.5，试计算挖土土方工程量为多少？

(2) 上题的基坑中，混凝土基础和地下室占有体积为 24000m^3，需预留多少回填土（自然状态土）？若多余土方外运，问外运土方（自然状态土）为多少？如果用斗容量为 3m^3 的汽车外运，需运多少车？已知土的最初可松性系数 K_s＝1.14，最终可松性系数 K'_s＝1.05。

任务 3

地　基　处　理

【任务目标】

（1）掌握灰土地基的施工方法；

（2）掌握夯实水泥土桩施工方法；

（3）掌握水泥粉煤灰碎石桩施工方法；

（4）知道夯实水泥土桩、水泥粉煤灰碎石桩常出现的问题并掌握简单处理方法。

过程 3.1　概述

随着目前工程建设的发展，一些大型、高层乃至超高层建筑和有特殊要求的建筑物日益增多，相应地，也对其地基施工提出了更高的要求。一些天然地基不再适宜作为建筑物的地基，如必须在该类土质上建造建筑物，就应对其采取加固措施，使其成为人工处理的地基。

3.1.1　地基处理的目的

地基的良好与否，直接影响建（构）筑物的使用寿命，地基处理的良好与否，还会影响到建设费用的高低、施工进度的快慢。

地基处理的方法很多，但不管采用何种方法，处理后的地基均须达到以下几方面的要求：

（1）强度和稳定性要求。满足地基土在上部结构的自重及外荷载作用下不致产生局部或整体剪切破坏。

（2）变形要求。满足地基土在上部结构的自重及外荷载作用下不致产生过大的沉降变形，特别是不超过建筑物容许的不均匀的沉降变形。

（3）动力稳定性要求。满足地基土在动力荷载（如地震荷载、机器及车辆振动）作用下不致发生液化、失稳或震陷等灾害。

（4）透水性要求。满足地基土的地下水不会由于施工而造成渗漏量超过容许值，而发生流砂、边坡滑动等事故。

（5）特殊土地基安定性要求。满足湿陷性黄土、膨胀土、内陆性盐渍土等特殊土上的建筑物不会由于不良土性而发生损坏。

3.1.2 地基处理的方法

地基处理方法的分类可谓多种多样，如按时间分可分为临时处理和永久处理；按处理深度可分为浅层处理和深层处理；按处理土性对象可分为砂性土地基处理和黏性土地基处理、饱和土地基处理和非饱和土地基处理；按地基作用机理可分为置换、夯实、挤密、排水、胶结等处理方法。

具体到地基处理的方法，目前一般有灰土地基、砂和砂石地基、粉煤灰地基、强夯地基、注浆加固地基、预压地基、振冲地基、高压喷射注浆地基、水泥土搅拌桩地基、土和灰土挤密桩地基、水泥粉煤灰碎石桩复合地基、夯实水泥土桩复合地基、砂石桩复合地基等处理方法。本部分主要介绍几种常用的地基处理方法，如灰土地基、夯实水泥土桩和水泥粉煤灰碎石桩（CFG 桩）等处理方法。

过程 3.2 施工灰土地基

灰土地基是指用灰土土料、石灰、水泥等材料进行混合，经夯实压密后所构成的坚实地基（图 3-1）。

(a)

(b)

图 3-1 灰土地基

灰土地基适用于一般工业与民用建筑的基坑、基槽、室内地坪、管沟、室外台阶和散水等灰土地基（垫层）。

3.2.1 材料要求

（1）土料：可采用黏土或粉质黏土，有机质含量不应大于5%，并应过筛，其颗粒不得大于15mm；施工含水量宜控制在最优含水量±2%的范围内，最优含水量可通过击实试验确定，也可按当地经验取用。

（2）石灰：宜采用新鲜的消石灰，其颗粒不得大于5mm，且不应含有未熟化的生石灰块料。熟化石灰应采用生石灰块，在使用前3～4d用清水予以熟化，充分消解成粉末状并过筛，石灰不得含有过多的水分。

（3）水泥：可选用42.5级的硅酸盐水泥或普通硅酸盐水泥，安定性和强度应经复试合格。

3.2.2 主要机具

灰土地基施工所用主要机具一般应有木夯、蛙式打夯机（图3-2）或柴油打夯机、手推车、筛子、标准斗、靠尺、耙子、平头铁锹、胶皮管、小线、钢尺等。

图3-2 蛙式打夯机

3.2.3 作业条件

（1）基坑（槽）在铺灰土前必须先进行钎探验槽，并按设计和勘探部门的要求处理完地基，办完隐检手续。

（2）基础外侧打灰土，必须对基础、地下室墙和地下防水层、保护层进行检查，发现损坏时应及时修补处理，办完隐检手续；现浇的混凝土基础墙、地梁等均应达到规定的强度。

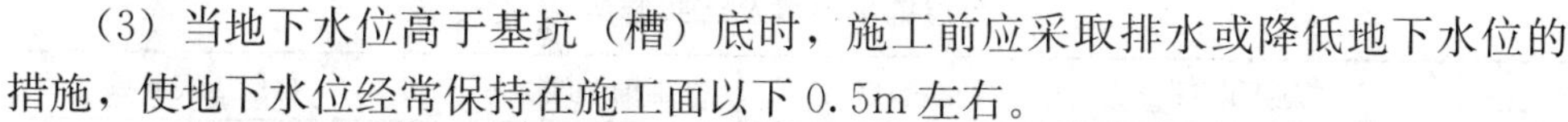

（3）当地下水位高于基坑（槽）底时，施工前应采取排水或降低地下水位的措施，使地下水位经常保持在施工面以下0.5m左右。

（4）施工前应根据工程特点、设计压实系数、土料种类、施工条件等，合理确定土料含水量控制范围、铺灰土的厚度和夯打遍数等参数。重要的灰土填方，其参数应通过压实试验来确定。

（5）房心灰土和管沟灰土，应先完成上下水管道的安装或管沟墙间加固等措施后再进行，并将管沟、槽内、地坪上的积水或杂物、垃圾等有机物清除干净。

（6）施工前，应做好水平高程的标志。一般在基坑（槽）的边坡上每隔3m钉上灰土上平的木桩；在室内的边墙上弹上水平线或在地坪上钉好标高控制的标准木桩。

3.2.4 施工工艺

灰土地基施工工艺流程一般为：

检验土料和石灰粉的质量并过筛→灰土拌合→槽底清理→分层铺灰土→夯打密实→找平→验收。

1. 检验土料和石灰粉的质量并过筛

首先检查土料种类和质量以及石灰材料的质量是否符合标准的要求，然后分别过筛；如果是生石灰粉可直接使用。

2. 灰土拌合

灰土的配合比应用体积配合比，除设计有特殊要求外，一般为 3∶7 或 2∶8。灰土必须过标准斗，严格控制配合比。拌合时必须均匀一致，至少翻拌三次，拌合好的灰土颜色应一致，拌好后应及时铺好夯实，不得隔日夯打。

灰土施工时，应适当控制其含水量。以用手将灰土紧握成团，两指轻捏能碎为宜，一般最优含水量为 14%～18%，如土料水分过多或过少，应稍晾干或洒水湿润。采用生石灰粉代替熟化石灰时，在使用前按体积比预先与黏土拌合，洒水堆放 8h 后方可铺设。

3. 槽底清理

基坑（槽）底基土表面应将虚土、杂物、积水、淤泥清理干净，待干燥后再铺灰土。

4. 分层铺灰土

（1）灰土应分层夯实，每层灰土的虚铺厚度，可根据不同的施工方法，按表 3-1 选用。

（2）各层铺摊后均应用木耙找平，并与坑（槽）边壁上的木桩或地坪上的标准木桩对应检查。

每层铺填厚度及压实遍数　　表 3-1

序号	施工设备	重量（t）	虚铺厚度（m）	每层压实遍数
1	平碾	8～12	0.2～0.3	6～8
2	振动碾	8～15	0.6～1.3	6～8
3	羊足碾	5～16	0.2～0.25	8～16
4	蛙式夯	0.2	0.2～0.25	3～4

5. 夯打密实

（1）每层灰土夯打遍数，应根据设计的干土质量密度在现场试验确定，一般夯打（或碾压）不少于 4 遍。人工打夯应一夯压半夯，夯夯相接，行行相接，纵横交叉。压实后的灰土 3 天内不得受水浸泡。

（2）接缝要求：灰土分段施工时，不得在墙角、柱基及承重窗间墙下接缝。上下相邻两层灰土的接缝间距不得小于 500mm，接缝处的灰土应充分夯实。

6. 找平、验收

灰土最上一层完成后，应拉线或用靠尺检查标高和平整度，超高处用铁锹铲平；低洼处应及时补打灰土，然后请质量检查人员验收。

3.2.5 施工检验

灰土地基的施工检验应符合下列规定：

（1）应每层进行检验，在每层压实系数符合设计要求后方可铺填上层土。

（2）可采用环刀法、贯入仪、静力触探、轻型动力触探或标准贯入试验等方法，其检测标准应符合设计要求。

（3）采用环刀法检验施工质量时，取样点应位于每层厚度的 2/3 深度处。筏形与箱形基础的地基检验点数量每 50～100m² 不应少于 1 个点；条形基础的地基检验点数量每 10～20m 不应少于 1 个点；每个独立基础不应少于 1 个点。

（4）采用贯入仪或轻型动力触探检验施工质量时，每分层检验点的间距应小于 4m。

3.2.6 质量标准及质量记录

1. 质量标准

灰土地基的质量检验标准应符合表 3-2 的规定。

灰土地基质量检验标准 **表 3-2**

项目	序号	检查项目	允许偏差或允许值		检查方法
			单位	数值	
主控项目	1	地基承载力	设计要求		按规定方法
	2	配合比	设计要求		按拌合时的体积比
	3	压实系数	设计要求		现场实测
一般项目	1	石灰粒径	mm	≤5	筛分法
	2	土料有机质含量	%	≤5	试验室焙烧法
	3	土颗粒粒径	mm	≤15	筛分法
	4	含水量（与要求的最优含水量比较）	%	±2	烘干法
	5	分层厚度偏差（与设计要求比较）	mm	±50	水准仪

2. 质量记录

（1）地基钎探记录。

（2）地基隐蔽验收记录。

（3）土工击实试验报告。

（4）回填土试验报告。

（5）本分项工程质量验收记录表。

3.2.7 施工注意问题

(1) 施工时，应注意妥善保护定位桩、轴线桩、标高桩，防止碰撞移位。

(2) 应按要求测定干土的质量密度：灰土回填施工时，每层灰土夯实后都得测定干土的质量密度，检验其密实度，符合要求后，才能铺摊上层的灰土。密实度未达到设计要求的部位，均应处理并复验。

(3) 生石灰块熟化不良问题。应将生石灰熟化并认真过筛，以免因颗粒过大造成颗粒遇水熟化、体积膨胀，将上层垫层、基础拱裂。

(4) 灰土施工时，夯实应均匀，表面应平整，以免因地面混凝土垫层过厚或过薄，造成地面开裂或空鼓。管道下部应注意夯实，不得漏夯，以免造成管道下部空虚使管道弯折。

(5) 冬、雨期不宜做灰土工程，否则应严格执行冬、雨期施工方案中的技术措施，防止造成冻胀、灰土水泡等质量返工事故。

过程 3.3 施工夯实水泥土桩

夯实水泥土桩是指用机械成孔后，将土料与水泥按一定配合比，在孔外充分拌合均匀制成水泥土，分层向孔内回填并强力夯实，制成均匀的水泥土桩如图 3-3 所示。桩、桩间土和褥垫层一起形成复合地基。

夯实水泥土桩适用于处理地下水位以上的粉土、素填土、杂填土、黏性土等地基，处理深度不宜超过 10m，当采用洛阳铲（图 3-4）成孔工艺时，深度不宜超过 6m。

图 3-3 水泥土桩

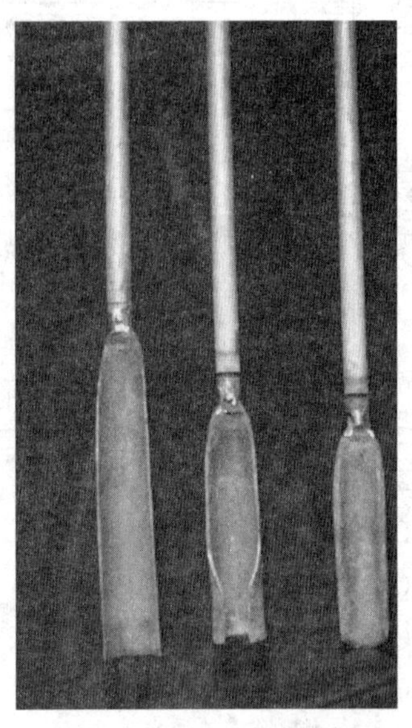

图 3-4 洛阳铲

3.3.1　材料要求

（1）水泥：宜选用普通硅酸盐水泥，应每批具备出厂质量证明书。

（2）土：宜优先选用原位土做混合料，土料中有机质含量不得超过5%，不得含有垃圾杂质冻土或膨胀土，使用时应过10～20mm的网筛。

（3）其他掺合料：可选用工业废料粉煤灰、炉渣做混合料。

3.3.2　主要机具

夯实水泥土桩施工所用主要机具一般有洛阳铲、长螺旋钻机（图3-5）、夯机、搅拌机、粉碎机、网筛、专用量具、量孔器、机动翻斗车或手推车、铁锹等。

图3-5　长螺旋钻机

3.3.3　作业条件

（1）施工前，建筑场地地面上、地下及高空所有障碍物清除完毕，现场符合"三通一平"的施工条件。

（2）岩土工程勘察报告、基础施工图纸、施工组织设计齐全。

（3）根据桩位平面图、测绘院提供的基准点及选定试验桩位置进行桩位放样，检查无误并复测合格后，用ϕ20钢钎向地下扎入30～50cm深，注入白灰粉标记，必要时可插入钢筋棍标识、保护桩点。

（4）施工前应进行成孔、夯填工艺和挤密效果试验，确定有关的施工工艺参数（分层填料厚度、夯击次数、夯实后的干密度、打桩次序），并对试桩进行了测试，承载力、挤密效果等符合设计要求。

（5）夯实水泥土桩可只在基础范围内布置。桩孔直径宜为300～600mm，可根据设计及选用的成孔方法确定，桩距宜为2～4倍桩径。

3.3.4 施工工艺

夯实水泥土桩施工工艺流程一般为：

成孔→清孔验孔→孔底夯实→拌合水泥土→夯填桩孔→下一根桩施工。

1. 成孔

（1）夯实水泥土桩的施工，应按设计要求选用成桩工艺，挤土成孔可选用沉管、冲击等方法，非挤土成孔可选用洛阳铲、螺旋钻等方法。

（2）采用人工洛阳铲成孔时，确定好桩位中心，沿开挖尺寸线，从周围向中心挖。

（3）长螺旋钻机成孔方法见 4.2.3 节。

2. 清孔验收

（1）挖孔过程中，及时量测孔径、垂直度，当挖至设计深度时，用量孔器测量孔深、孔径、垂直度及进入持力层的深度，满足设计要求。

（2）钻至设计孔深时，由质检员进行终孔验收，检验孔深是否满足设计要求，桩尖进入持力层设计的长度。

3. 孔底夯实

（1）挖（钻）至设计孔底深度后，检查有无虚土，如虚土较厚，可用专门机具清理。然后采用机械夯机进行夯实，夯击次数可经现场试验确定。

（2）对边角部位，机械无法到位的桩，采用人工夯实，先用小落距轻夯 3～5 次，然后重夯不少于 8 次。

4. 拌合水泥土

（1）拌合水泥土要求采用机械搅拌，保证搅拌均匀。混合料搅拌时间不宜少于 2min，混合料坍落度宜为 30～50mm。

（2）根据室内配比试验，针对现场地基土的性质，选择合适的水泥品种。混合料含水量应满足土料的最优含水量 W_{op}，允许偏差不大于±2%，水泥用量不得少于按混合料配比试验确定的重量。

（3）按设计的配比用专用量具量水泥与土的体积，保证配比准确。

5. 夯填桩孔

（1）填料前检查孔口堆土是否在距孔口 0.5m 以外，检验孔底是否已夯实。在孔口铺一块铁皮或木板，堆放拌合料。

（2）夯填桩孔时，宜选用机械夯实，夯锤应与桩径相适应。分段夯填时，夯锤的落距和填料厚度应根据现场试验确定，落距宜大于 2m，每次填料厚度宜取 250～400mm。

（3）施工应隔排隔桩跳打，宜采用二夯一填的连续成桩工艺。每根桩的成桩过程应连续进行。

（4）桩顶夯填高度应大于设计桩顶标高 200～300mm，垫层施工时应将多余桩体凿除，桩顶面应水平。

（5）在桩顶面宜铺设 100～300mm 厚的褥垫层，垫层材料可采用中砂、粗砂或碎石等，最大粒径不宜大于 20mm。

3.3.5 施工质量检测

夯实水泥土桩复合地基施工质量检测应符合下列规定：

（1）施工过程中，对夯实水泥土桩的成桩质量，应及时进行抽样检验，抽样检验的数量不应少于总桩数的 2%。

（2）承载力检验应采用单桩复合地基载荷试验，对重要或大型工程，尚应进行多桩复合地基载荷试验，单体工程试验数量应为总桩数的 0.5%～1.0%，且不应少于 3 点。

3.3.6 质量标准及质量记录

1. 质量标准

夯实水泥土桩的质量检验标准应符合表 3-3 的规定。

夯实水泥土桩复合地基质量检验标准　　表 3-3

项目	序号	检查项目	允许偏差或允许值		检查方法
			单位	数值	
主控项目	1	桩径	mm	−20	用钢尺量
	2	桩长	mm	+500	测桩孔深度
	3	桩体干密度	设计要求		现场取样检查
	4	地基承载力	设计要求		按规定办法
一般项目	1	土料有机质含量	%	≤5	焙烧法
	2	含水量（与最优含水量比）	%	±2	烘干法
	3	土料粒径	mm	≤20	筛分法
	4	桩位偏差	满堂布桩≤0.40*D* 条基布桩≤0.25*D*		用钢尺量，*D* 为桩径
	5	水泥质量	设计要求		查产品合格证书或抽样送检
	6	桩孔垂直度	%	≤1.5	用经纬仪测桩管
	7	褥垫层夯填度	≤0.9		用钢尺量

注：1. 夯填度指夯实后的褥垫层厚度与虚体厚度的比值。
2. 桩径允许偏差负值是指个别断面。

2. 质量记录

（1）水泥的出厂合格证及复检证明。

（2）试桩施工记录、检验报告。

（3）施工记录。

（4）施工布置示意图。

3.3.7 施工注意问题

（1）填料时一定要分层填，分层夯，确保桩体密实。严禁用手推车或小翻斗车直接向孔内倒料。

（2）已成的孔尚未填夯灰土前，应加盖板，以免人员或物体掉入孔内。

（3）雨期或冬期施工，应采取防雨、防冻措施，防止水泥料受雨水淋湿或冻结。

（4）施工过程中，应有专人监测成孔及回填夯实的质量，并做好施工记录，如发现地基土质与勘察资料不符时，应查明情况，采取有效处理措施。

（5）如在设计加固深度范围内，发现有管道或墓穴等地下障碍物时，首先采用人工或挖掘机将地下障碍物清除，然后人工修整为阶梯状，采用分层回填方法至原标高。

过程 3.4　施工水泥粉煤灰碎石桩

水泥粉煤灰碎石桩（CFG 桩）是由水泥、煤粉灰、碎石、石屑或砂加水拌合形成的高粘结强度桩，由桩、桩间土和褥垫层一起构成的复合地基（图 3-6）。水泥粉煤灰碎石桩是在碎石桩的基础上发展起来的，这种桩是一种低强度混凝土桩，由它组成的复合地基能够较大幅度提高承载力。

图 3-6　水泥粉煤灰碎石桩

水泥粉煤灰碎石桩适用于多层和高层建筑，处理黏性土、粉土、砂土、松散填土等地基的施工。对淤泥质土应按地区经验或通过现场试验确定其适用性。

水泥粉煤灰碎石桩的施工应根据现场条件，可选用以下施工工艺：长螺旋钻孔灌注成桩，适用于地下水位以上的黏性土、粉土、素填土、中等密实以上的砂土；长螺旋钻孔、管内泵压混合料灌注成桩，适用于黏性土、粉土、砂土，以及对噪声或泥浆污染要求严格的场地；振动沉管灌注成桩，适用于粉土、黏性土及素填土地基。

水泥粉煤灰碎石桩的施工应根据设计要求和现场地基土的性质、地下水埋深、场地周边是否有居民、有无对振动反应敏感的设备等多种因素选择施工工艺，也需参考以往施工经验选用。

3.4.1 材料要求

(1) 水泥：宜选用普通硅酸盐水泥，新鲜无结块。

(2) 石子：卵石或碎石，粒径为5～20mm，杂质含量小于5%。

(3) 砂：中砂或粗砂，粒径以0.3～3mm为宜，含泥量不大于5%，且泥块含量不大于2%。

(4) 粉煤灰：粉煤灰可选用电厂收集的粗灰，采用长螺旋钻孔、管内泵压混合料灌注成桩时，宜选用细度（0.045mm方孔筛筛余百分比）不大于45%的Ⅲ级或Ⅲ级以上等级的粉煤灰。

(5) 外加剂：根据施工需要通过试验确定，一般为泵送剂、早强剂、减水剂等。

3.4.2 主要机具

水泥粉煤灰碎石桩施工所用的钻机一般有长、短螺旋钻机、搅拌机、混凝土输送泵、连接混凝土输送泵与钻机的钢管、高强柔性管、溜槽或导管、磅秤、振捣器、机动小翻斗车或手推车等。

3.4.3 作业条件

(1) 施工前应将水泥、砂、石子、粉煤灰、外加剂送试验室复试，同时进行配合比试验。

(2) 施工现场应做到材料、机具摆放整齐，使混合料输送距离最短，且输送管铺设时拐弯最少。

(3) 水泥粉煤灰碎石桩可只在基础范围内布置。桩径宜取350～600mm。桩距应根据设计要求的复合地基承载力、土性、施工工艺等确定，宜取3～5倍桩径（图3-7）。

其余作业条件同夯实水泥土桩作业条件。

图3-7 桩位布置图

3.4.4 施工工艺

水泥粉煤灰碎石桩施工工艺流程（以长螺旋钻孔、管内泵压混合料灌注成桩为例）一般为：

钻机就位→钻机钻孔→混合料配制、运输及泵送→压灌混合料成桩→成桩保护→凿桩头→成桩检测。

1. 钻机就位

施工机械进场前必须对施工区域进行场地清理、找平，并进行必要的压实，以确保到场机械能够平稳就位，不发生倾斜、移位。

2. 钻机钻孔

（1）钻机进场后，应根据桩长来安装钻塔及钻杆，钻杆连接应牢固，每施工2～3根桩后，应对钻杆连接处进行紧固。

（2）钻机定位后，应进行复检，钻头与桩位偏差不应大于20mm，开孔时，下钻速度应缓慢，钻进过程中，不宜反转或提升钻杆。

（3）开钻之前，应根据孔口标高、设计桩长和设计桩顶标高，提前计算钻进孔内的钻杆长度，并在钻杆上做明显的标记。

（4）钻进中要求带导向套作业，防止钻杆中部弯曲。钻进中控制进尺速度，防止钻屑量太大而产生堵塞。

（5）螺旋钻杆与出土装置导向轮间隙不得大于钻杆外径的4%，出土装置的出土斗离地面高度不应小于1.2m。

（6）钻出的土，应随钻随清，用手推车人工或装载机将钻机的排土清出，桩施工保护土50cm内由人工清运，防止槽底被扰动。

（7）钻进过程中认真记录地下土层性质，随时与设计图纸进行比对，仔细标注发现的不同点，以便为今后大规模施工做好充分准备。

（8）钻到设计深度时，应在原处空转清土，然后停止回转，由专人检查后，做好预检、隐检记录，请监理验收，合格后进入下道工序。

3. 混合料配制、运输及泵送

（1）采用预拌混合料，其原材料、配合比、强度等级应符合设计要求，长螺旋钻孔灌注成桩所用混合料坍落度宜为160～200mm。

（2）采用长螺旋钻孔、管内泵压混合料灌注成桩施工时，每立方米混合料粉煤灰掺量宜为70～90kg。

（3）运输要求：采用混凝土运输搅拌车进行运输，运输车需要保证在规定时间内到达施工现场。

（4）地泵输送混合料

1）混凝土地泵的安放位置应与钻机的施工顺序相配合，尽量减少弯道，混凝土泵与钻机的距离一般在60m以内为宜。

2）混合料泵送前采用水泥砂浆进行润湿，但不得进入孔内。混合料的泵送尽可能连续进行，当钻机移位时，地泵料斗内的混合料应连续搅拌，泵送时，应保持料斗内混合料的高度不低于 400mm，以防吸进空气造成堵管。

3）输送泵管尽可能保持水平，长距离泵送时，泵管下面应用垫木垫实。当泵管需向下倾斜时，应避免角度过大。

4. 压灌混合料成桩

（1）长螺旋钻孔、管内泵压混合料灌注成桩施工时，当钻至设计深度后，应掌握提拔钻杆时间，混合料泵送量应与拔管速度相配合，压灌应一次连续灌注完成，压灌成桩时，钻具底端出料口不得高于钻孔内桩料的液面。

（2）拔管应在钻杆芯管充满混合料后开始，严禁先拔管后泵送。

（3）成桩施工各工序应连续进行，成桩完成后，应及时清除钻杆及软管内残留混合料，长时间停置时，应用清水将钻杆、泵管、地泵清洗干净。

（4）成桩后，必要时对桩顶深度 3～5m 范围内进行振捣，以提高桩顶混凝土的密实度。桩顶标高要高于设计标高 50cm，并确保设计桩顶标高内无浮浆。

5. 成桩保护

（1）桩施工完后，经 7d 达到一定强度后，方可进行基础开挖。

（2）设计桩顶标高不深（小于 1.5m）时，宜采用人工开挖，大于 1.5m 方可采用桩机械开挖，但下部预留 500mm 用人工开挖，以避免损坏桩头部位。

（3）不可用重锤或重物横向击打桩体。

6. 凿桩头

CFG 桩是素混凝土桩，故在处理桩头时宜采用人工凿除，避免出现不必要的断桩。人工凿除桩头时，应在桩位上挖成喇叭口，用钢钎等工具沿桩周向桩心逐次剔除多做的桩头，直到设计标高，保证桩头平整，不出现斜茬，不影响下部桩身质量（图 3-8）。

桩顶和基础之间应设置褥垫层，褥垫层厚度宜取 250～300mm，当桩径大或桩距大时褥垫层厚度宜取高值。褥垫层材料宜用中砂、粗砂、级配砂石或碎石等，最大粒径不宜大于 30mm。

图 3-8　凿桩头

3.4.5 施工质量检验

施工质量检验应符合下列规定：

（1）成桩过程应抽样做混合料试块，每台机械一天应做一组（3 块）（边长为150mm 的立方体），标准养护，测定其立方体抗压强度。

（2）施工质量应检查施工记录、混合料坍落度、桩数、桩位偏差、褥垫层厚度、夯填度和桩体试块抗压强度等。

（3）地基承载力检验应采用单桩复合地基载荷试验或单桩载荷试验，单体工程试验数量应为总桩数的 1%且不应少于 3 点，对桩体检测应抽取不少于总桩数的 10%进行低压变动力试验，检测桩身完整性。

3.4.6 质量标准及质量记录

1. 质量标准

水泥粉煤灰碎石桩复合地基的质量检验标准应符合表 3-4 规定。

水泥粉煤灰碎石桩复合地基质量检验标准 **表 3-4**

项目	序号	检查项目	允许偏差或允许值		检查方法
			单位	数值	
主控项目	1	桩径	mm	−20	用钢尺量或计算填料量
	2	原材料	设计要求		查产品合格证书或抽样检验
	3	桩身强度	设计要求		查 28d 试块强度
	4	地基承载力	设计要求		按规定的办法
一般项目	1	桩身完整性	按基桩检测技术规范		按基桩检测技术规范
	2	桩位偏差	满堂布桩≤0.40D 条基布桩≤0.25D		用钢尺量，D 为桩径
	3	桩长	mm	＋100	测桩管长度或垂球测孔深
	4	桩垂直度	%	≤1	用经纬仪测桩管
	5	褥垫层夯填度	≤0.9		用钢尺量

2. 质量记录

质量记录同水泥夯实土桩。

3.4.7 常见问题及处理方法

1. 堵管

在 CFG 桩施工过程中，常发生堵管现象，这样不仅浪费材料，而且增加工人劳动强度，耽误工期。发生堵管的原因主要是混合料搅拌不匀、混合料坍落度小、成桩时间过长等。

堵管处理措施一般为严格控制水胶比、搅拌时间及 CFG 混合料在输送泵和输送管中的停留时间等。

2. 石子粒径大、水泥结块

发生原因主要是进料控制不严、弯管处选用了小直径异径接头。其处理措施首先是严格控制进料，并在混凝土输送泵上加盖方格网，防止超径石子混入。应避免大小头接口，并及时清除异径接头处残余物。

3. 缩径、夹泥、断桩

一般是由于提钻速度过快，钻尖不能埋入混合料面下而发生这类现象。解决措施为控制拔管速度。

出现缩颈或断桩，可采取扩颈方法，或者加桩处理。

4. 地下水影响

施工不当时，易发生地下水涌入，砂石回灌而堵管。此时，应先送料到管口，然后提钻打开料口，下料。

5. 温度影响

由于输送管直径较小，当温度较低时，混合料易结块而堵管，并影响桩体质量。此时，应用保温材料把输送管包好，尤其是钻杆上部弯管。

复 习 思 考 题

1. 选择题

(1) 地基处理方法的分类多种多样，按处理深度分可分（　　）。

A. 临时处理　　B. 永久处理

C. 浅层处理　　D. 深层处理

(2) 灰土地基适用于（　　）等位置。

A. 基坑　　B. 室外台阶

C. 散水　　D. 深层处理

(3) 灰土的体积配合比，除设计有特殊要求外，一般为（　　）。

A. 1∶9　　B. 3∶7　　C. 无要求　　D. 2∶8

(4) 水泥土桩处理深度不宜超过（　　）m。当采用洛阳铲成孔工艺时，深度不宜超过（　　）m。

A. 6　　B. 8　　C. 9　　D. 10

(5) 水泥土桩孔口堆土一般在距孔口（　　）m 以外。

A. 0.5　　B. 1　　C. 2　　D. 3

(6) CFG 桩的主要成分中有（　　）。

A. 水泥　　B. 砂　　C. 石子　　D. 粉煤灰

(7) 水泥粉煤灰碎石桩的桩距一般为桩径的（　　）倍。

A. 1　　B. 2　　C. 3～5　　D. 10

(8) 水泥粉煤灰碎石桩钻孔常用的机具为（　　）。

A. 短螺旋钻机　　B. 长螺旋钻机

C. 人工挖孔　　D. 都可以

(9) 水泥粉煤灰碎石桩施工完后，经（　　）d 达到一定强度后，方可进行基础开挖。

A. 5　　B. 7　　C. 14　　D. 15

2. 简答题

(1) 灰土地基施工工艺流程是什么?

(2) 什么是夯实水泥土桩?

(3) 夯实水泥土桩施工工艺流程是什么? 如何进行施工?

(4) 夯实水泥土桩施工应注意哪些问题?

(5) 什么是水泥粉煤灰碎石桩?

(6) 水泥粉煤灰碎石桩施工工艺流程是什么? 如何进行施工?

(7) 水泥粉煤灰碎石桩施工中常见的问题有哪些? 如何处理?

任务 4

基础工程施工

【任务目标】

(1) 知道基础分类情况；
(2) 知道砖基础的形式；
(3) 知道钢筋混凝土基础形式；
(4) 掌握干作业成孔灌注桩施工工艺；
(5) 掌握地下卷材防水层施工工艺及施工要点；
(6) 掌握防水混凝土施工要点。

过程 4.1 明确基础分类情况

基础按材料不同可分为砖基础、石基础、混凝土基础、毛石混凝土基础、钢筋混凝土基础等。

基础按形式不同可分为带形基础、独立基础、片筏基础、箱形基础。

基础按受力特点不同可分为刚性基础和柔性基础。

4.1.1 砖基础类型

砖基础有带形基础和独立基础，砖基础下部扩大部分称为大放脚。大放脚有等高式和不等高式两种。

4.1.2 钢筋混凝土基础形式

钢筋混凝土基础形式有柱下钢筋混凝土独立基础、墙下钢筋混凝土条形基础、筏式基础、箱形基础等，如图 4-1～图 4-4 所示。

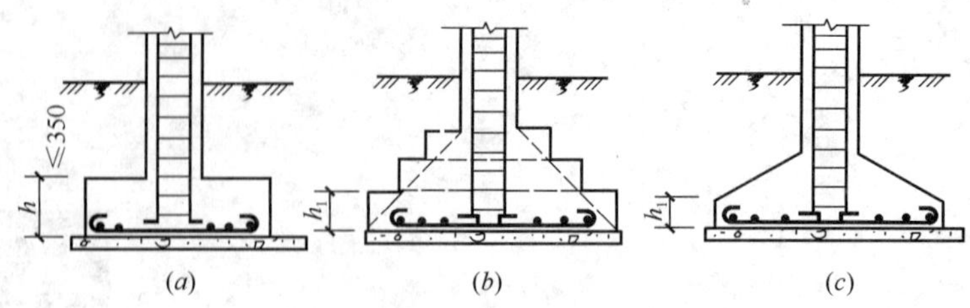

图 4-1 柱下钢筋混凝土独立基础
（a）、（b）阶梯形；（c）锥形

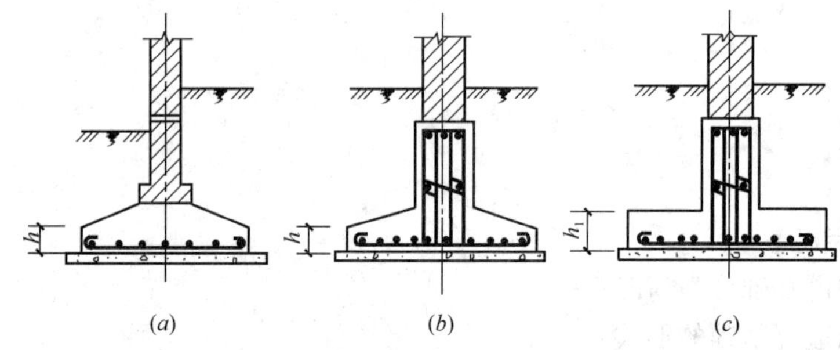

图 4-2 墙下钢筋混凝土条形基础
（a）板式；（b）、（c）梁、板结合式

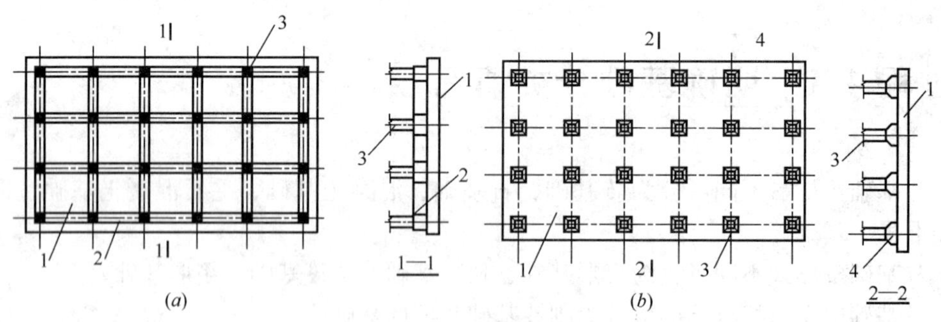

图 4-3 筏式基础
（a）梁板式；（b）平板式
1—底板；2—梁；3—柱；4—支墩

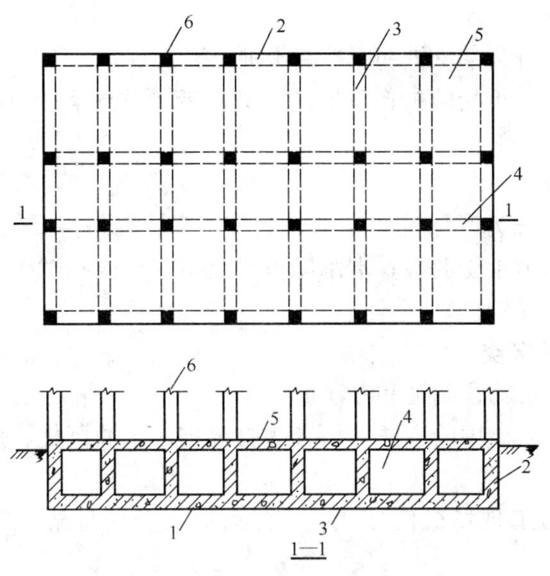

图 4-4　箱形基础

1—底板；2—外墙；3—内横隔墙；4—内纵隔墙；5—顶板；6—柱

过程 4.2　桩基础工程

一般建筑物都应该充分利用地基土层的承载能力，尽量采用浅基础。若浅层地基土质不良，无法满足建筑物对地基变形和强度方面的要求时，就要采取有效的施工方法建造深基础。深基础主要有桩基础、墩基础、沉井等，其中桩基础应用较为广泛。

4.2.1　桩基础概述

桩基础是一种常用的深基础形式，它由若干个沉入土中的桩和连接桩顶的承台或承台梁组成。

桩的作用一是将上部建筑物的荷载传递到深处承载力较强的土层上，或将软弱土层挤密实以提高地基土的承载能力和密实度；二是起护壁作用，深基坑开挖时，为防止土方坍塌，桩被用做临时土壁支护。

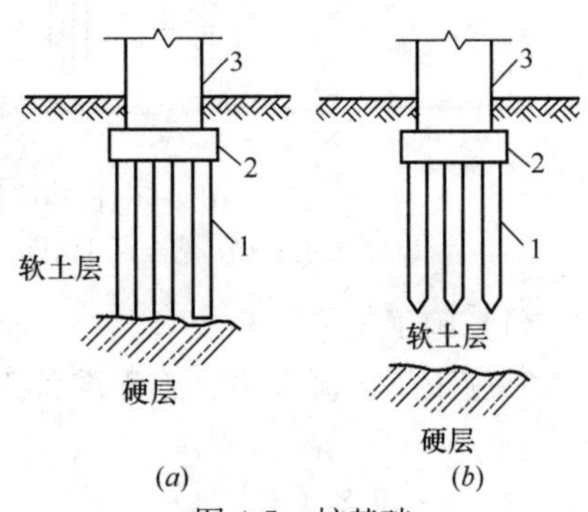

图 4-5　桩基础

(a) 端承型桩；(b) 摩擦型桩

1—桩；2—承台；3—上部结构

4.2.2　桩基础分类

1. 按受力情况分类

桩按受力情况分为端承型桩和摩擦型桩两种，如图 4-5 所示。

（1）端承型桩

端承型桩又可分为端承桩和摩擦端承桩。端承型桩是指在极限承载力状态下，桩顶荷载由桩端阻力承受的桩；摩擦端承桩是指在极限承载力状态下，桩顶荷载主要由桩端阻力承受的桩。

（2）摩擦型桩

摩擦型桩又可分为摩擦桩和端承摩擦桩。摩擦桩是指在极限承载力状态下，桩顶荷载由桩侧阻力承受的桩；端承摩擦桩是指在极限承载力状态下，桩顶荷载主要由桩侧阻力承受的桩。

2. 按施工方法分类

桩按施工方法分为预制桩和灌注桩两种。

预制桩根据沉入土中的方法，可分为打入桩、水冲沉桩、振动沉桩和静力压桩等。

灌注桩是在施工现场桩位处成孔，然后放入钢筋骨架，再浇筑混凝土而成的桩。

灌注桩按成孔方法不同，有钻孔灌注桩、沉管灌注桩、人工挖孔灌注桩、爆扩灌注桩等。

4.2.3 施工现浇钢筋混凝土灌注桩

灌注桩可用机械成孔或人工挖孔，与预制桩相比，灌注桩具有不受地层变化限制，不需要接桩和截桩，节约钢材、振动小、噪声小等特点。

1. 干作业钻孔灌注桩

干作业钻孔灌注桩适用于地下水位以上的一般黏土层、砂土土层中桩基的成孔施工，不适于有地下水的土层和淤泥质土。干作业钻孔灌注桩施工过程如图 4-6 所示。

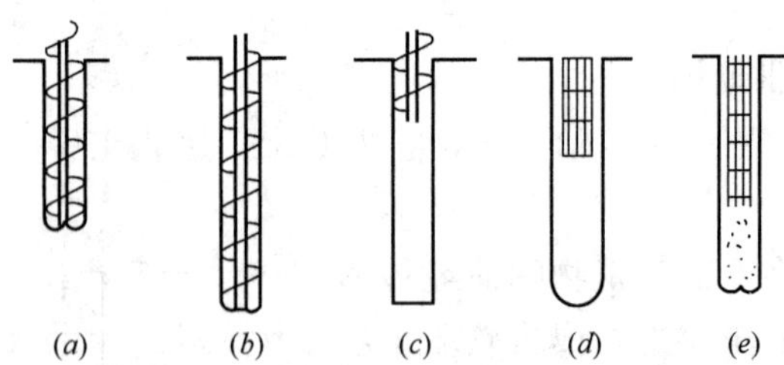

图 4-6　长螺旋钻孔灌注桩施工过程示意图

（*a*）钻孔；（*b*）钻至设计深度；（*c*）提钻；（*d*）放钢筋笼；（*e*）灌注混凝土

（1）施工工艺

其施工工艺流程为：施工准备工作→成孔→孔底清理→吊放钢筋笼→灌注混凝土。

1）施工准备工作

① 确定成孔顺序

对土没有挤密作用的干作业成孔灌注桩等，一般按现场条件和桩机行走最方便原则确定成孔顺序。

② 钢筋笼制作

钢筋笼制作时，要求主筋环向均匀布置，箍筋的直径及间距、主筋的保护层厚度等应符合设计规定。混凝土灌注桩钢筋笼质量检查标准应符合表 4-1 规定。

混凝土灌注桩钢筋笼质量检查标准（mm） **表 4-1**

项目	序号	检查项目	允许偏差或允许值	检查方法
主控项目	1	主筋间距	±10	用钢尺量
	2	长度	±100	用钢尺量
一般项目	1	钢筋材质检验	设计要求	抽样送检
	2	箍筋间距	±20	用钢尺量
	3	直径	±10	用钢尺量

③ 混凝土的配制

混凝土配制所用的材料与性能要符合设计要求。

2）成孔

① 钻机就位后，钻杆垂直对准桩位中心，保持垂直稳固，开钻时先慢后快，减少钻杆晃动引起扩大孔径，及时纠正钻孔的偏斜或位移。钻进过程中，应随时清理孔口积土，遇到地下水、塌孔、缩孔等异常情况时，应及时处理。

② 成孔深度的控制

摩擦型桩：摩擦桩应以设计桩长控制成孔深度，端承摩擦桩必须保证设计桩长及桩端进入持力层深度。

端承型桩：必须保证桩端进入持力层的设计深度。

3）孔底清理

钻孔至规定要求深度后，进行孔底清土。清孔的目的是将孔内的浮土、虚土取出，减少桩的沉降。方法是钻机在原深处空转清土，然后停止旋转，提钻卸土。清孔完毕后用盖板盖好孔口。

4）吊放钢筋笼，浇筑混凝土。吊放钢筋笼前，应检查钢筋笼的主筋、箍筋直径、根数、间距及主筋保护层厚度是否符合设计规定，并同时填写钢筋隐蔽工程验收记录。灌注混凝土前，应在孔口安放护孔漏斗，然后放置钢筋笼，并应再次测量孔内虚土厚度。扩底桩浇筑混凝土时，第一次应灌到扩底部位的顶面，随即振捣密实。浇筑桩顶以下 5m 范围内混凝土时，应随浇筑随振捣，每次浇筑高度不得大于 1.5m。

（2）质量要求

1）混凝土灌注桩成孔施工的允许偏差应满足表 4-2 的规定，桩顶标高至少要比设计标高高出 0.5m。每浇筑 50m^3必须留 1 组试件，小于 50m^3的桩，每根桩必须有 1 组试件。

灌注桩成孔施工允许偏差 **表 4-2**

序号	成孔方法		桩径允许偏差（mm）	垂直度允许偏差（%）	桩位允许偏差（mm）	
					1～3 根桩、条形桩基沿垂直于轴线方向和群桩基础中的边桩	条形桩基沿轴线方向和群桩基础的中间桩
1	螺旋钻、机动洛阳铲干作业成孔		−20	<1	70	150
2	人工挖孔桩	现浇混凝土护壁	+50	<0.5	50	150
3		长钢套管护壁	+50	<1	100	200

注：桩径允许偏差的负值是指个别断面。

2）混凝土灌注桩质量检查标准应符合表 4-3 的规定。

混凝土灌注桩质量检查标准 **表 4-3**

项目	序号	检查项目		允许偏差或允许值		检查方法
				单位	数值	
主控项目	1	桩位		见表 4-2		基坑开挖前量护筒，开挖后量桩中心
	2	孔深		mm	+300	只深不浅，用重锤测，或测钻杆、套管长度，嵌岩桩应确保设计要求的嵌岩深度
	3	桩体质量检验		按桩基检测技术规范。如钻芯取样，大直径嵌岩桩应钻至桩尖下 50cm		按桩基检测技术规范
	4	混凝土强度		设计要求		试件报告或钻芯取样送检
	5	承载力		按桩基检测技术规范		按桩基检测技术规范
一般项目	1	垂直度		见表 4-2		测套管或钻杆，或用超声波探测，干施工时吊垂球
	2	桩径		见表 4-2		井径仪或超声波检测，干施工时用钢尺量，人工挖孔桩不包括内衬厚度
	3	泥浆比重		1.15～1.2		用比重计测，清孔后在距孔底 50cm 处取样
	4	泥浆面标高（高于地下水位）		m	0.5～1.0	目测
	5	沉渣厚度	端承桩	mm	≤50	用沉渣仪或重锤测量
			摩擦桩	mm	≤150	
	6	混凝土坍落度	水下灌注	mm	160～220	坍落度仪
			干施工	mm	70～100	
	7	钢筋笼安装深度		mm	±100	用钢尺量
	8	混凝土充盈系数		>1		检查每根桩的实际灌注量
	9	桩顶标高		mm	+30 −50	水准仪，需扣除桩顶浮浆层及劣质桩体

2. 人工挖孔灌注桩

人工挖孔灌注桩是采用人工挖掘方法成孔（桩径不得小于 0.8m，且不宜大于 2.5m），然后放置钢筋笼，浇筑混凝土而成的桩。施工特点是设备简单、无噪声、无振动、不污染环境，对施工现场周围原有建筑物的影响小；施工速度快，可按施工进度要求决定同时开挖桩孔的数量，必要时，各桩孔可同时施工；土层情况明确，可直接观察到地质变化，桩底沉渣能清除干净，施工质量可靠。尤其当高层建筑选用大直径的灌注桩，而其施工现场又在狭窄的市区时，采用人工挖孔比机械挖孔具有更大的适应性。但其缺点是人工消耗量大，开挖效率低，安全操作条件差等。

（1）施工设备

一般可根据孔径、孔深和现场具体情况加以选用，常用的有：捯链、提土桶、潜水泵、鼓风机和疏风管、镐、锹、土筐、照明灯、对讲机及电铃等。

（2）施工工艺

施工时，为确保挖土成孔施工安全，必须考虑采取预防孔壁坍塌和流砂现象发生的措施。因此，施工前应根据水文地质资料，拟定出合理的护壁措施和降排水方案，护壁方法很多，可以采用现浇混凝土护壁、喷射混凝土护壁、混凝土沉井护壁、钢套管护壁等多种方法。下面介绍应用较广的现浇混凝土护壁时人工挖孔桩的施工工艺流程。

1）按设计图纸放线、定桩位，确定成孔顺序。当人工挖孔桩净距小于 2 倍桩径且小于 2.5m 时，应采用间隔开挖。相邻排桩跳挖的最小施工净距不得小于 4.5m，孔深不宜大于 30m。

2）开挖桩孔土方。采取分段开挖，每段高度取决于土壁保持直立状态而不塌方的能力，一般取 0.5～1.0m 为一施工段。护壁厚度不应小于 100mm，应配置直径不小于 8mm 的构造钢筋，竖向筋应上下搭接或拉接。

3）支设护壁模板。模板高度取决于开挖土方施工段的高度，一般为 1m，模板要求支成有锥度的内模。

4）放置操作平台。操作平台用于放置料具和浇筑混凝土的操作。

5）浇筑护壁混凝土。其强度等级不应低于桩身混凝土强度等级，并应振捣密实。护壁混凝土起着防止土壁塌陷与防水的双重作用。

6）拆除模板继续下段施工。当护壁混凝土强度达到 1MPa（常温下约经 24h）后，方可拆除模板，开挖下段的土方，再支模浇筑护壁混凝土，如此循环，直至挖到设计要求的深度。

7）排除孔底积水，浇筑桩身混凝土。当桩孔挖到设计深度，并检查孔底土质是否已达到设计要求后，再在孔底挖成扩大头。待桩孔全部成型后，用潜水泵抽出孔底的积水，然后立即浇筑混凝土。当混凝土浇筑至钢筋笼的底面设计标高时，再调入钢筋笼就位，并继续浇筑桩身混凝土而形成桩基。

（3）质量要求

1）必须保证桩孔的挖掘质量。桩孔挖成后应有专人下孔检查，如土质是否符合勘察报告，扩孔机和尺寸与设计是否相符，孔底虚土残渣情况要作为隐蔽验收记录归档。

2）桩的桩位偏差必须符合表 4-2 的规定，桩顶标高至少要比设计标高高出 0.5m。每浇筑 $50m^3$ 必须留 1 组试件，小于 $50m^3$ 的桩，每根桩必须有 1 组试件。

3）钢筋骨架要保证不变形，箍筋与主筋需要焊接，钢筋笼吊入孔内后，要保证其与孔壁间有足够的保护层。

4）灌注桩身混凝土时，混凝土必须通过溜槽；当落距超过 3m 时，应采用串桶，串桶末端距孔底高度不宜大于 2m；也可采用导管泵送；混凝土宜采用插入式振捣器振实。

（4）安全措施

人工挖孔桩的施工应予以特别重视。工人在桩孔内作业，应严格按照安全操作规程施工，并有切实可靠的安全措施。如孔下操作人员必须戴安全帽；孔下有人时孔口必须有监护；护壁要高出地面 150～200mm，以防杂物滚入孔内；孔内设安全软梯，孔外周围设防护栏杆，护栏高度宜为 0.8m；孔下照明采用安全电压；潜水泵必须设有防漏电装置；当桩孔深度超过 10m 时，应有专门向井下送风的设备等。

过程 4.3　地下防水工程

地下防水工程是防止地下水对地下建筑物或建筑物基础的长期浸透，保证地下建筑物或地下室使用功能正常发挥的一项重要工程。由于地下工程常年受地表水、潜水等的有害作用，尤其地下水对建筑物有渗透作用，严重的将影响生产和正常使用。所以必须选择合适的防水方案和有效防水措施，保证地下建筑物安全、耐久和正常使用。

地下工程的防水等级应分为四级，各等级的防水标准应符合表 4-4 的规定。

地下工程防水标准　　表 4-4

防水等级	防水标准
一级	不允许渗水，结构表面无湿渍
二级	不允许漏水，结构表面可有少量湿渍； 工业与民用建筑：总湿渍面积不应大于总防水面积（包括顶板、墙面、地面）的 1/1000；任意 $100m^2$ 防水面积上的湿渍不超过 2 处，单个湿渍的最大面积不大于 0.1 m^2； 其他地下工程：总湿渍面积不应大于总防水面积的 1/2000；任意 $100m^2$ 防水面积上的湿渍不超过 3 处，单个湿渍的最大面积不大于 0.2 m^2；其中，隧道工程还要求平均渗水量不大于 0.05L/(m^2·d)，任意 $100m^2$ 防水面积上渗水量不大于 0.15L/(m^2·d)
三级	有少量漏水点，不得有线流和漏泥浆； 任意 $100m^2$ 防水面积上的漏水或湿渍点不超过 7 处，单个漏水点的最大漏水量不大于 2.5L/d，单个湿渍的最大面积不大于 $0.3m^2$

续表

防水等级	防水标准
四级	有漏水点，不得有线流和漏泥浆； 整个工程平均漏水量不大于 2L/(m^2・d)；任意 100m^2 防水面积上的平均漏水量不大于 4L/(m^2・d)

地下工程不同防水等级的适用范围，应根据工程的重要性和使用中对防水的要求按表 4-5 选定。

不同防水等级的适用范围　　表 4-5

防水等级	防水标准
一级	人员长期停留的场所；因有少量湿渍会使物品变质、失效的贮物场所及严重影响设备正常运转和危及工程安全运营的部位；极重要的战备工程、地铁车站
二级	人员经常活动的场所；在有少量湿渍的情况下不会使物品变质、失效的贮物场所及基本不影响设备正常运转和危及工程安全运营的部位；重要的战备工程
三级	人员临时活动的场所；一般的战备工程
四级	对渗漏水无严格要求的工程

4.3.1 防水方案

地下工程的防水方案，应遵循“防、排、截、堵结合，刚柔相济，综合治理”的原则，根据使用要求、自然环境条件及结构形式等因素确定。常用的防水方案有三种：

（1）结构自防水。依靠防水混凝土本身的抗渗性和密实性来进行防水。结构本身既是承重围护结构，又是防水层。因此，它具有施工简便、工期较短、改善劳动条件、节省工程造价等优点，是解决地下防水的有效途径，从而被广泛采用。

（2）设防水层。即在结构的外侧增加防水层，以达到防水目的。常用的防水层有水泥砂浆、卷材、沥青胶结材料和金属防水层，可根据不同的工程对象、防水要求及施工条件选用。

（3）渗排水防水。利用盲沟、渗排水层等措施来排除附近的水源以达到防水目的。适用于形状复杂、受高温影响、地下水为上层滞水且防水要求较高的地下建筑。

4.3.2 施工防水混凝土结构

防水混凝土结构是依靠混凝土材料本身的密实性而具有防水能力的整体式混凝土或钢筋混凝土结构。它既是承重结构、围护结构，又满足抗渗、耐腐蚀和耐浸蚀结构要求。

防水混凝土一般分为普通防水混凝土、外加剂防水混凝土和膨胀水泥防水混凝土三种。普通防水混凝土是通过调整和控制配合比的方法，来达到提高密实度和抗渗性要求的一种混凝土。外加剂防水混凝土是指用掺入适量外加剂的方法，改善混凝土内部组织结构，以增加密实性提高抗渗性的混凝土。其按所掺外加剂种类的不同可分为减水剂防水混凝土、加气剂防水混凝土、三乙醇胺防水混凝土、氯化铁防水混凝土等。膨胀水泥防水混凝土是指用膨胀水泥为胶结料配制而成的防水混凝土。

《地下防水工程质量验收规范》GB 50208—2011 规定，“防水混凝土结构的施工缝、变形缝、后浇带、穿墙管、埋设件等设置和构造必须符合设计要求。”此条为强制性条文，必须严格执行。

1. 防水混凝土的施工要点

（1）模板应拼缝严密不漏浆，有足够的刚度、强度和稳定性。固定模板的铁件不能穿过防水混凝土，防水混凝土内部设置的各种钢筋或绑扎铁丝不得接触模板，避免形成渗水路径。用于固定模板的螺栓必须穿过混凝土结构时，可采用工具式螺栓或螺栓加堵头，螺栓上应加焊方形止水环。拆模后将留下的凹槽用密封材料封堵密实，并应用聚合物水泥砂浆抹平，如图 4-7 所示。

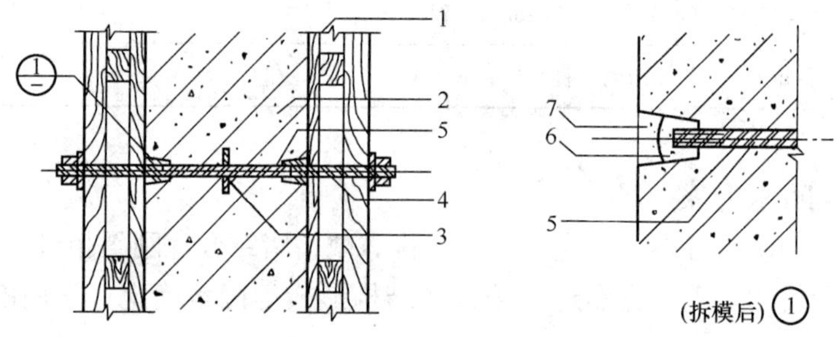

图 4-7　固定模板用螺栓的防水构造

1—模板；2—结构混凝土；3—止水环；4—工具式螺栓；5—固定模板用螺栓；6—密封材料；7—聚合物水泥砂浆

（2）防水混凝土拌合物应采用机械搅拌，搅拌时间不宜少于 2min。掺外加剂时，搅拌时间应根据外加剂的技术要求确定。

（3）防水混凝土拌合物运输后如出现离析，必须进行二次搅拌。当坍落度损失后不能满足施工要求时，应加入原水胶比的水泥浆或同品种的减水剂进行搅拌，严禁直接加水。

（4）防水混凝土应分层连续浇筑，分层厚度不得大于 500mm。振捣时应采用机械振捣，避免漏振、欠振和超振。

（5）对施工缝的要求。防水混凝土应连续浇筑，宜少留施工缝。当留设施工缝时，墙体水平施工缝不应留在剪力与弯矩最大处或底板与侧墙的交界处，应留在高出底板表面不小于 300mm 的墙体上。墙体有预留洞时，施工缝距离孔洞边缘不应小于 300mm。垂直施工缝宜与变形缝相结合。施工缝防水构造形式如图 4-8～图 4-10 所示。

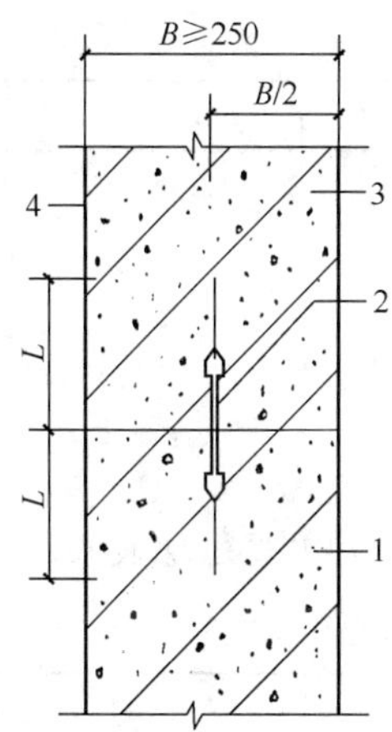

图 4-8　施工缝防水构造（1）
（钢板止水带 L≥150；橡胶止水带 L≥200；钢边橡胶止水带 L≥120）
1—先浇混凝土；2—中埋止水带；3—后浇混凝土；4—结构迎水面

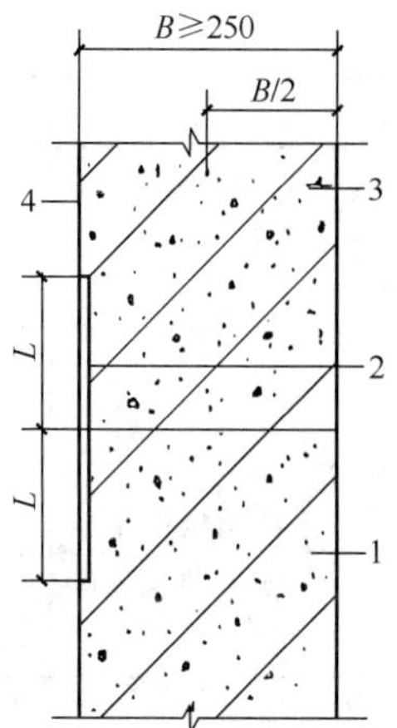

图 4-9　施工缝防水构造（2）
（外贴止水带 L≥150；外涂防水涂料 L=200；外抹防水砂浆 L=200）
1—先浇混凝土；2—外贴止水带；3—后浇混凝土；4—结构迎水面

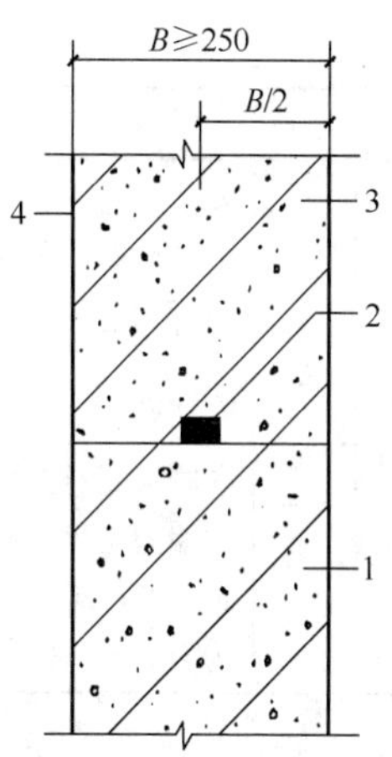

图 4-10　施工缝防水构造（3）
1—先浇混凝土；2—遇水膨胀止水条；3—后浇混凝土；4—结构迎水面

（6）水平施工缝浇筑混凝土前，应将其表面浮浆和杂物清除，然后铺净浆或涂刷混凝土界面处理剂、水泥基渗透结晶型防水涂料，再铺 30～50mm 厚的 1∶1 水泥砂浆，并应及时浇筑混凝土。垂直施工缝浇筑混凝土前，应将其表面清理干净，再涂刷混凝土界面处理剂或水泥基渗透结晶型防水涂料，并应及时浇筑混凝土。

（7）养护。养护对防水混凝土的抗渗性能影响很大，防水混凝土终凝后应立即进行养护，养护时间不得少于 14d。

（8）大体积防水混凝土在炎热夏季施工时，应采取降低原材料温度、减少混凝土运输时吸收外界热量等降温措施，入模温度不应大于 30℃ 。应采取保温保湿养护，混凝土中心温度与表面温度的差值不应大于 25℃，表面温度与大气温度的差值不应大于 20℃，温降梯度不得大于 3℃/d，养护时间不应少于 14d。

2. 防水混凝土质量检查（表 4-6）

防水混凝土质量检查　　　　**表 4-6**

项目	序号	检查项目	检验方法
主控项目	1	防水混凝土原材料、配合比及坍落度必须符合设计要求	检查产品合格证、产品性能检测报告、计量措施和材料进场检验报告
	2	防水混凝土的抗压强度和抗渗性能必须符合设计要求	检查混凝土抗压强度、抗渗性能检验报告
	3	防水混凝土结构的施工缝、变形缝、后浇带、穿墙管、预埋件等设置和构造必须符合设计要求	观察检查和检查隐蔽工程验收记录

续表

项目	序号	检查项目	检验方法
一般项目	1	防水混凝土结构表面应坚实、平整，不得有漏筋、蜂窝等缺陷；预埋件位置应准确	观察检查
	2	防水混凝土结构表面的裂缝宽度不应大于0.2mm，且不得贯通	用刻度放大镜检查
	3	防水混凝土结构厚度不应小于250mm，其允许偏差应为＋8mm、－5mm；主体结构迎水面钢筋保护层厚度不应小于50mm，其允许偏差应为±5mm	尺量检查和检查隐蔽工程验收记录

4.3.3 施工卷材防水

卷材防水层是用沥青胶结材料粘贴卷材而成的一种防水层，宜用于经常处在地下水环境，且受侵蚀作用或受振动作用的地下工程。其特点是具有良好的韧性、延伸性，耐酸、碱、盐腐蚀性，是地下防水工程常用的施工方法。

1. 卷材防水层的铺贴方案

地下防水工程一般把卷材防水层设在建筑结构的外侧迎水面上称为外防水，这种防水层的铺贴法防水效果好，应用比较广泛。卷材防水层用于建筑物地下室时，应铺设在结构主体底板垫层至墙体顶端的基面上，在外围形成封闭的防水层。

外防水卷材防水层铺贴方法，按其与地下防水结构的先后施工顺序分为外防外贴法和外防内贴法。

（1）外防外贴法施工

外贴法是将立面卷材防水层直接铺设在需防水结构的外墙外表面，然后砌筑保护墙，如图4-11所示。其施工顺序是：首先浇筑需防水结构的底面垫层；并在垫层上砌筑永久保护墙，墙高为结构底板厚度＋100mm；在永久性保护墙上用石灰砂浆砌临时保护墙，墙高为300mm；在永久性保护墙上和垫层上抹1∶3水泥砂浆找平层，临时保护墙上用石灰砂浆找平；待找平层基本干燥后，在其上涂满基层处理剂，然后分层铺贴平面和立面卷材防水层，并将顶端临时固定。在铺贴好的卷材表面做好保护层后，再进行需防水结构的底板和墙体施工。需防水结构施工完成后，将临时固定的接槎部位的各层卷材揭开并清理干净，再在此区段的外墙表面上补抹水泥砂浆找平层，找平层干燥后满涂基层处理剂，将卷材分层错槎搭接向上，铺贴在结构墙上。卷材接槎的搭接长度，高聚物改性沥青卷材为150mm，合成高分子卷材为100mm，当使用两层卷材时，卷材应错槎接缝，上层卷材应盖过下层卷材；应及时做好防水层的保护结构。

外贴法的优点是建筑物与保护墙有不均匀沉陷时，对防水层影响较小；防水层做好后即进行漏水试验，修补也方便。缺点是工期长，占场地面积大；底板与墙身接头处卷材容易受损。在施工现场条件允许时，多采用此法施工。

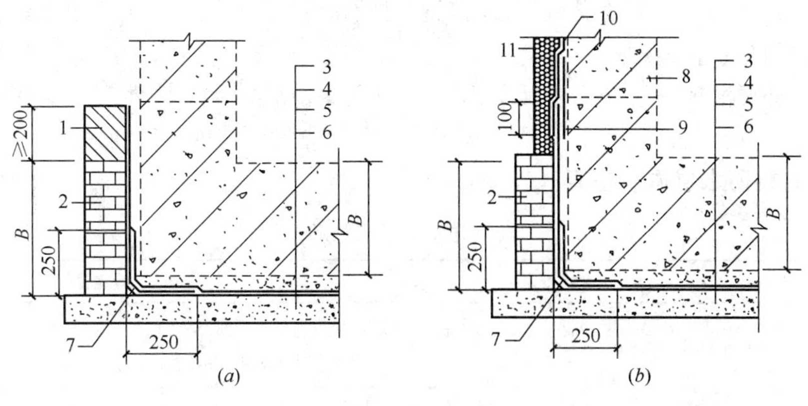

图 4-11　卷材防水层甩槎、接槎构造

(a) 甩槎；(b) 接槎

1—临时保护墙；2—永久保护墙；3—细石混凝土保护层；4—卷材防水层；
5—水泥砂浆找平层；6—混凝土垫层；7—卷材加强层；8—结构墙体；
9—卷材加强层；10—卷材防水层；11—卷材保护层

(2) 外防内贴法施工

在地下建筑墙体施工前先砌筑保护墙，然后将卷材防水层铺贴在保护墙上，最后施工并浇筑地下建筑墙体，如图 4-12 所示。其施工程序是：先在垫层上砌筑永久保护墙，然后在垫层及保护墙上抹 1∶3 水泥砂浆找平层，待其基本干燥后，在其上涂满基层处理剂，沿保护墙与垫层铺贴卷材防水层，先贴立面，后贴水平面；先贴转角，后贴大面；然后做保护层，最后施工需防水的结构。

内贴法施工的优点是防水层的施工比较方便，不必留接头；施工占地面积小。缺点是建筑物与保护墙发生不均匀沉降时，对防水层影响较大；保护墙稳定性差；竣工后发现漏水较难修补。

2. 卷材防水层施工要点

(1) 卷材防水层的基面应坚实、平整、清洁，阴阳角处均应做圆弧或折角，并应符合所用卷材的施工要求。

(2) 防水卷材施工前，基面应干净、干燥，并应涂刷基层处理剂；当基面潮湿时，应涂刷湿固化型胶粘剂或潮湿界面隔离剂。基层处理剂应与卷材和粘结材料的材性相容，基层处理剂喷涂或涂刷应均匀一致，不应露底，表面干燥后方可铺贴卷材。

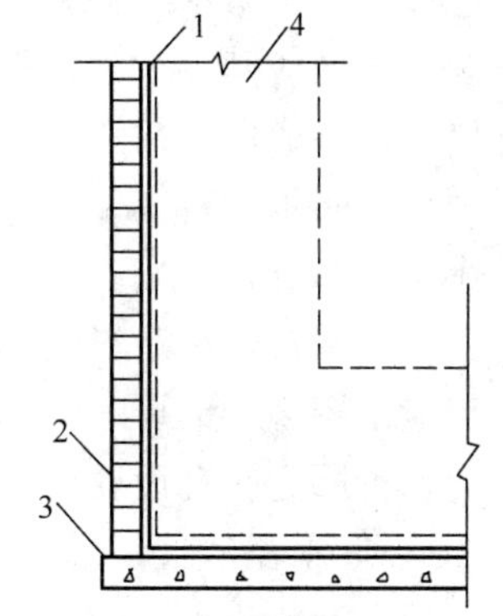

图 4-12　内贴法施工

1—卷材防水层；2—永久保护墙；3—垫层；4—尚未施工的构筑物

(3) 铺贴卷材严禁在雨天、雪天、五级及以上大风中施工；冷粘法、自粘法的施工环境气温不宜低于 5℃。

(4) 铺贴各类防水卷材应铺设卷材加强层，卷材与基面、卷材与卷材间的粘结应牢固，铺贴完的卷材应平整顺直，搭接尺寸应准确，不得产生扭曲和皱折。

铺贴双层卷材时，上下两层和相邻两幅卷材的接缝应错开 1/3～1/2 幅宽，且两层卷材不得相互垂直铺贴。

（5）外贴法铺贴卷材应先铺平面，后铺立面，平立面交接处应交叉搭接。内贴法宜先铺垂直面，后铺水平面，铺贴垂直面时应先铺转角，后铺大面。

3. 卷材防水层质量检查（表 4-7）

卷材防水层质量检验　　表 4-7

项目	序号	检查项目	检验方法
主控项目	1	卷材防水层所用卷材及其配套材料必须符合设计要求	检查产品合格证、产品性能检测报告和材料进场检验报告
	2	卷材防水层在转角处、变形缝、施工缝、穿墙管等部位做法必须符合设计要求	观察检查和检查隐蔽工程验收记录
一般项目	1	卷材防水层的搭接缝应粘结或焊接牢固，密封严密，不得有扭曲、折皱、翘边和起泡等缺陷	观察检查
	2	采用外防外贴法铺贴卷材防水层时，立面卷材接槎的搭接宽度，高聚物改性沥青卷材应为 150mm，合成高分子卷材应为 100mm，且上层卷材应盖过下层卷材	观察和尺量检查
	3	侧墙卷材防水层的保护层与防水层应结合紧密，保护层厚度应符合设计要求	观察和尺量检查
	4	卷材搭接宽度的允许偏差－10mm	观察和尺量检查

4.3.4 施工涂料防水

1. 涂料防水层施工要点

（1）防水涂料宜选择外防外涂或外防内涂，防水构造如图 4-13、图 4-14 所示。

（2）无机防水涂料基层表面应干净、平整、无浮浆和明显积水；有机防水涂料基层表面应基本干燥，不应有气孔、凹凸不平、蜂窝麻面等缺陷。涂料施工前，基层阴阳角应做成圆弧状。

（3）防水涂料应分层涂刷或喷涂，涂层应均匀，不得漏刷漏涂；接茬宽度不应小于 100mm。

（4）有机防水涂料施工完后应及时做保护层，保护层应符合下列规定：底板、顶板应采用 20mm 厚 1：2.5 水泥砂浆层和 40～50mm 厚细石混凝土保护层，防水层与保护层之间宜设置隔离层；侧墙迎水面保护层宜选用软质保护材料或 20mm 厚 1：2.5 水泥砂浆；侧墙背水面保护层 20mm 厚 1：2.5 水泥砂浆。

（5）涂料防水层严禁在雨天、雾天、五级及以上大风时施工，不得在施工环境温度低于 5℃及高于 35℃或烈日暴晒时施工。涂料固化前如有降雨可能，应及时做好已完工涂层的保护工作。

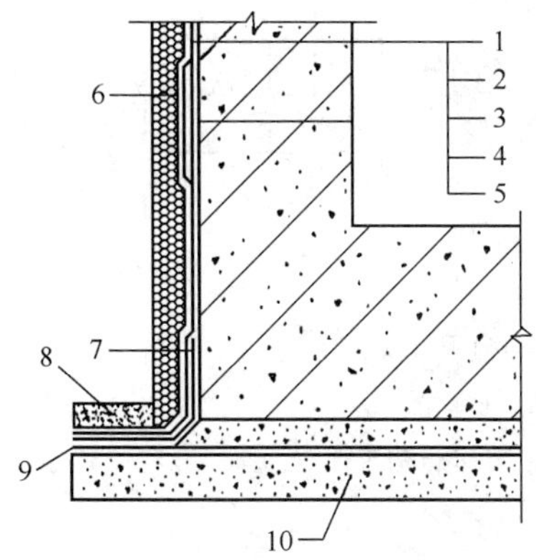

图 4-13　防水涂料外防外涂构造

1—保护墙；2—砂浆保护层；3—涂料防水层；4—砂浆找平层；5—结构墙体；6—涂料防水层加强层；7—涂料防水加强层；8—涂料防水层搭接部位保护层；9—涂料防水层搭接部位；10—混凝土垫层

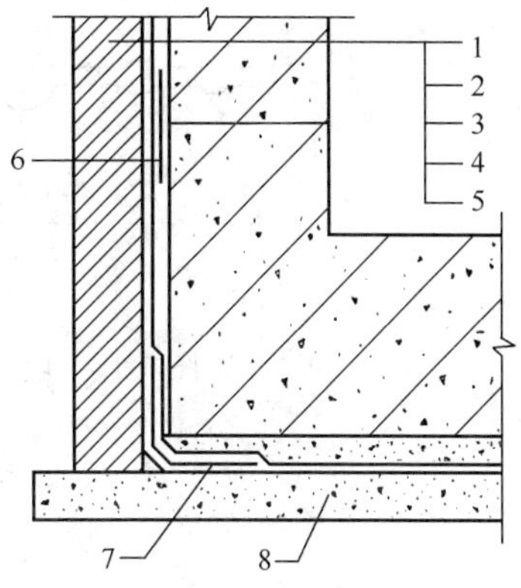

图 4-14　防水涂料外防内涂构造

1—保护墙；2—涂料保护层；3—涂料防水层；4—找平层；5—结构墙体；6—涂料防水层加强层；7—涂料防水加强层；8—混凝土垫层

2. 涂料防水层质量检查（表 4-8）

涂料防水层质量检验　　**表 4-8**

项目	序号	检查项目	检验方法
主控项目	1	涂料防水层所用材料及配合比必须符合设计要求	检查产品合格证、产品性能检测报告、计量措施和材料进场检验报告
	2	涂料防水层的平均厚度应符合设计要求，最小厚度不得小于设计厚度的 90%	用针测法检查
	3	涂料防水层在转角处、变形缝、施工缝、穿墙管等部位做法必须符合设计要求	观察检查和检查隐蔽工程验收记录
一般项目	1	涂料防水层应与基层粘结牢固，涂刷均匀，不得流淌、鼓泡、漏槎	观察检查
	2	涂层间加铺胎体增强材料时，应使防水涂料浸透胎体覆盖完全，不得有胎体外露现象	观察检查
	3	侧墙涂料防水层的保护层与防水层应结合紧密，保护层厚度应符合设计要求	观察检查

4.3.5　施工混凝土结构细部构造防水

1. 变形缝

地下结构物的变形缝是防水工程的薄弱环节，防水处理比较复杂。变形缝应满足密封防水、适应变形、施工方便、检修容易等要求。常见的变形缝止水带材料有：橡胶止水带、塑料止水带、氯丁橡胶止水带和金属止水带，其中，橡胶止水带和塑料止水带的柔性、适应变形能力与防水性能较好，是目前常用的止水材料。止水带的构造形式通常有埋入式、可卸式、粘贴式，如图 4-15～图 4-17 所示。

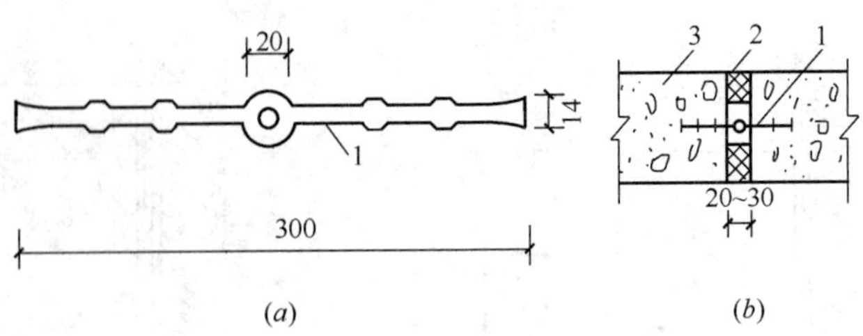

图 4-15　埋入式橡胶（或塑料）止水带的构造

（a）橡胶止水带；（b）变形缝构造

1—止水带；2—沥青麻丝；3—构筑物

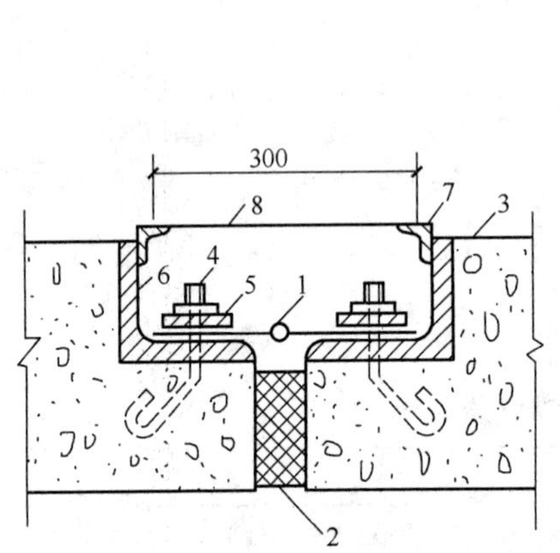

图 4-16　可卸式橡胶止水带变形构造

1—橡胶止水带；2—沥青麻丝；

3—构筑物；4—螺栓；5—钢压条；

6—角钢；7—支撑角钢；8—钢盖板

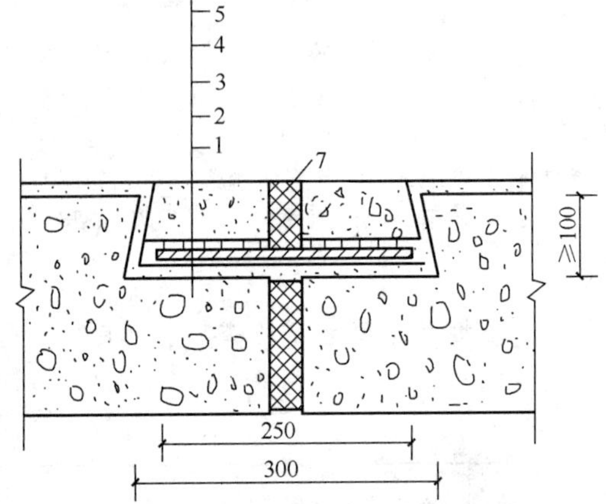

图 4-17　粘贴式氯丁橡胶板变形缝构造

1—构筑物；2—刚性防水层；3—胶粘剂；

4—氯丁胶板；5—素灰层；

6—细石混凝土覆盖层；7—沥青麻丝

2. 后浇带

防水混凝土基础后浇带的位置及宽度应符合设计要求，宽度宜为 700～1000mm。后浇带可做成平直缝，结构主筋不宜在缝处断开。留缝时应采取支模或固定钢板网等措施，保证留缝位置准确、断口垂直、边缘混凝土密实。后浇带的防水构造如图 4-18～图 4-20 所示。

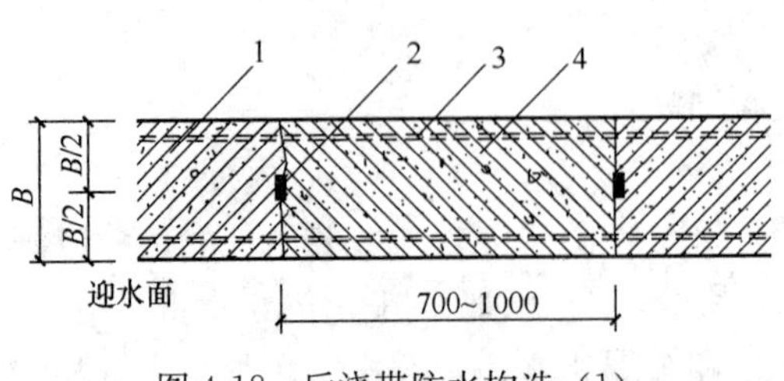

图 4-18　后浇带防水构造（1）

1—先浇混凝土；2—遇水膨胀止水条；3—结构主筋；

4—后浇补偿收缩混凝土

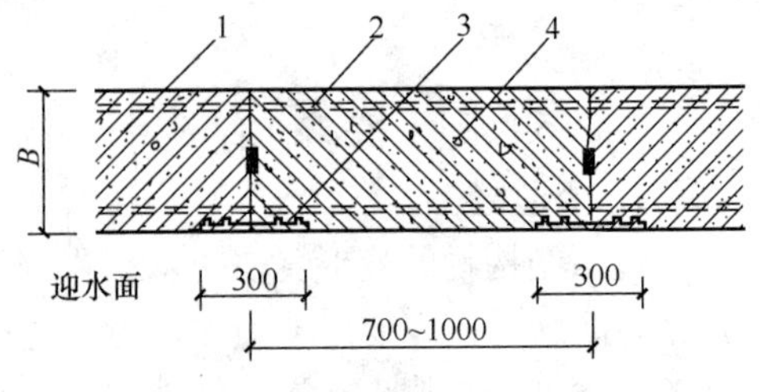

图 4-19　后浇带防水构造（2）

1—先浇混凝土；2—结构主筋；3—外贴式止水带；

4—后浇补偿收缩混凝土

后浇带的混凝土施工，应在其两侧混凝土浇筑完毕并养护 42d，待混凝土收缩变形基本稳定后再进行。但高层建筑的后浇带应在结构顶板浇筑 14d 后，再施工后浇带。浇筑前应将接缝处混凝土表面凿毛并清理干净，保持湿润，浇筑的混凝土应优先选用补偿收缩混凝土，其强度等级不得低于两侧混凝土的强度等级。后浇带混凝土应一次浇筑，不得留设施工缝，后浇带混凝土的养护时间不得少于 28d。

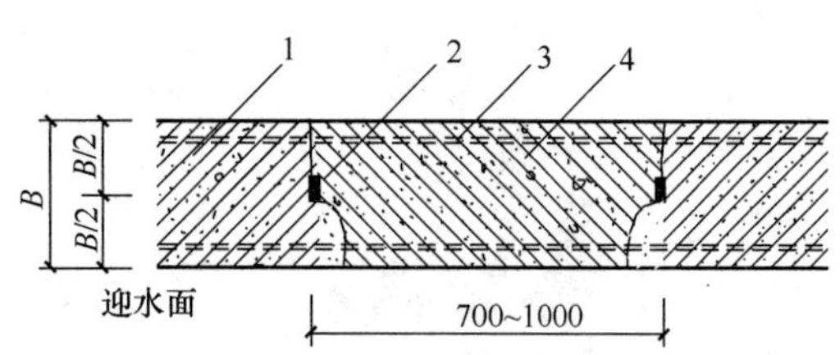

图 4-20　后浇带防水构造（3）

1—先浇混凝土；2—遇水膨胀止水条；3—结构主筋；4—后浇补偿收缩混凝土

复习思考题

(1) 简答桩基础的作用和分类。

(2) 现浇混凝土桩的成孔方法有几种？

(3) 简述人工挖孔灌注桩的施工工艺和施工中应注意的主要问题。

(4) 地下防水工程有哪几种防水方案？

(5) 防水混凝土有哪几种？各有哪些特点？

(6) 在防水混凝土施工中应注意哪些问题？

(7) 后浇带混凝土施工应符合哪些规定？

(8) 地下防水卷材铺贴的两种方法是什么？各有什么特点？

任务 5

砌筑工程施工

【任务目标】

（1）掌握钢管扣件式脚手架的搭设方法；

（2）熟悉砌筑工程施工运输机具类别、性能；

（3）了解高层建筑施工机具类别、性能；

（4）掌握砖砌体砌筑方法；

（5）掌握砌块砌体的砌筑方法；

（6）能够解决砌筑工程常见质量通病。

过程 5.1　砌筑工程准备工作

砌筑工程的施工准备工作包括：搭设脚手架、准备施工机具及材料。

5.1.1　搭设脚手架

脚手架是建筑施工中的一项重要临时设施，其作用是在现场为安全防护，供工人在上面进行施工操作，堆放建筑材料，以及进行材料的短距离水平运送。

脚手架必须满足以下几点要求：

1）满足使用要求

脚手架的宽度应满足工人操作、材料堆放及运输的要求。脚手架的宽度一般为 2 m 左右，最小不得小于 1.5m。

2）有足够的强度、刚度及稳定性

施工期间，在各种荷载作用下，脚手架不变形、不摇晃、不倾斜，确保施工人员人身安全。

3）搭拆简单，搬运方便，并能多次周转使用。

4）因地制宜，就地取材，尽量节约用料。

脚手架按其搭设位置不同分为外脚手架和里脚手架两大类；按其所用材料不同分为木脚手架、竹脚手架与金属脚手架；按其构造形式不同分为多立杆式、框式、桥式、吊式、挂式、升降式以及用于层间操作的工具式脚手架；按搭设高度分为高层脚手架和普通脚手架。目前脚手架的发展趋势是采用金属制作的、具有多种功用的组合式脚手架，可以适用不同情况作业的要求。

1. 外脚手架

凡搭设在建筑物外围的脚手架统称为外脚手架。

（1）钢管扣件式脚手架

1）钢管扣件式脚手架的基本构造

如图 5-1 所示为钢管扣件式脚手架的基本构造。钢管扣件式脚手架由钢管杆件用扣件连接而成。由钢管、扣件、底座和脚手板等组成。钢管扣件式脚手架的基本形式有单排和双排两种。

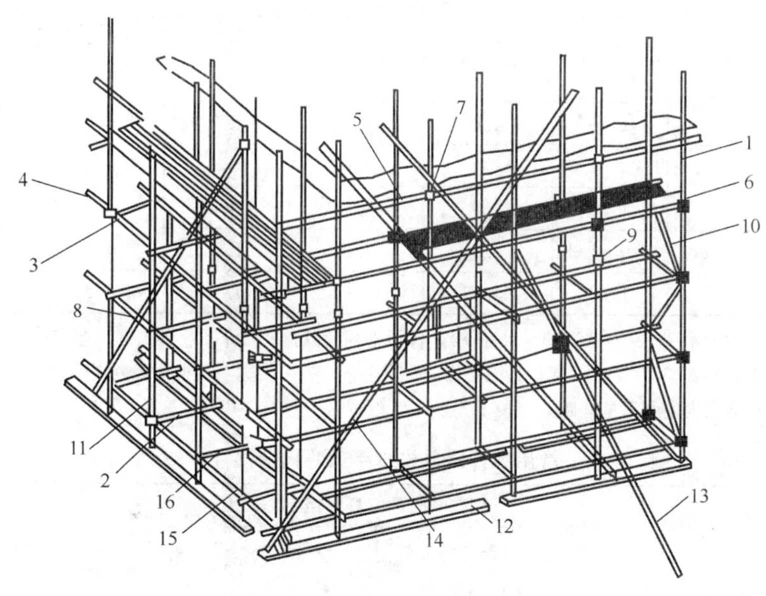

图 5-1　钢管扣件式脚手架

1—外立杆；2—内立杆；3—横向水平杆；4—纵向水平杆；5—栏杆；6—挡脚板；7—直角扣件；8—旋转扣件；9—对接扣件；10—横向斜撑；11—主立杆；12—垫板；13—抛撑；14—剪刀撑；15—纵向扫地杆；16—横向扫地杆

2）钢管扣件式脚手架的搭设

脚手架搭设范围的地基，表面应平整，排水畅通，如表层土质松软，应加 150mm 厚碎石或碎砖夯实，对高层建筑脚手架基础应进行验算。垫板、底座均应准确放在定位线上。竖立第一根立杆时，每六跨应暂设置一根抛撑（垂直于纵向水平杆，一端支撑在地面上），直至固定件固定好后方可根据情况拆除。架设具有连墙件的构造层时，应立即设置连墙件。连墙件距离操作层的距离不应大于二步，当超过时，应在操作层下采取临时稳定措施，直到连墙件架设完后方可拆除。双排脚手架的横向水平杆靠墙的一端至墙装饰面的距离应小于100mm。杆端伸出扣件的长度不应小于100mm。除操作层的脚手板外，宜每隔12m高满铺一层脚手板。

3）搭设参数确定步骤

首先确定搭设高度，根据连墙杆设置情况及荷载大小，选择立杆横距和步距，最后确定立杆纵距，具体见表5-1、表5-2所列。

常用单、双排脚手架的构造尺寸　　表5-1

连墙件设置	立杆横距 l_b(m)	步距 h(m)	下列荷载时的立杆纵距 l_a(m)				脚手架允许搭设高度[H](m)
			2+4×0.35 (kN/m²)	2+2+4×0.35 (kN/m²)	3+4×0.35 (kN/m²)	3+2+4×0.35 (kN/m²)	
二步三跨	1.05	1.20～1.35	2.0	1.8	1.5	1.5	50
		1.80	2.0	1.8	1.5	1.5	50
	1.30	1.20～1.35	1.8	1.5	1.5	1.5	50
		1.80	1.8	1.5	1.5	1.2	50
	1.55	1.20～1.35	1.8	1.5	1.5	1.5	50
		1.80	1.8	1.5	1.5	1.2	37
三步三跨	1.05	1.20～1.35	2.0	1.8	1.5	1.5	50
		1.80	2.0	1.5	1.5	1.5	34
	1.30	1.20～1.35	1.8	1.5	1.5	1.5	50
		1.80	1.8	1.5	1.5	1.2	30

注：1. 表中所示2+2+4×0.35（kN/m²），包括下列荷载：2+2（kN/m²）是二层装修作业层施工荷载；4×0.35（kN/m²）包括二层作业层脚手板，另两层脚手板根据规范规定确定；

2. 作业层横向水平杆间距，应按不大于 $l_a/2$ 设置。

常用敞开式单排脚手架的构造尺寸　　表5-2

连墙件设置	立杆横距 l_b	步距 h	下列荷载时的立杆纵距 l_a(m)		脚手架允许搭设高度[H](m)
			2+2×0.35 (kN/m²)	3+2×0.35 (kN/m²)	
二步三跨	1.20	1.20～1.35	2.0	1.8	24
		1.80	2.0	1.8	24
三步三跨	1.40	1.20～1.35	1.8	1.5	24
		1.80	1.8	1.5	24

4）搭设工艺流程

地基弹线、立杆定位→摆放扫地杆→竖立杆并与扫地杆扣紧→装扫地小横杆，并与立杆和扫地杆扣紧（固定立杆底端前，应吊线确保立杆垂直）→每边竖起3～4根立杆后，随即装设第一步纵向水平杆（与立杆扣接固定）→安第一步小横杆

（小横杆靠近立杆并与纵向水平杆扣接固定）→校正立杆垂直和水平使其符合要求，按 40～60N·m 力拧紧扣件螺栓，形成脚手架的起始段，按上述要求依次向前延伸搭设，直至第一步架交圈完成。交圈后，再全面检查一遍脚手架质量和地基情况，严格确保设计要求和脚手架质量→安第二步大横杆→安第二步小横杆→加设临时斜撑杆（加抛撑），上端与第二步大横杆扣紧（装设与柱连接杆后拆除）→安第三、四步大横杆和小横杆→安装二层与柱拉杆→接立杆→加设剪力撑→装设作业层间横杆（在脚手架横向杆之间架设的、用于缩小铺板支撑跨度的横杆）→铺设脚手板，绑扎防护及挡脚板，立挂安全网。

5）扣件

扣件用于钢管之间的连接，其基本形式有三种：回转扣件（图 5-2*a*），用于两根呈任意角度交叉钢管的连接；直角扣件（图 5-2*b*），用于两根成垂直交叉钢管的连接；对接扣件（图 5-2*c*），用于两根钢管的对接连接。

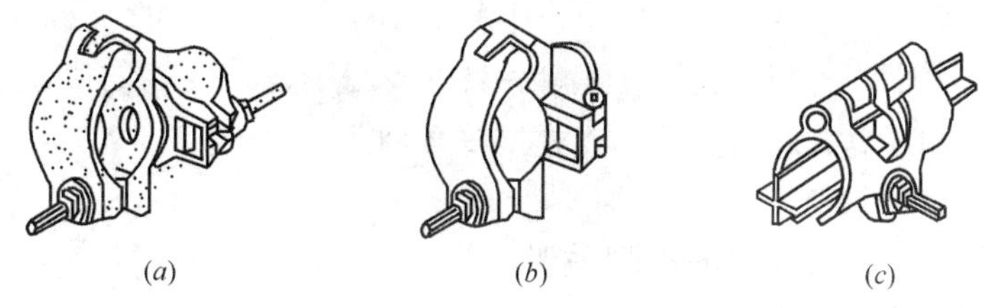

图 5-2　扣件形式

（*a*）回转扣件；（*b*）直角扣件；（*c*）对接扣件

6）底座

底座是设立于立杆底部的垫座，用于传递荷载到地面上。底座一般采用厚 8mm，边长 150～200mm 的钢板作底板，上焊 150mm 高的钢管。底座形式有内插式（图 5-3*a*）和外套式两种（图 5-3*b*）。

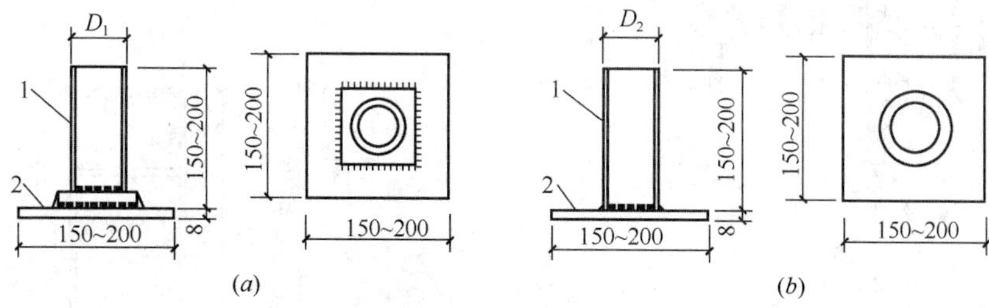

图 5-3　扣件钢管底座

（*a*）内插式底座；（*b*）外套式底座

1—承插钢管；2—钢板底座

7）扣件式脚手架的拆除

①拆除作业必须由上而下逐层进行，严禁上下同时作业。

②连墙件必须随脚手架逐层拆除，严禁先将连墙件整层或数层拆除后再拆脚手架；分段拆除高差不应大于 2 步，如高差大于 2 步，应增设连墙件加固。

③当脚手架拆至下部最后一根长立杆的高度（约 6.5m）时，应先在适当位置搭设临时抛撑加固后，再拆除连墙件。

④当脚手架采取分段、分立面拆除时，对不拆除的脚手架两端，应先按规范规定设置连墙件和横向斜撑加固。

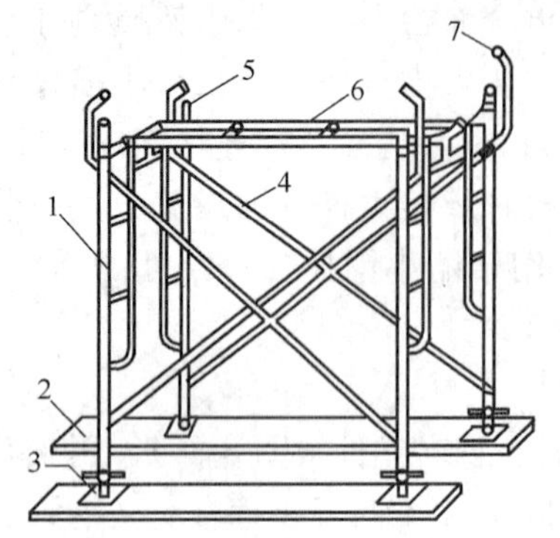

图 5-4 门式钢管脚手架基本单元

1—门架；2—垫板；3—螺旋基座；4—交叉撑；5—连接棒；6—水平架；7—锁臂

（2）门式脚手架

门式钢管脚手架是用普通钢管材料制成工具式标准件，在施工现场组合而成。其基本单元是由一副门式框架、一副剪刀撑、一副水平梁架和四个连接器组合而成。若干基本单元通过连接器在竖向叠加，扣上臂扣，组成一个多层框架。在水平方向，用加固杆和水平梁架使相邻单元连成整体，加上斜梯、栏杆柱和横杆成上下步相通的外脚手架，如图 5-4 所示。

2. 里脚手架

凡搭设在建筑物内部的统称为里脚手架。里脚手架主要用于建筑内墙的砌筑和室内粉刷工程。一般可制成凳式、折叠式、支柱式等几种。

（1）凳式里脚手架

凳式里脚手架是最简单的里脚手架，即沿墙摆设若干马凳，在马凳上铺脚手板组成。马凳高度一般为 1.2～1.4m，长度一般为 1.2～1.5m，马凳间距约 1.5～1.8m。

（2）支柱式里脚手架

图 5-5 所示为套管式支柱，插管插在立管中，它是支柱式里脚手架的一种。

（3）折叠式里脚手架（图 5-6）

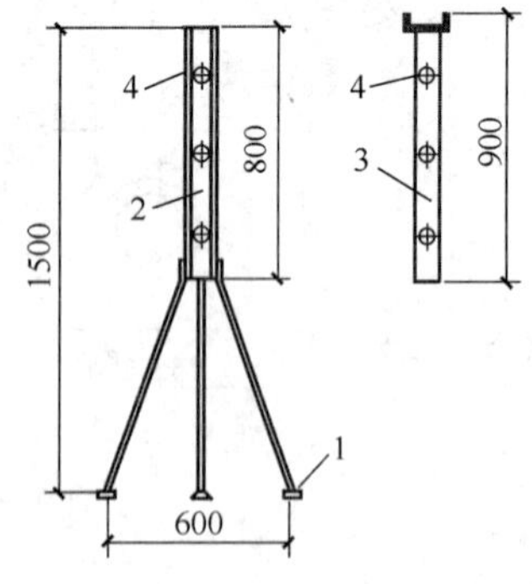

图 5-5 套管式支柱里脚手架

1—立脚；2—立管；3—插管；4—销孔

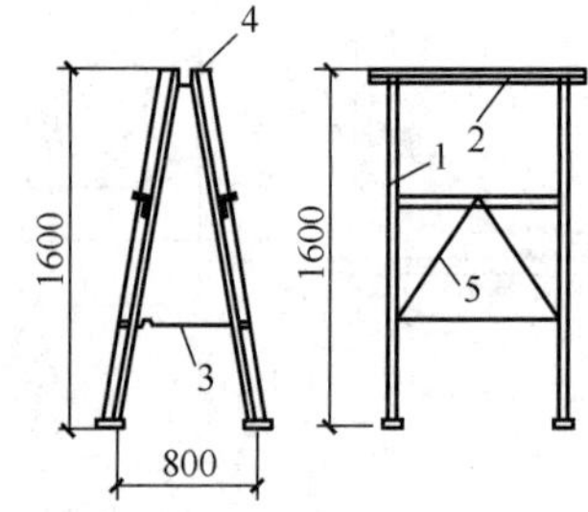

图 5-6 角钢折叠式里脚手架

1—立柱；2—横楞；3—挂钩；4—铰链；5—斜撑

3. 悬吊式脚手架

悬吊式脚手架是通过特设的支承点，利用吊索悬吊吊架或吊篮进行砌筑或装修工程操作的一种脚手架。其主要组成部分为吊架（包括行架式工作台）或吊篮、支承设施（包括支承挑架和挑梁）、吊索（包括钢丝绳、铁链、钢筋）及升降装置等，如图 5-7 所示。对于高层建筑的外装修作业和平时的维修保养，都是一种极为方便、经济的脚手架形式。

4. 高层建筑施工用脚手架

目前在高层建筑施工中，较为普遍采用的脚手架形式有以下六种：落地式全高脚手架、吊篮、挂脚手架、挑脚手架、附墙升降式脚手架和整体提升脚手架。本书主要介绍落地式全高脚手架。

落地式全高脚手架，即从地面上一直搭上去，覆盖建筑物立面全高的外脚手架。施工规范规定：扣件式钢管脚手架材料搭设的双排脚手架允许搭到 50m 高。当需要搭设超过允许高度的脚手架时，应采取加固或卸载措施。

加固措施是指加密立杆、增加附墙拉结等措施。对钢管扣件式脚手架，可采用两种做法：一是脚手架下部用双管立杆，上部用单管立杆，单管部分高度不超过 35m。分段组架如图 5-8 所示。

卸载措施是在规定高度（一般为 35m）之上分段装设挑支架或撑拉构造，将该段的脚手架荷载全部或部分地卸载给建筑结构承受。按照卸载的原则，也可以采用减少施工荷载（限制作业层数、上架人数和上架材料）和构造荷载（采用较轻的脚手板和防围护材料）的方法，但必须确保安全。局部卸载如图 5-9 所示。

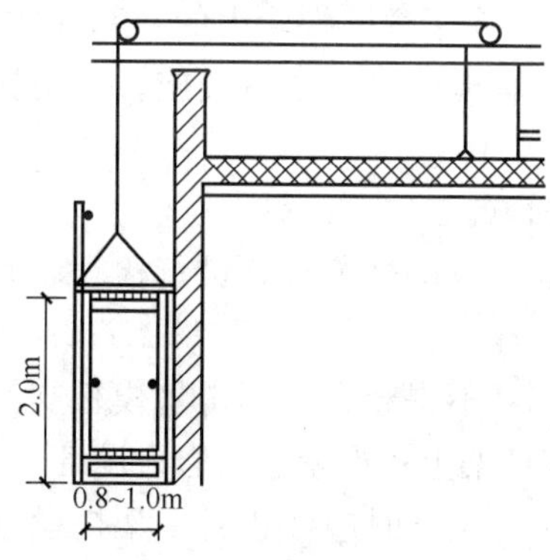

图 5-7　小型吊篮的构造形式

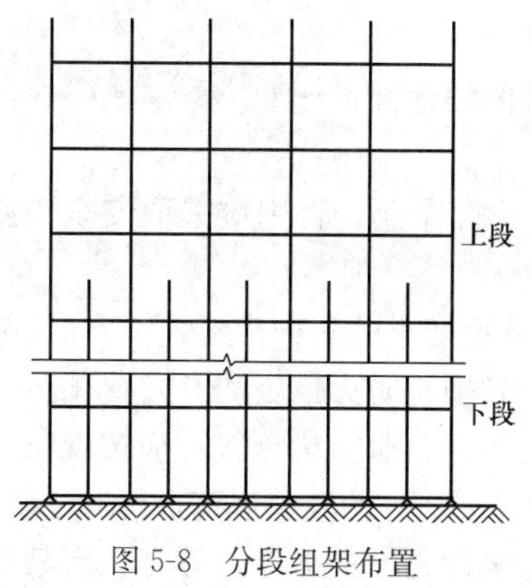

图 5-8　分段组架布置

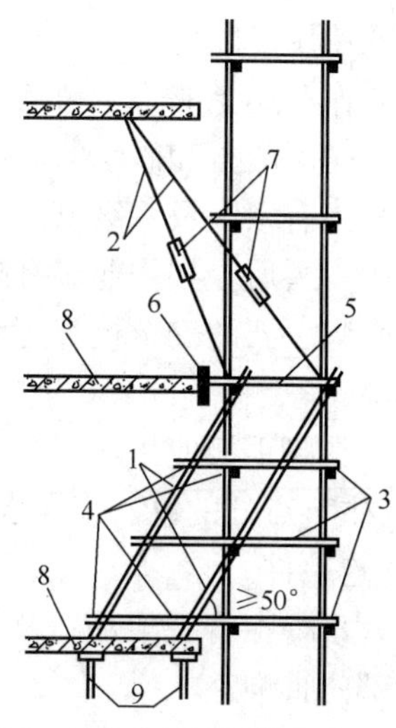

图 5-9　局部卸载措施

1—支杆；2—拉杆；3—横向加强杆；4—纵向拉结杆；5—顶杆；6—垫板；7—花篮螺栓；8—框架梁或楼板；9—支柱（需要时）

5. 脚手架的安全防护

为了确保脚手架的安全，脚手架应具备足够的强度、刚度和稳定性。对多立柱外脚手架，施工均布活荷载标准规定为：维修脚手架为1kN/m^2，装饰脚手架为2kN/m^2，结构脚手架为3kN/m^2，若需超载，则应进行验算并采取相应措施。

当外墙砌砖高度超过4m或立体交叉作业时，必须设置安全网，以防材料下落伤人和高空操作人员坠落。安全网一般是用直径9mm的麻绳、棕绳或尼龙绳编织而成的，一般规格为宽3m、长6m、网眼80mm左右，每块织好的安全网应能承受不小于1.6kN的冲击荷载。

架设安全网时，其伸出墙面宽度应不小于2m，外口要高于里口500mm，两网搭接应扎接牢固，每隔一定距离应用拉绳将斜杆与地面锚桩拉牢。在无窗口的山墙上，可在墙角设立柱来挂安全网；也可在墙体内预埋钢筋环以支撑斜杆；还可用短钢管穿墙，用回转扣件来支设斜杆。

当用里脚手架施工外墙时，要沿墙外架设安全网；多层建筑用外脚手架时，亦需在脚手架外侧设安全网。安全网要随楼层施工进度逐层上升。多层建筑除一道逐步上升的安全网外，尚应在第二层和每隔3～4层加设固定的安全网。

6. 脚手架的安全管理

（1）按照相关的法律和法规的要求，脚手架属于危险性较大的分部分项工程，应编制专项施工方案，并经公司总工批准，经监理单位审核后实施。在实施前要向工人交底，并严格按方案实施。

（2）搭设脚手架人员必须戴安全帽、系安全带、穿防滑鞋。

（3）搭设脚手架的构配件质量与搭设质量，应按规范规定进行检查验收，合格后方准使用。

（4）作业层上的施工荷载应符合设计要求，不得超载。不得将模板支架、缆风绳、泵送混凝土和砂浆的输送管等固定在脚手架上；严禁悬挂起重设备。

（5）当有六级及六级以上大风和雾、雨、雪天气时应停止脚手架搭设与拆除作业。雨、雪后上架作业应有防滑措施，并应扫除积雪。

（6）脚手架的安全检查与维护，应按规范规定进行。安全网应按有关规定搭设或拆除。

（7）在脚手架使用期间，严禁拆除下列杆件：

1）主节点处的纵、横向水平杆，纵、横向扫地杆；

2）连墙件。

（8）不得在脚手架基础及其邻近处进行挖掘作业，否则应采取安全措施，并报主管部门批准。

（9）临街搭设脚手架时，外侧应有防止坠物伤人的防护措施。

（10）在脚手架上进行电、气焊作业时，必须有防火措施和专人看守。

（11）工地临时用电线路的架设及脚手架接地、避雷措施等，应按现行行业标准《施工现场临时用电安全技术规范》JGJ 46—2005的有关规定执行。

（12）搭拆脚手架时，地面应设围栏和警戒标志，并派专人看守，严禁非操作人员入内。

5.1.2 准备施工机具

1. 砂浆搅拌机

砌筑用的砂浆目前有两种来源，一种是商品砂浆，根据图纸要求，订购满足设计要求的砂浆即可；另一种是普通砂浆，采用现场机械拌制，常用的拌制机械是强制式搅拌机，其容量有 100L、200L、325L 等数种规格。搅拌时拌筒一般不动。卸料时，一种是拌筒倾翻，筒口朝下出料；另一种是打开筒底侧的活门出料。

2. 运输机具

砌筑工程中所需的各种材料（砖、砂浆）、工具（脚手杆、脚手板、灰槽等）均须送到各楼层的施工面上去，运输量很大。运输过程中除了保证安全外，还要防止砖的破损和砌筑砂浆的分层离析，因此需要合理地选择运输机具。

（1）水平运输机具

施工现场内的水平运输，常用的有机动翻斗车和人力两轮手推小车两种。

（2）垂直运输机具

砌筑工程中常用的垂直运输设施有井字架、龙门架、塔式起重机、施工电梯等。

1）井架

井架是多层房屋建筑工程垂直运输的常用设备之一。井架可为单孔、两孔和多孔，常用单孔，井架内设吊盘。井架上可根据需要设置拔杆，供吊运长度较大的构件，其起重量为 5～15kN，工作幅度可达 10m。

在房屋建筑中一般都采用单孔四柱角钢井架。目前构造方法主要是在工厂焊成一定长度的节段，然后运到工地安装，搭设高度可达 50m 以上。井架搭设要求垂直（垂直偏差不大于总高的 1/400），支承地面平整。要求设置缆风绳，高度在 15m 以下时设一道，15m 以上时每增高 10m 增设一道，缆风绳宜采用 9mm 的钢丝绳，与地面成 45°。安装好的井架应有避雷和接地装置。

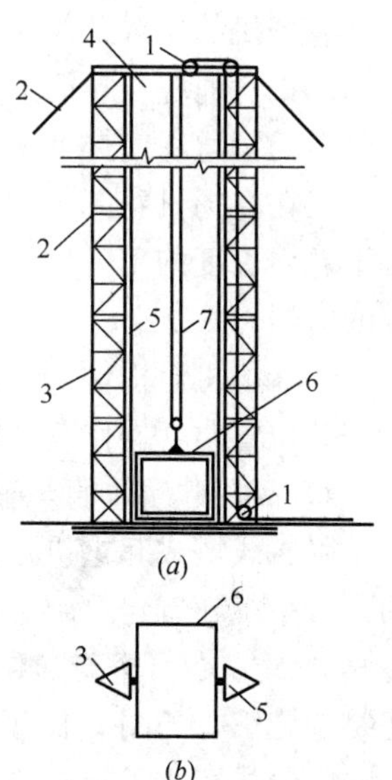

图 5-10 龙门架的基本构造形状

(*a*) 立面；(*b*) 平面

1—滑轮；2—缆风绳；3—立柱；4—横梁；5—导轨；6—吊盘；7—钢丝绳

2）龙门架

龙门架是由两根立柱及天轮梁（横梁）组成的门式架，如图 5-10 所示。龙门架上装设滑轮、导轨、吊盘、缆风绳等，进行材料、机具、小型预制构件的垂直运输。龙门架构造简单，制作容易，用材少，装拆方便，起升高度为 15～30m，起重量为 0.6～1.2t，适用于中小型工程。

3）卷扬机

卷扬机是一种牵引机械，龙门架、井架一般都用卷扬机牵引钢丝绳来提升吊盘。卷扬机有快速和慢速两种。快速卷扬机有单筒、双筒两种，快速卷扬机的钢丝绳牵引速度为 25～50m/min，用于垂直、水平运输及打桩作业。慢速卷扬机为单筒式，用于吊装结构、冷拉钢筋和张拉预应力筋。

卷扬机使用时必须予以固定，以防工作时产生滑动或倾覆。根据受力大小，固定方式有螺栓锚固法、水平锚固法、立桩锚固法和压重锚固法四种，如图 5-11 所示。

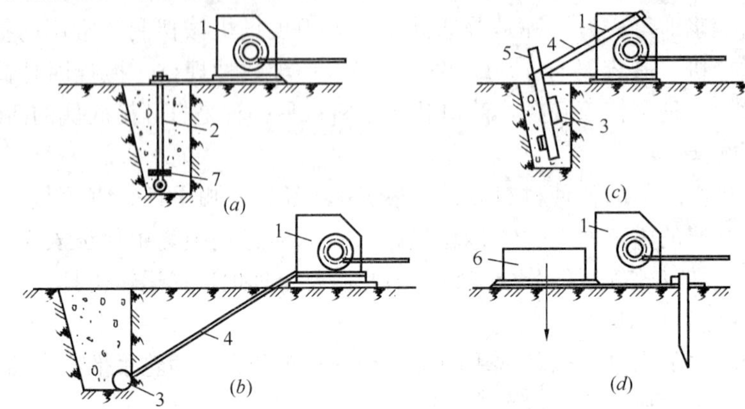

图 5-11　卷扬机的固定方法

（a）螺栓锚固法；（b）水平锚固法；（c）立杆锚固法；（d）压重锚固法

1—卷扬机；2—地脚螺栓；3—横木；4—拉索；5—木桩；6—压重；7—压板

卷扬机的布置及使用要点如下：

①钢丝绳应从卷筒下方与卷筒轴线方向垂直绕入，卷筒上存绳量不少于 4 圈，卷筒上的钢丝绳应排列整齐，严禁重叠或斜绕。

②在卷扬机卷筒中心前方应设置导向滑轮，导向滑车至卷筒轴线的距离应不小于卷筒长度的 15 倍，即倾斜角不大于 20°，以免钢丝绳与导向滑车槽缘产生过分的磨损。

③卷扬机至构件安装位置的水平距离应大于构件的安装高度，即当构件被吊到安装位置时，操作者视线仰角应小于 45°。

4）高层建筑垂直运输机械

附着式塔式起重机是固定在建筑物近旁混凝土基础上的起重机械，它可以借助顶升系统随着建筑施工进度而自行向上接高。为了减少塔身的计算高度，规定每隔 20m 左右将塔身与建筑物用锚固装置连接起来。这种塔式起重机宜用于高层建筑的施工，如图 5-12 所示。

附着式塔式起重机的顶部有套架和液压顶升装置，需要接高时，利用塔顶的行程液压千斤顶，将塔顶上部结构（起重臂等）顶高，用定位销固定；千斤顶回油，推入标准节，用螺栓与下面的塔身连成整体，每次可接高 2.5m。附着式塔式起重机顶升的五个步骤如图 5-13 所示。

5）施工电梯

施工电梯中人货两用电梯，是高层建筑施工设备中唯一可运送人员上下的垂直运输设备，如果不采用施工电梯，高层建筑施工中的净工作时间损失可达 30%

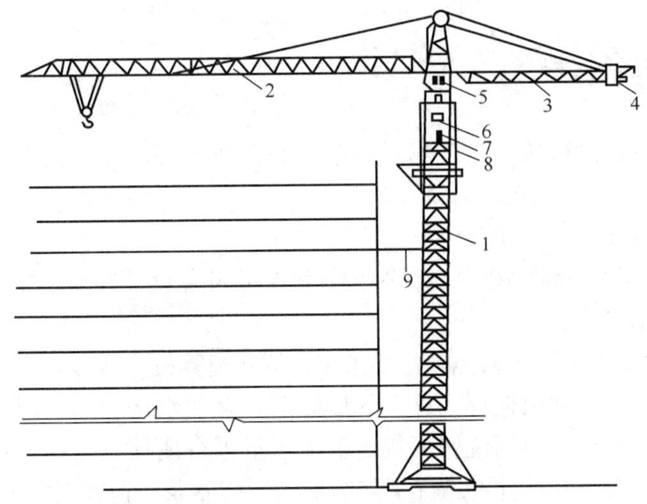

图 5-12 附着式塔式起重机

1—塔身；2—起重臂；3—平衡臂；4—配重；5—操纵室；
6—液压千斤顶；7—活塞；8—顶升套架；9—锚固装置

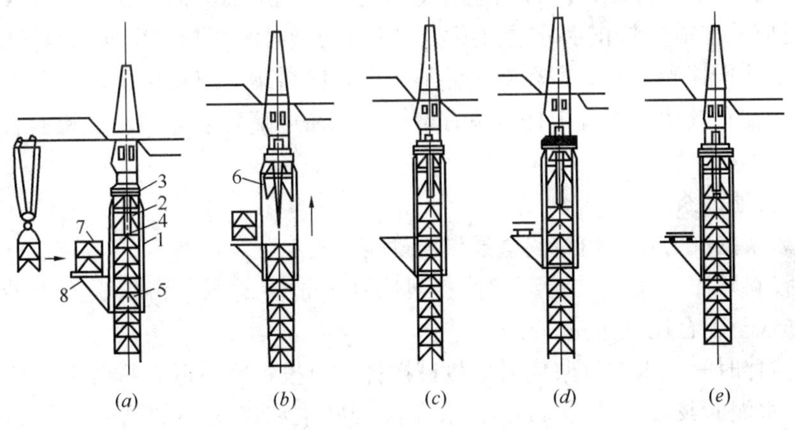

图 5-13 附着式塔式起重机爬升过程

1—顶升套架；2—液压千斤顶；3—承座；4—顶升横梁；5—定位销；
6—过渡节；7—标准节；8—摆渡小车

左右。因此施工电梯是高层建筑施工提高生产率的关键设备之一。

国内施工电梯常用齿轮、齿条驱动方式。施工电梯可配平衡重，也可不配平衡重。在不配平衡重的情况下，载重量会有所降低。

施工电梯主要有两种，单笼式和双笼式。一般载重量为 1t，可乘 12 人。重型的可载重 2t，或乘 24 人。

国产施工电梯起升高度多为 100m，国外最高起升高度可达 450m。电梯附墙后最大自由高度为 7～10m。为了保证梯笼的安全运行，防止意外坠落，施工电梯均设置了限速制动装置，当下降速度大于 0.88～0.98m/s 时，能自动切断电源实现平缓制动，逐步迫使梯笼停止运动。为了确保紧急情况下施工电梯的通畅，施工电梯的进线应专线供电，以防万一。

5.1.3 准备材料

1. 砌筑砂浆

目前工程常用的砂浆分为现场干拌砂浆和普通砂浆。砂浆强度等级分为 M5、M7.5、M10、M15、M20。

（1）干拌砂浆

1）干拌砂浆又称商品砂浆。其强度等级必须符合设计要求。施工人员应按使用说明书的要求操作。

2）干拌砂浆宜采用机械搅拌。如采用连续式搅拌机，应以产品使用说明书要求的加水量为基准，并根据现场施工稠度微调拌合加水量。如采用手持式电动搅拌器，应严格按照产品使用说明书规定的加水量进行搅拌，先在容器内放入规定量的拌合水，再在不断搅拌的情况下陆续加入干拌砂浆，搅拌时间宜为 3～5min，静停 10min 后再搅拌不少于 0.5min。

3）使用人员不得自行添加某种成分来变更干拌砂浆的用途及等级。

4）拌合好的干拌砂浆拌合物应在使用说明书规定的时间内用完，在炎热或大风天气时应采取措施防止水分过快蒸发，超过初凝时间严禁二次加水搅拌使用。

5）散装干拌砂浆应储存在专用储料罐内，储料罐上应有标识。

6）如在有效期内发现干拌砂浆有结块，应在过筛后取样检验，检验合格后全部过筛方可继续使用。

（2）普通砂浆

1）砂浆的配合比应由试验室经试配确定。

2）投料顺序：先向已转动的搅拌机内加入适量的水，再依次投入砂子、水泥，再加水至配合比规定量。

3）搅拌时间：水泥砂浆应采用机械搅拌，自投料完算起，搅拌时间应符合下列规定：水泥砂浆不得少于 2min；水泥混合砂浆和掺用外加剂的砂浆不得少于 3min；掺用有机塑化剂的砂浆应为 3～5min。

4）砂浆应随拌随用，水泥砂浆和水泥混合砂浆必须在拌成后 3h 内使用完毕。当施工期间最高温度超过 30℃时，应在拌制 2h 内使用完毕。

2. 砌筑用砖

（1）砖的检查：砖的品种、规格、等级必须符合设计要求；有出厂合格证；砖使用前要送实验室进行强度试验。

（2）砖浇水湿润：砖应提前 1～2d 浇水湿润，现场检验砖含水率的简易方法是断砖法，当砖截面四周融水深度为 15～20mm 时，视为含水率适宜，符合要求。

3. 其他准备

（1）定轴线和墙线位置：校核墙轴线和标高，在容许偏差范围内，砌体的轴线和标高的偏差，可在基础顶面或楼板面上予以校正。

（2）制作皮数杆：皮数杆是一种方木或角钢标志杆。立皮数杆的目的是用于控制每皮砖砌筑时的竖向尺寸，并使铺灰、砌砖的厚度均匀，保证砖缝水平。基础皮数杆上应标明底层室内地面、防潮层、大放脚、洞口、管道、沟槽和预埋件；楼层皮数杆上应标明楼面、门窗洞口、过梁、圈梁、楼板、梁及梁垫等，如图 5-14 所示。

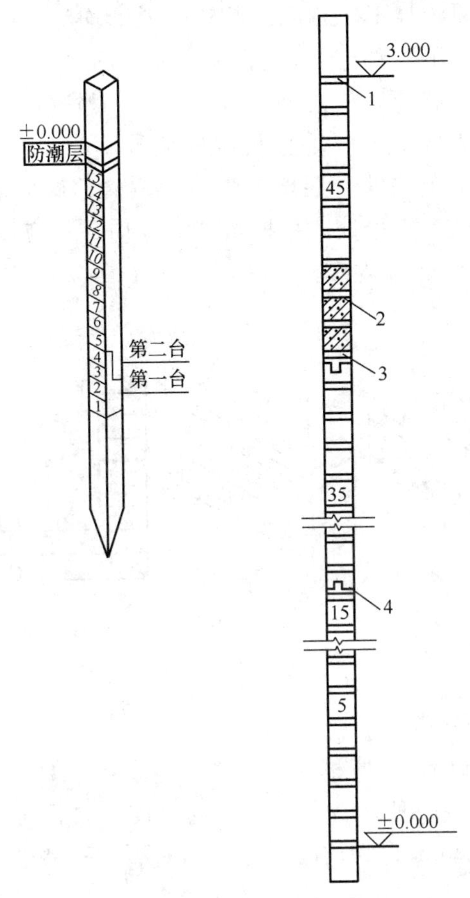

图 5-14　基础皮数杆和墙身皮数杆

1—层楼标高；2—钢筋混凝土过梁；3—窗上框；4—窗下框

过程 5.2　施工砖砌体

5.2.1　砖砌体的组砌形式

砖砌体的组砌要求是：内外搭接，上下层错缝，以保证砌体的整体性。同时组砌要有规律，少砍砖，以提高砌筑效率，节约材料。

(1) 砖墙的组砌形式

对于实心墙体，一般采用一顺一丁（满丁满条）、梅花丁或三顺一丁砌法。其中代号 M 型的多孔砖的组砌方式只有全顺；代号 P 型多孔砖的组砌方式有一顺一丁及梅花丁两种（图 5-15）。

一顺一丁：一皮顺砖与一皮丁砖相间，上下皮垂直灰缝相互错开 1/4 砖长，适合砌一砖及一砖以上厚墙。

梅花丁：同皮中顺砖与丁砖相间，丁砖的上下均为顺砖，并位于顺砖中间，上下皮垂直灰缝相互错开 1/4 砖长，适合砌一砖厚墙。

三顺一丁：三皮顺砖与一皮丁砖相间，顺砖与顺砖上下皮垂直灰缝相互错开 1/2 砖长；顺砖与丁砖上下皮垂直灰缝相互错开 1/4 砖长。适合砌一砖及一砖以上厚墙。一砖厚承重墙的每层墙的最上一皮砖、砖墙的挑出层，应采用整砖丁砌。砖墙的转角处、交接处，根据错缝需要应该加砌配砖。图 5-16 所示是一砖厚墙一顺一丁转角处分皮砌法，配砖为 3/4 砖（俗称七分头砖），位于墙外角。

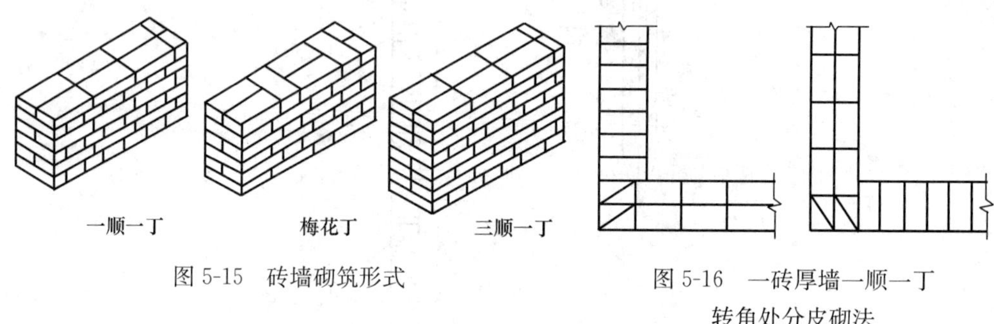

图 5-15 砖墙砌筑形式

图 5-16 一砖厚墙一顺一丁转角处分皮砌法

（2）砖基础组砌形式

砖基础一般做成阶梯形，俗称大放脚，有等高式（如图 5-17*a* 所示为两皮一收）和间隔式（如图 5-17*b* 所示为两皮一收与一皮一收相间）两种，每一种收退台宽度均为 1/4 砖（60mm）。大放脚一般采用一顺一丁砌法，最下一皮及每层的最上面一皮应以丁砌为主。

（3）在墙上留置临时施工洞口，其侧边离交接处墙面不应小于 500mm，洞口净宽度不应超过 1m。临时施工洞口应做好补砌。

（4）不得在下列墙体或部位设置脚手眼：

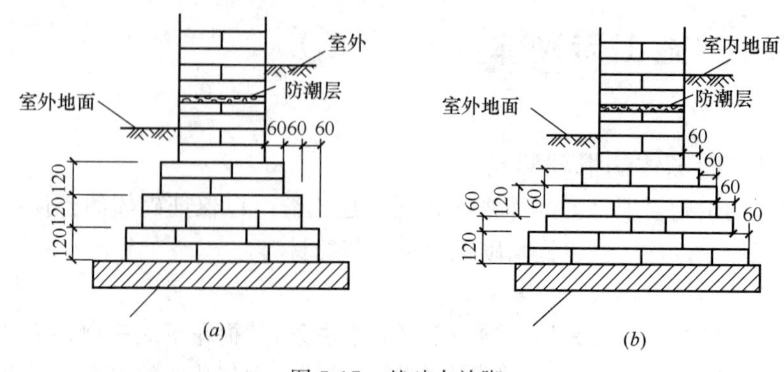

图 5-17 基础大放脚

（*a*）等高式大放脚；（*b*）间隔式大放脚

1）半砖厚墙；

2）过梁上与过梁成 60°角的三角形范围及过梁净跨度 1/2 的高度范围内；

3）宽度小于 1m 的窗间墙；

4）墙体门窗洞口两侧 200mm 和转角处 450mm 范围内；

5）梁或梁垫下及其左右 500mm 范围内；施工脚手眼补砌时，灰缝应填满砂浆，不得用干砖填塞；

6）轻质墙体；

7）夹心复合墙外叶墙。

5.2.2 砖砌体砌筑工艺

一般砖砌体砌筑工艺流程为：抄平、放线→排砖撂底→立皮数杆→盘角、挂线→砌砖。

1. 抄平、放线

（1）底层抄平、放线：当基础砌筑到±0.000 时，依据施工现场±0.000 标准水准点在基础面上用水泥砂浆或 C15 细石混凝土找平，抄平时厚度在不大于 20mm 时用 1∶3 水泥砂浆，厚度在大于 20mm 时一般用 C15 细石混凝土找平，此层既是找平层，又是防潮层。并在建筑物四角外墙面上引测±0.000 标高，画上符号并注明，作为楼层标高引测点；依据施工现场龙门板上的轴线钉拉通线，并沿通线挂线锤，将墙轴线引测到基础面上，再以轴线为标准弹出墙边线，定出门窗洞口的平面位置。轴线放出并经复查无误后，将轴线引测到外墙面上，画上特定的符号，作为楼层轴线引测点。

（2）轴线、标高引测：当墙体砌筑到各楼层时，可根据设在底层的轴线引测点，利用经纬仪或铅垂球，把控制轴线引测到各楼层外墙上；可根据设在底层的标高引测点，利用钢尺向上直接丈量，把控制标高引测到各楼层外墙上。

（3）楼层抄平、放线：轴线和标高引测到各楼层后，就可进行各楼层的抄平、放线。为了保证各楼层墙身轴线的重合，并与基础定位轴线一致，引测后，一定要用钢尺丈量各轴线间距，经校核无误后，再弹出各房间的轴线和墙边线，并按设计要求定出门窗洞口的平面位置，当墙体砌筑到 1.5m 左右，用水准仪对各内墙进行抄平，并在墙体侧面，距楼、地面设计标高 500mm 位置上弹一四周封闭的水平墨线（俗称+50cm 标高线），这条线是室内后续各项施工标高的控制线，应及时弹出。

2. 排砖撂底（摆砖样）

排砖撂底是指在墙基面上，按墙身长度和组砌方式先用砖块试摆，核对所弹的门洞位置线及窗口、附墙垛的墨线是否符合所选用砖型的模数，对灰缝进行调整，以使每层砖的砖块排列和灰缝均匀，并尽可能减少砍砖。

3. 立皮数杆

将皮数杆立于房屋四大角、内外墙交接处、楼梯间以及洞口多的地方。一般每隔 10～15m 设一根，采用外脚手架时，皮数杆一般立在墙里侧，采用里脚手架时，皮数杆一般立在墙外侧。底层立皮数杆的方法是：在立杆处打一木桩，在木桩上测出±0.000 标高，然后把皮数杆上的±0.000 线与其对齐，用钉钉牢。

4. 盘角、挂线

砌砖前应先盘角，一般由经验丰富的瓦工负责，每次盘角不要超过五层，新盘的大角，及时进行吊、靠，即三皮一吊五皮一靠，如有偏差要及时修整。盘角时要仔细对照皮数杆的砖层和标高，控制好灰缝大小，使水平灰缝均匀一致。大角盘好后再复查一次，平整和垂直完全符合要求后，再挂线砌墙。砌筑一砖半墙必须双面挂线，如果几个人均使用一根通线，中间应设几个支线点，小线要拉紧，每层砖都要穿线看平，使水平缝均匀一致，平直通顺；砌一砖厚混水墙时宜采用外手挂线，可照顾砖墙两面平整，为下道工序控制抹灰厚度奠定基础。

5. 砌砖

选择砌筑方法：宜采用“三一”砌筑法，即一铲灰、一块砖、一揉压的砌筑方法。当采用铺浆法砌筑时，铺浆长度不得超过 750mm，施工期间气温超过 30℃时，铺浆长度不得超过 500mm。

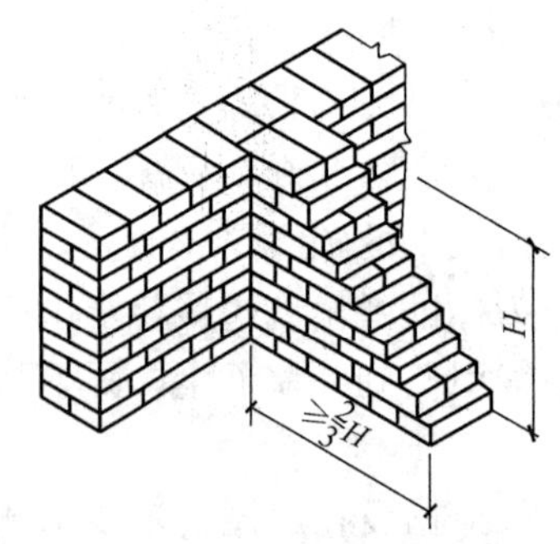

图 5-18　烧结普通砖斜槎图

砌砖时砖要放平，而且砌筑时一定要跟线，即所谓“上跟线，下跟棱，左右相邻要对平”。设计要求的洞口、管道、沟槽应于砌筑时正确留出或预埋，未经设计同意，不得打凿墙体或在墙体上开凿水平沟槽。宽度超过 300mm 的洞口上部，应设置钢筋混凝土过梁。砖墙每日砌筑高度不得超过 1.5m，雨天不得超过 1.2m。

（1）留槎：留槎是指相邻砌体不能同时砌筑而设置的临时间断，为便于先砌砌体与后砌砌体之间的接合而设置。砖砌体的转角处和交接处应同时砌筑，严禁无可靠措施的内外墙分砌施工。在抗震设防烈度为 8 度及 8 度以上地区，对不能同时砌筑而又必须留置的临时间断处应砌成斜槎，普通砖砌体斜槎水平投影长度不应小于高度的 2/3（图 5-18），多孔砖砌体斜槎长高比不应小于 1/2。

非抗震设防及抗震设防烈度为 6 度、7 度地区的临时间断处，当不能留斜槎时，除转角处外，可留直槎，但直槎必须做成凸槎。留直槎处应加设拉结钢筋，拉结钢筋的数量为每 120mm 墙厚放置 1 根φ6 的拉结钢筋（120mm 厚墙放置 2 根φ6 的拉结钢筋），间距沿墙高不应超过 500mm，且竖向间距偏差不应超过 100mm；埋入长度从留槎处算起每边均不应小于 500mm，对抗震设防烈度 6 度、7 度的地区，不应小于 1000mm；末端应有 90°弯钩（图 5-19）。

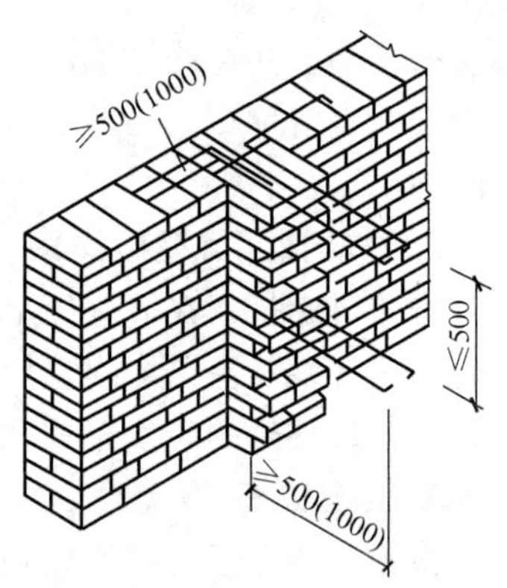

图 5-19　烧结普通砖砌体直槎

（2）构造柱设置处砖墙砌法

构造柱不单独承重，因此不需设独立基础，其下端应锚固于钢筋混凝土基础或基础梁内。在施工时必须先砌墙，为使构造柱与砖墙紧密结合，墙体砌成马牙槎的形式。从每层柱脚开始，先退后进，退进不小于 60mm，每一马牙槎沿高度方向的尺寸不宜超过 300mm。沿墙高每 500mm 设 2 根直径 6mm 的拉结钢筋。每边伸入墙内不宜小于 1m。预留伸出的拉结钢筋，不得在施工中任意弯折，如有歪斜、弯曲，在浇灌混凝土之前，应校正到正确位置并绑扎牢固。马牙槎构造如图 5-20 所示。

（3）安装过梁、钢筋砖过梁砌筑方法

安装过梁、梁垫：安装过梁、梁垫时，其标高、位置及型号必须准确，坐灰饱满。如坐灰厚度超过 20mm 时，要用豆石混凝土铺垫，过梁安装时，两端支承点的长度应一致。

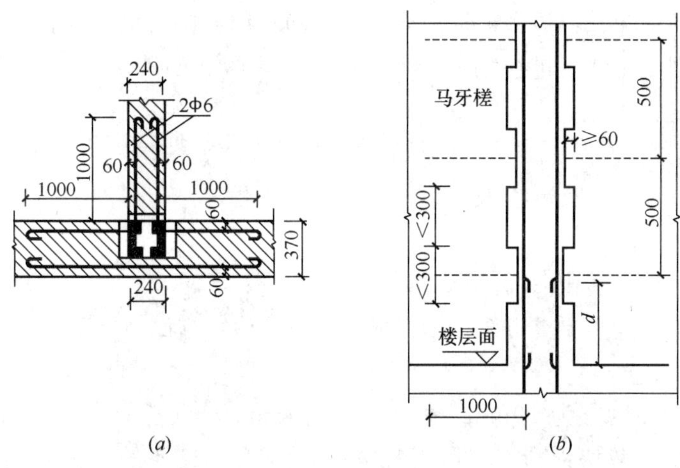

图 5-20　拉结筋布置及马牙槎示意图

（*a*）平面图；（*b*）立面图

当洞口跨度小于 1.5m 时，可采用钢筋砖过梁。钢筋砖过梁的底面为砂浆层，砂浆层厚度不宜小于 30mm。砂浆层中应配置钢筋，钢筋直径不应小于 5mm，其间距不宜大于 120mm，钢筋两端伸入墙体内的长度不宜小于 250mm，并有向上的直角弯钩（图 5-21）。

钢筋砖过梁底部的模板，在砂浆强度不低于设计强度 50％时方可拆除。

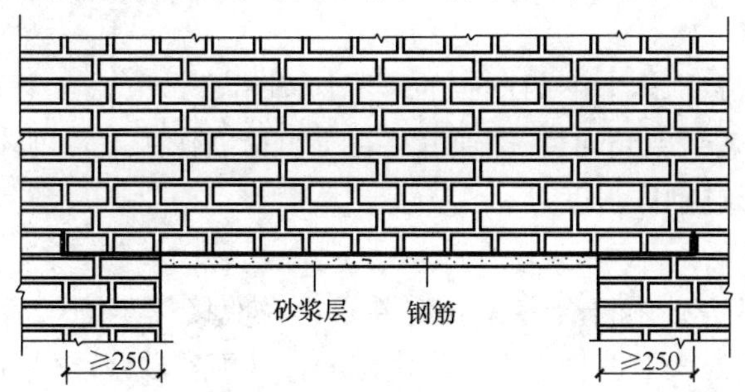

图 5-21　钢筋砖过梁

6. 立门窗樘

安装门窗樘（口）的方法有两种：预先把门窗樘的框子先立在墙上固定后砌墙，这种方法叫做立樘子法（先立口）；另一种是砌墙时预留出门窗洞，装修工程开始前安装门窗框，这种方法叫做嵌樘子法（后塞口）。工程上普遍采用的是后塞口法。

采用后塞口法时，应在门窗洞口两侧的墙体中预埋木砖或钢筋埋件，用于固定门窗。

立口时，应使门窗扇的开启方向与图纸要求的一致；门窗口立在墙中线上是偏里或偏外，应根据图纸要求确定，图纸未明确标注时，一般立中。

7. 勾缝、清扫墙面

清水墙砌完后，应进行勾缝。勾缝的方法有两种：一种是原浆勾缝，即利用砌墙的砂浆随砌随勾；另一种是加浆勾缝，即利用精筛过的细砂以 1∶1～1∶1.5 的配合比拌制水泥砂浆进行勾缝。勾缝形式有平缝、凹缝、凸缝、斜缝，常用的是凹缝和平缝。

混水墙砌完后，只需用一根 8mm 的扁铁将灰缝刮一次，将凸出墙面的砂浆刮去，灰缝缩进墙面 10mm 左右，以便进行修饰工程。

5.2.3 一般砖砌体质量要求及验收

砌筑质量的基本要求可概括为：横平竖直、砂浆饱满、上下错缝、接槎牢固。

（1）横平竖直

水平灰缝厚度宜为 10mm，但不应小于 8mm，也不应大于 12mm。过厚的水平灰缝容易使砖块浮滑，且降低砌体抗压强度，过薄的水平灰缝会影响砌体之间的粘结力。竖向灰缝应垂直对齐，如不齐称为游丁走缝，影响砌体外观质量。

（2）砂浆饱满

砌体水平灰缝的砂浆饱满度不得小于 80%，砌体的受力主要通过砌体之间的水平灰缝传递到下面，水平灰缝不饱满影响砌体的抗压强度。竖向灰缝不得出现透明缝、瞎缝和假缝，竖向灰缝的饱满程度，影响砌体抗透风性、抗渗性和砌体的抗剪强度。

（3）上下错缝

上下错缝是指砖砌体上下两皮砖的竖缝应当错开，以避免上下通缝。当上下二皮砖搭接长度小于 25mm 时，即通缝。在垂直荷载作用下，砌体会由于"通缝"而丧失整体性，影响砌体强度。

（4）接槎牢固

临时间断处留槎必须符合有关规定要求，为使接槎牢固，后面墙体施工前，必须将留设的接槎处表面清理干净，浇水湿润，并填实砂浆，保持灰缝平直。

砖砌体尺寸、位置的允许偏差及检验应符合表 5-3 的规定。

砖砌体尺寸、位置的允许偏差及检验　　表 5-3

<table>
<tr><th>项次</th><th colspan="3">项　目</th><th>允许偏差（mm）</th><th>检验方法</th><th>抽检数量</th></tr>
<tr><td>1</td><td colspan="3">轴线位移</td><td>10</td><td>用经纬仪和尺检查或用其他测量仪器检查</td><td>承重墙、柱全数检查</td></tr>
<tr><td>2</td><td colspan="3">基础、墙、柱顶面标高</td><td>±15</td><td>用水准仪和尺检查</td><td>不应少于 5 处</td></tr>
<tr><td rowspan="3">3</td><td rowspan="3">墙面垂直度</td><td colspan="2">每层</td><td>5</td><td>用 2m 托线板检查</td><td>不应少于 5 处</td></tr>
<tr><td rowspan="2">全高</td><td>≤10m</td><td>10</td><td rowspan="2">用经纬仪、吊线和尺或用其他测量仪器检查</td><td rowspan="2">外墙全部阳角</td></tr>
<tr><td>>10m</td><td>20</td></tr>
<tr><td rowspan="2">4</td><td rowspan="2">表面平整度</td><td colspan="2">清水墙、柱</td><td>5</td><td rowspan="2">用 2m 靠尺和楔形塞尺检查</td><td rowspan="2">不应少于 5 处</td></tr>
<tr><td colspan="2">混水墙、柱</td><td>8</td></tr>
<tr><td rowspan="2">5</td><td rowspan="2">水平灰缝平直度</td><td colspan="2">清水墙</td><td>7</td><td rowspan="2">拉 5m 线和尺检查</td><td rowspan="2">不应少于 5 处</td></tr>
<tr><td colspan="2">混水墙</td><td>10</td></tr>
<tr><td>6</td><td colspan="3">门窗洞口高、宽（后塞口）</td><td>±10</td><td>用尺检查</td><td>不应少于 5 处</td></tr>
<tr><td>7</td><td colspan="3">外墙上下窗口偏移</td><td>20</td><td>以底层窗口为准，用经纬仪或吊线检查</td><td>不应少于 5 处</td></tr>
<tr><td>8</td><td colspan="3">清水墙游丁走缝</td><td>20</td><td>以每层第一皮砖为准，用吊线和尺检查</td><td>不应少于 5 处</td></tr>
</table>

5.2.4　一般砖砌体施工安全要求

（1）脚手架上堆料不得超过规定荷载，堆砖高度不得超过 3 皮砖，在同一块脚手板上不得两人以上同时砌筑作业。

（2）不准用不稳固的工具或物体垫高，不准使用施工用木模板、钢模板等代替脚手板。

（3）所用工具必须放妥放稳，灰桶、吊锤、靠尺等不准乱放乱丢，防止掉落伤人。

（4）砍砖时应注意碎砖跳出伤及他人，砌筑人员应蹲着面向墙面砍砖。

（5）如遇雨天下班时，要做好防雨遮盖措施，以防大雨将砌筑砂浆冲洗，使砌体倒塌。

（6）墙身砌体高度超过地坪 1.2m 以上时，应使用脚手架。在一层以上或高度超过 3.2m 时，如采用内脚手架，外面必须搭设防护棚、安全网；如采用外脚手架，应设护身栏杆和挡脚板，并架设密目网后方可砌筑。利用原架作外沿勾缝时，应对架子重新检查及加固。

（7）不准在护身栏杆上坐人，不准在正在砌筑的墙顶上行走。

（8）不准站在墙顶上刮缝及清扫墙面或检查墙角垂直等工作。并禁止脚手板高出墙顶吊悬砌筑，以防操作人员疲劳头晕掉下摔伤。

（9）砌筑山墙时应尽量争取当天完成，并加设桁条或支撑。如当天不能完成，应设双面支撑，以免被风吹倒或变形。在人字墙脊上工作时，如上下必须经过桁条，须注意检查桁条是否搁稳及望板是否钉拉牢固。使用木板挂线砌山墙标志时，应注意其他人员经过踢线引起事故。

（10）砌筑砌块时操作人员要双手抓紧，注意防止压伤手指，当搬上墙后要放平放稳以防掉下砸伤手脚。

（11）工作完毕要做到工完料清，及时清理工作面上的碎砖、砌块及建筑垃圾。

过程 5.3 施工填充墙砌体砌筑

5.3.1 砌块砌体施工准备

1. 材料要求

（1）砌块

空心砖、加气混凝土砌块、轻骨料混凝土小型空心砌块等材料的品种、规格、强度等级、密度必须符合设计要求，规格应一致。砌块进场应有产品合格证书及出厂检测报告、试验报告单。施工时所用砌块的产品龄期不应小于 28d，宜大于 35d。

采用普通砌筑砂浆砌筑填充墙时，烧结空心砖、吸水率较大的轻骨料混凝土小型空心砌块应提前 1～2d 浇（喷）水湿润。蒸压加气混凝土砌块采用蒸压加气混凝土砌块砌筑砂浆或普通砌筑砂浆砌筑时，应在砌筑当天对砌块砌筑面喷水湿润。

（2）砂浆

砂浆的配合比应由试验室经试配确定。在砂浆中掺入有机塑化剂、早强剂、缓凝剂、防冻剂等，经检验和试配符合要求后方可使用。有机塑化剂应有砌体强度的型式检验报告。

应优先采用干拌砂浆，干拌砂浆生产厂应提供如下材料：法定检测部门出具的、在有效期内的型式检验报告；干拌砂浆生产厂检测部门出具的出厂检验报告及生产日期证明；干拌砂浆使用说明书（包括砂浆特点、性能指标、适用范围、加水量范围、使用方法及注意事项）。

干拌砂浆进场使用前，应分批对其抗压强度进行复验。

干拌砂浆存放日期自生产日起不超过 90d。超过 90d 应重新取样进行检验，检验合格后方可继续使用。

（3）螺栓、锚固胶等

植筋的钢筋及螺栓应采用 HRB400、HRB335 级带肋钢筋及 Q345 钢螺栓。锚杆应有质量合格证书（含钢号、尺寸规格等）、产品安装（使用）说明书和进场复验报告，锚固胶应有出厂质量保证书及检验报告。

一切外露的锚固件及预埋件，应有可靠的防腐措施。

5.3.2 砌块砌体砌筑工艺

1. 工艺流程

弹出墙身及门窗洞口位置墨线→立皮数杆→选砌块、砌块排列→砌筑（砌筑过程中留槎、下拉结网片、安装混凝土过梁）→灌缝→检查、验收。

2. 砌块砌体施工

墙体施工前，应将基础顶面或楼层结构面按标高找平，依据图纸放出第一皮砌块的轴线、砌体的边线及门窗洞口位置线。

根据砌块砌体标高要求立好皮数杆，皮数杆立在砌体的转角处，纵向长度一般不应大于15m立一根。

应根据工程设计施工图纸，结合砌块的品种规格，绘制砌体砌块的排列图，经审核无误后，按图进行排列。排列应从基础顶面或楼层面进行，排列时应尽量采用主规格的砌块，砌体中主规格砌块应占总量的80%以上。加气混凝土砌块不得与其他砖、砌块混砌。

砌筑填充墙时应错缝搭砌，蒸压加气混凝土砌块搭砌长度不应小于砌块长度的1/3；轻骨料混凝土小型空心砌块搭砌长度不应小于90mm；竖向通缝不应大于2皮。如不能满足时，在水平灰缝中设置2根直径6mm的钢筋或直径4mm钢筋网片，加筋长度不小于700mm。

填充墙水平灰缝厚度和竖向灰缝宽度，采用烧结空心砖、轻骨料混凝土小型空心砌块砌体时，应为8～12mm；采用蒸压加气混凝土砌块砌体时，灰缝不应超过15mm。

在厨房、卫生间、浴室等处蒸压加气混凝土砌块砌筑墙体时，墙底部宜现浇混凝土坎台，其高度宜为150mm。砌到接近上层梁、板底时，也宜用实心小砌块斜砌楔紧，倾斜度为60°左右。

在墙面上凿槽敷管时，应使用专用工具，不得用斧或瓦刀任意砍凿，管道表面应低于墙面4～5mm，并将管道与墙体卡牢，不得有松动、反弹现象，然后浇水湿润，填嵌强度等同砌筑所用的砂浆，与墙面补平，并沿管道敷设方向铺10mm×10mm钢丝网，其宽度应跨过槽口，每边不小于50mm，绷紧钉牢。

每日砌筑高度控制在1.5m以内，春季施工每日砌筑高度控制在1.2m以内，下雨天停止砌筑，砌块墙体上不得留脚手眼。

5.3.3 填充墙与结构的拉结

（1）拉结方式

砌块填充墙应沿框架柱全高每隔500～600mm设2根ϕ6拉筋，拉筋伸入墙内的长度，抗震设防烈度6～7度时宜沿墙全长贯通；抗震设防烈度8～9度时应全长贯通。拉结筋生根方式根据设计要求，设计无要求时，可采用预埋铁件、贴模

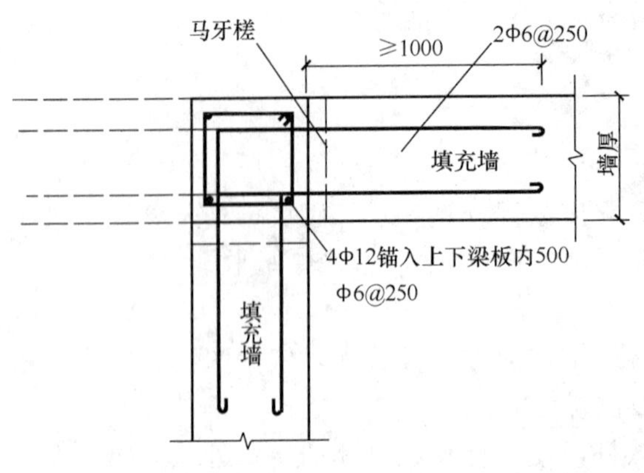

图 5-22 预留拉筋大样

箍、锚栓、植筋等连接方式，如图5-22所示，并符合以下要求：

1）锚栓或植筋施工：锚栓不得布置在混凝土保护层中，有效锚固深度不得包括装饰层或抹灰层，锚孔应避开受力主筋，废孔应用锚固胶或高强度等级的树脂水泥砂浆填实。

2）锚栓和植筋施工方法应符合要求。

3）采用预埋铁件或贴模箍施工方法的，其生根数量、位置、规格应符合设计或规范要求。

（2）填充墙细部构造

填充墙上有窗洞时，在窗洞下应设置钢筋混凝土带，如图5-23所示。墙长大于5m时，墙顶与梁、板宜有拉结；墙长超过8m或层高2倍时，宜设置钢筋混凝土构造柱；墙高超过4m时，半层高处宜设置与柱连接且沿墙全长贯通的钢筋混凝土水平系梁。

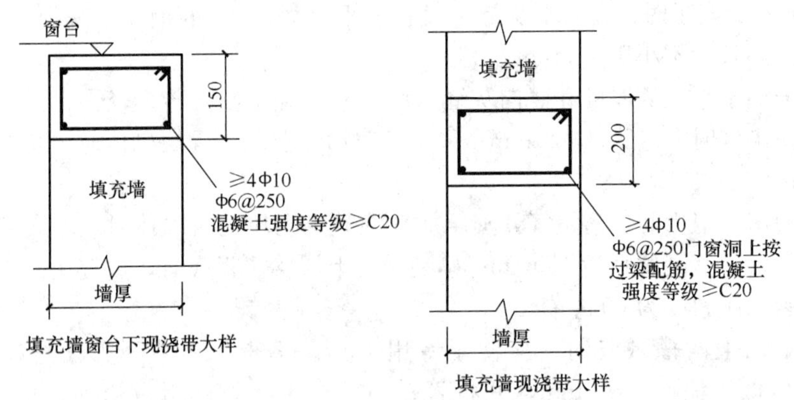

图 5-23 混凝土现浇带大样

（3）填充墙接近梁、板底时，应留一定空隙，待填充墙砌筑完并应至少间隔14d后，将缝隙填实。并且墙顶与梁或楼板拉结用M10胀管螺栓或预埋钢筋，如图5-24、图5-25所示。

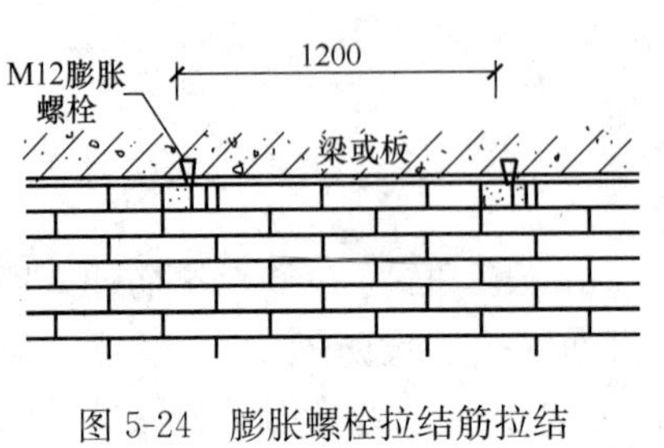

图 5-24 膨胀螺栓拉结筋拉结

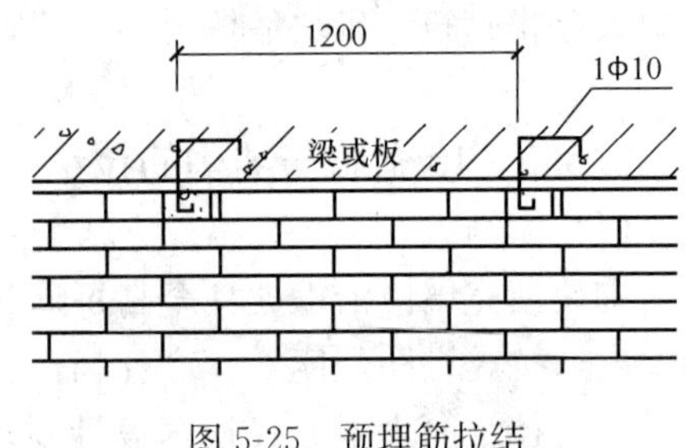

图 5-25 预埋筋拉结

（4）混凝土小型空心砌块的隔墙顶接触梁板底的部位应采用实心小砌块斜砌塞紧；房屋顶层的内隔墙应离该处屋面板底 15mm，缝内采用 1∶3 石灰砂浆或弹性腻子嵌塞。

（5）蒸压加气混凝土和轻骨料混凝土小型砌块除底部、顶部和门窗洞口处外，不得与其他块材混砌。

（6）加气混凝土砌块的孔洞宜用砌块碎沫以水泥、石灰膏及胶修补。

5.3.4 填充墙在门窗口两侧的处理

（1）空心砖在门框两侧，应用实心砖砌筑，每边不小于 240mm，用以埋设木砖及铁件固定门窗框、安放混凝土过梁。

（2）空心砖、轻骨料混凝土小型空心砌块砌筑填充墙，窗洞口两侧砌块，面向洞口者应是无槽一端，窗框固定在预制混凝土锚固块上。

（3）轻骨料小型混凝土空心砌块砌体每日砌筑高度不宜超过 1.8m。

5.3.5 填充墙砌体质量要求

1. 一般规定

（1）蒸压加气混凝土砌块、轻骨料混凝土小型空心砌块砌筑时，其产品龄期应超过 28d。

（2）空心砖、蒸压加气混凝土砌块、轻骨料混凝土小型空心砌块等的运输、装卸过程中，严禁抛掷和倾倒。进场后应按品种、规格分别堆放整齐，堆置高度不宜超过 2m。加气混凝土砌块应防止雨淋。

2. 主控项目

（1）烧结空心砖、小砌块和砌筑砂浆的强度等级应符合设计要求。

抽检数量：烧结空心砖每 10 万块为一验收批，小砌块每 1 万块为一验收批，不足上述数量时按一批计，抽检数量为 1 组。砂浆试块的抽检数量执行有关规定。

检验方法：查砖、小砌块进场复验报告和砂浆试块试验报告。

（2）填充墙砌体应与主体结构可靠连接，其连接构造应符合设计要求，未经设计同意，不得随意改变连接构造方法。每一填充墙与柱的拉结筋的位置超过一皮块体高度的数量不得多于一处。

检查数量：每检验批抽查不应少于 5 处。

检验方法：观察检查。

（3）填充墙与承重墙、柱、梁的连接钢筋，当采用化学植筋的连接方式时，应进行实体检测。

3. 一般项目

（1）填充墙砌体尺寸、位置的允许偏差及检验方法应符合表 5-4 的规定。

填充墙砌体尺寸、位置的允许偏差及检验方法　　表 5-4

项次	项目		允许偏差（mm）	检验方法
1	轴线位移		10	用尺检查
2	垂直度（每层）	≤3m	5	用 2m 托线板或吊线、尺检查
		>3m	10	
3	表面平整度		8	用 2m 靠尺和楔形尺检查
4	门窗洞口高、宽（后塞口）		±10	用尺检查
5	外墙上、下窗口偏移		20	用经纬仪或吊线检查

抽检数量：每检验批抽查不应少于 5 处。

（2）填充墙砌体的砂浆饱满度及检验方法应符合表 5-5 的规定。

填充墙砌体的砂浆饱满度及检验方法　　表 5-5

砌体分类	灰缝	饱满度及要求	检验方法
空心砖砌体	水平	≥80%	采用百格网检查块体底面或侧面砂浆的粘结痕迹面积
	垂直	填满砂浆，不得有透明缝、瞎缝、假缝	
蒸压加气混凝土砌块、轻骨料混凝土小型空心砌块砌体	水平	≥80%	
	垂直	≥80%	

抽检数量：每检验批抽查不应少于 5 处。

（3）填充墙留置的拉结钢筋或网片的位置应与块体皮数相符合。拉结钢筋或网片应置于灰缝中，埋置长度应符合设计要求，竖向位置偏差不应超过一皮高度。

抽检数量：每检验批抽查不应少于 5 处。

检验方法：观察和用尺量检查。

（4）砌筑填充墙时应错缝搭砌，蒸压加气混凝土砌块搭砌长度不应小于砌块长度的 1/3；轻骨料混凝土小型空心砌块搭砌长度不应小于 90mm；竖向通缝不应大于 2 皮。

抽检数量：每检验批抽查不应少于 5 处。

检查方法：观察检查。

（5）填充墙的水平灰缝厚度和竖向灰缝宽度应正确，烧结空心砖、轻骨料混凝土小型空心砌块砌体的灰缝应为 8～12mm；蒸压加气混凝土砌块砌体当采用水泥砂浆、水泥混合砂浆或蒸压加气混凝土砌块砌筑砂浆时，水平灰缝厚度和竖向灰缝宽度不应超过 15mm；当蒸压加气混凝土砌块砌体采用蒸压加气混凝土砌块粘结砂浆时，水平灰缝厚度和竖向灰缝宽度宜为 3～4mm。

抽检数量：每检验批抽查不应少于 5 处。

检查方法：水平灰缝厚度用尺量5皮小砌块的高度折算；竖向灰缝宽度用尺量2m砌体长度折算。

复 习 思 考 题

1. 单项选择题

(1) 脚手架按其搭设位置不同分为（　　）。

A. 外脚手架和里脚手架

B. 钢管扣件式脚手架和门式脚手架

C. 装饰脚手架和砌筑脚手架

(2) 双排脚手架的横向水平杆靠墙一端至墙体装饰面距离不应小于（　　）。

A. 100mm　　B. 500mm　　C. 1000mm

(3) 直角扣件的作用是用于（　　）。

A. 两根垂直交叉钢管的连接

B. 两根呈任意角度交叉钢管的连接

C. 两根钢管对接连接

(4) 当外墙砌筑高度超过（　　）m或立体交叉作业时，必须设置安全网。

A. 3　　B. 4　　C. 5

(5) 目前砖墙砌筑常用的方法是（　　）。

A. “三一”砌筑法　　B. 一顺一丁组砌方式　　C. 三顺一丁组砌方式

(6) 如砖砌体的转角处和交接处不能同时砌筑时，应砌成（　　）。

A. 直槎　　B. 斜槎　　C. 马牙槎

(7) 构造柱与墙体之间的马牙槎应从（　　）开始，先退后进。

A. 柱脚　　B. 柱中间　　C. 距柱脚1.2m处

(8) 为了加强构造柱与墙体的拉结，构造柱沿墙高度方向（　　）应设置拉结钢筋。

A. 50mm　　B. 500mm　　C. 1000mm

(9) 砌块墙体砌筑时，在（　　）情况下应设置构造柱。

A. 墙长大于墙高2倍时

B. 墙长大于墙高3倍时

C. 墙长大于墙高4倍时

(10) 砌块墙高度超过（　　）时，在半层高或门洞上皮宜设置与柱连接的且沿墙全长贯通的混凝土现浇带。

A. 3m　　B. 4m　　C. 5m

2. 简答题

(1) 简述脚手架的作用、要求和类型。

(2) 安全网的搭设应遵守什么原则？应注意什么问题？

(3) 什么叫皮数杆？有何作用？应如何布置？

(4) 砖墙的组砌形式有哪几种？

(5) 试说明砖砌体留脚手眼的规定。
(6) 砖砌体的施工过程包括哪些内容?
(7) 砖砌体总的质量要求是什么?
(8) 加气混凝土砌块的施工过程包括哪些内容?
(9) 加气混凝土砌块墙体与结构的拉结措施有哪些?

任务 6

钢筋混凝土工程施工

【任务目标】

（1）熟悉模板工程组成和基本要求；

（2）知道主要构件定型组合钢模板的安装、拆除的要求；

（3）能对现浇结构模板安装质量进行验收；

（4）知道钢筋工程的分类和验收；

（5）知道钢筋连接方式和施工技术要求；

（6）能计算钢筋下料长度、根数及填写配料单；

（7）会主要构件的钢筋绑扎安装及验收；

（8）知道混凝土的施工过程及混凝土的施工配料；

（9）知道泵送混凝土施工要点，掌握混凝土浇筑、养护要求；

（10）能对混凝土的质量进行检查验收；

（11）会分析大体积混凝土浇筑方案；

（12）会分析混凝土的质量缺陷，并能制定相应的技术措施。

过程 6.1　明确钢筋混凝土工程内容

钢筋混凝土工程包括现浇钢筋混凝土结构施工和装配式钢筋混凝土构件制作两个方面，由模板工程、钢筋工程和混凝土工程这三大工种工程组成。在砖混结构、框架结构、剪力墙结构、框架剪力墙结构、筒体结构中，应用非常广泛。模板工程方面，主要采用的是组合式钢模板、大钢模板、竹胶模板，如图 6-1～图 6-3所示。钢筋工程方面，主要包括钢筋冷拉、钢筋连接、钢筋配料、钢筋安装等，如钢筋连接中的电渣压力焊（图 6-4）和直螺纹连接（图 6-5），钢筋下料软件计算等。混凝土方面，大力发展预拌混凝土应用技术，加强搅拌站的改造，实现上料机械化、计量计算机控制和管理、混凝土搅拌自动化或半自动化，进一步扩大商品混凝土应用范围等，如图 6-6～图 6-8 所示。

图 6-1　组合式钢模板组拼的独立基础和基础梁

图 6-2　大钢模板组装剪力墙墙体模板

图 6-3　竹胶模板组装现浇楼板模板

图 6-4　电渣压力焊焊接墙体钢筋

图 6-5　柱子钢筋中直螺纹连接

图 6-6　固定式泵车浇筑商品混凝土

图 6-7　泵送管输送混凝土

图 6-8　移动式泵车浇筑基础混凝土

过程 6.2　模板工程施工

6.2.1　模板工程组成和要求

1. 组成

模板工程主要由模板系统和支承系统组成。

模板系统：与混凝土直接接触，它主要使混凝土具有构件所要求的体积。

支承系统：是支撑模板，保证模板位置正确和承受模板、混凝土等重量的结构。

2. 模板基本要求

（1）保证结构和构件各部分的形状、尺寸和相互间位置的准确性。

（2）具有足够的强度、刚度和稳定性，能可靠承受本身的自重及钢筋、新浇混凝土的质量和侧压力，以及施工过程中产生的其他荷载。

（3）构造简单、装拆方便，能多次周转使用，并便于满足钢筋的绑扎与安装和混凝土的浇筑与养护等工艺的要求。

（4）拼缝应严密、不漏浆。

（5）支架安装在坚实的地基上，并有足够的支撑面积，保证所浇筑的结构不致发生下沉。

6.2.2　模板的分类

模板的种类有很多，按所用材料不同可分为木模板、钢模板、钢丝网水泥模板、塑料模板、竹胶合板模板、玻璃钢模板等，按其周转使用不同可分为拆移式移动模板、整体式移动模板、滑动式模板和固定式胎模等。

1. 定型组合钢模板

定型组合钢模板重复使用率高，周转使用次数可达 100 次以上，但一次投资费用大。组合钢模板由钢模板、连接件和支承件组成。

（1）钢模板

钢模板包括平面模板、阴角模板、阳角模板、连接角模（图 6-9）。钢模板的模数，宽度按 50mm 进级，长度以 150mm 进级；常用钢模板的尺寸见表 6-1 所列。用表 6-1 中的板块可以组拼成基础、梁、板、柱、墙等各种形状尺寸的构件。在组合钢模板配板设计中，遇有不适合 50mm 进级的模数尺寸，空隙部分可用木模板填补。

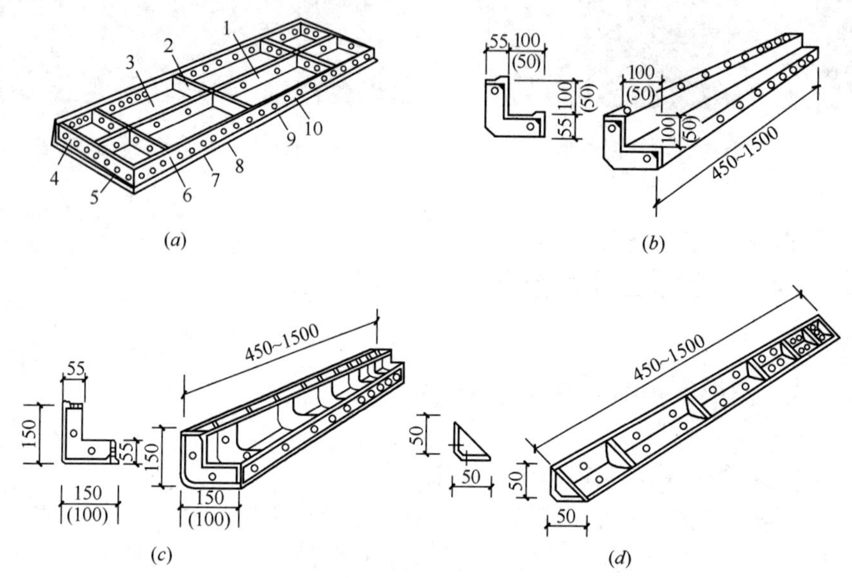

图 6-9　钢模板的类型

（a）平面模板；（b）阳角模板；（c）阴角模板；（d）连接角模

1—中纵肋；2—中横肋；3—面板；4—横肋；5—插销孔；6—纵肋；7—凸棱；8—凸鼓；9—U 形卡孔；10—钉子孔

常用组合钢模板规格（mm）　　**表 6-1**

名　称	宽　度	长　度	肋　高
平面模板（P）	300、250、200、150、100	1800、1500、1200、900、750、600、450	55
阴角模板（E）	150×150、100×150		
阳角模板（Y）	100×100、50×50		
连接角模（J）	50×50		

（2）连接件

组合钢模板连接件包括：U 形卡、L 形插销、钩头螺栓、对拉螺栓、紧固螺栓、扣件等，应用最广的是 U 形卡。

U 形卡用于钢模板与钢模板间的拼接，其安装间距一般不大于 300mm，即每隔一孔卡插一个，安装方向一顺一倒相互错开，如图 6-10 所示。

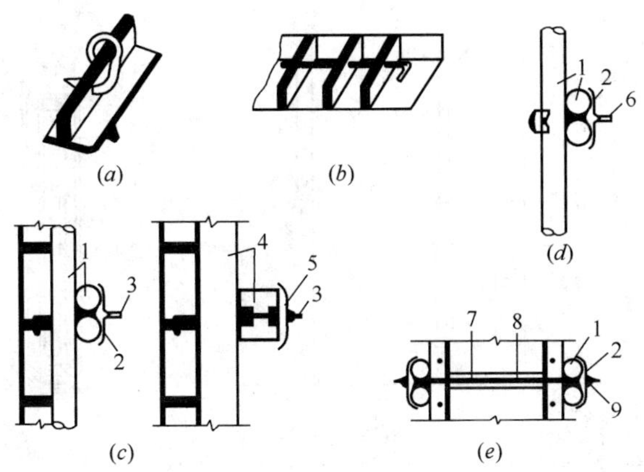

图 6-10 钢模板连接件

(*a*) U形卡连接；(*b*) L形插销连接；(*c*) 钩头螺栓连接；
(*d*) 紧固螺栓连接；(*e*) 对拉螺栓连接

1—圆钢管钢楞；2—“3”形扣件；3—钩头螺栓；4—内卷边槽钢钢楞；
5—蝶形扣件；6—紧固螺栓；7—对拉螺栓；8—塑料套管；9—螺母

(3) 支承件

组合钢模板的支承件包括柱箍、钢楞、支柱、卡具、斜撑、钢桁架等。

1) 钢管卡具及柱箍

钢管卡具适用于矩形梁，用于固定侧模板。卡具可用于把侧模固定在底模板上，此时卡具安装在梁下部；卡具也可用于梁侧模上口的固定，此时卡具安装在梁上方。

柱模板四周设角钢柱箍。角钢柱箍由两根互相焊成直角的角钢组成，如图6-11所示。

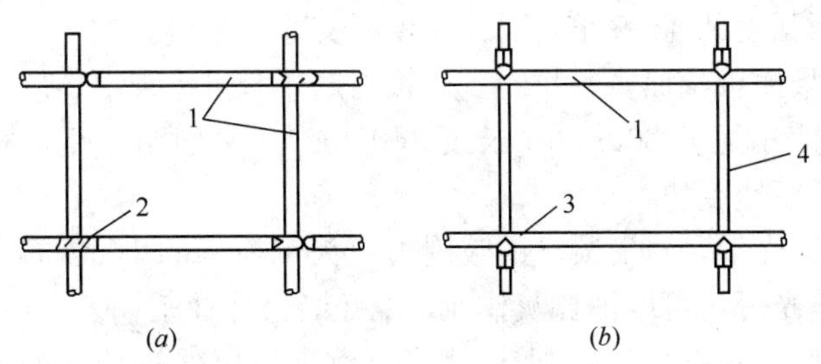

图 6-11 柱箍

1—圆钢管；2—直角扣件；3—“3”形扣件；4—对拉螺栓

2) 钢管支架

钢管支架由内外两节钢管组成，可以伸缩以调节支架高度。支座底部垫木板，100mm 以内的高度调整可在垫板处加木楔调整，也可在钢管支架下端装调节螺杆调节，如图 6-12 所示。

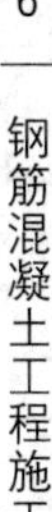

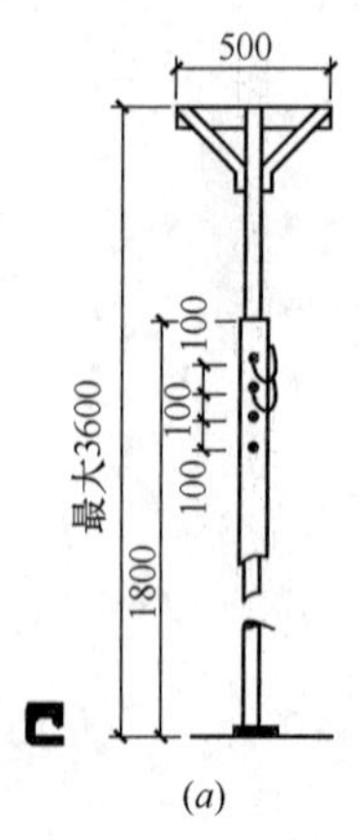

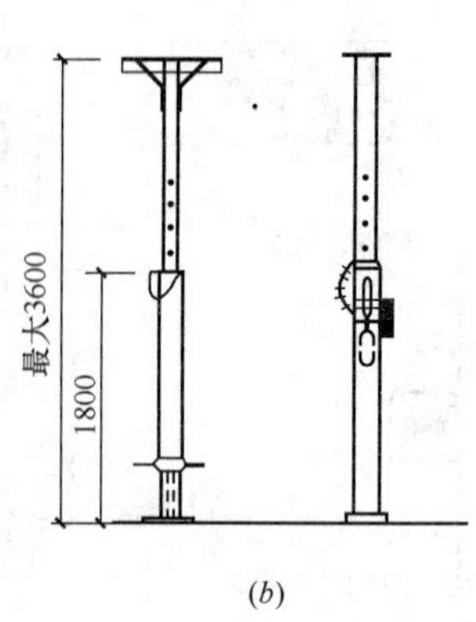

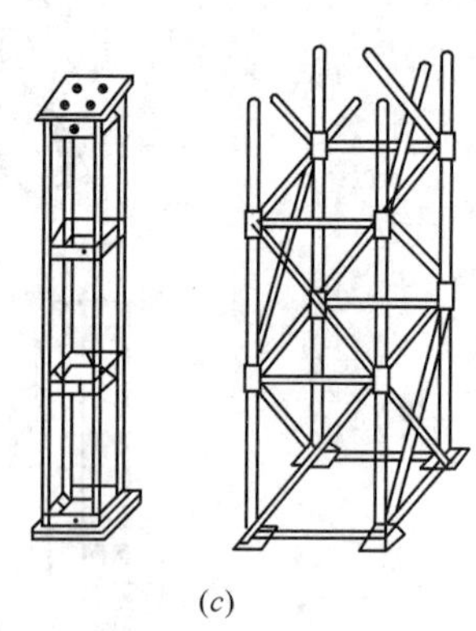

(a)　　(b)　　(c)

图 6-12　钢管支架

（a）钢管支架；（b）调节螺杆钢管支架；（c）组合钢支架和钢管井架

3）钢桁架

钢桁架作为梁模板的支撑工具可取代梁模板下的立柱。跨度小、荷载小时桁架可用钢筋焊成，跨度或荷重较大时可用角钢或钢管制成，也可制成两个半榀，再拼装成整体（图 6-13）。

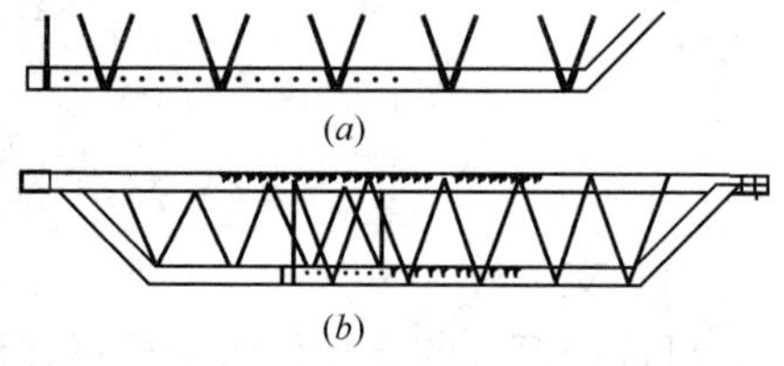

图 6-13　钢桁架

（a）整榀钢桁架；（b）组合钢桁架

2. 竹胶合板模板

竹胶合板模板是继木模板、钢模板之后的第三代模板。用竹胶合板作为模板，是当代建筑业的趋势。竹胶合板以其优越的力学性能、极高的性价比，正取代木、钢模板在建筑模板中的地位。

（1）主要特点

1）竹胶合板模板强度高、韧性好，板的静曲强度相当于木材强度的 8～10 倍，为木胶合板强度的 4～5 倍，可减少模板支撑的数量。

2）竹胶合板模板幅面宽、拼缝少。板材基本尺寸为 2.44m×1.22m，相当于 6.6 块 P3015（表示宽度 300mm，长度 1500mm 的平面组合钢模板）小钢模板的面积，支模、拆模速度快。

3）板面平整光滑，对混凝土的吸附力仅为钢模板的 1/8，容易脱模。脱模后混凝土表面平整光滑，可取消抹灰作业，缩短装修作业工期。

4）耐水性好，水煮 6h 不开胶，水煮、冰冻后仍保持较高的强度。其表面吸水率接近钢模板，用竹胶合板模板浇捣混凝土提高了混凝土的保水性。在混凝土养护过程中，遇水不变形，便于维护保养。

5）竹胶合板模板防腐、防虫蛀。

6）竹胶合板模板导热系数为 0.14～0.16W/(m·K)，远小于钢模板的导热系数，有利于冬期施工保温。

7）竹胶合板模板使用周转次数高，经济效益明显，板可双面倒用，无边框竹胶合板模板使用次数可达 20～30 次。

（2）适用范围

竹胶合板模板非常适用于水平模板、剪力墙、垂直墙板、高架桥、立交桥、大坝、隧道和梁柱模板等。

（3）规格尺寸

其规格尺寸一般应符合表 6-2 的规定。

竹胶合板模板规格（mm）　　**表 6-2**

长　　度	宽　　度	厚　　度
1830	915	9、12、15、18
1830	1220	
2135	915	
2440	1220	
3000	1500	

注：竹模板规格也可根据用户需要生产。

6.2.3　模板安装、拆除的要求

1. 定型组合钢模板的构造及安装

（1）基础模板

阶梯式基础模板的构造（图 6-14），上层阶梯外侧模板较长，需两块钢模板拼接，拼接处除用两根 L 形插销外，上下可加扁钢并用 U 形卡连接。上层阶梯内侧模板长度应与阶梯等长，与外侧模板拼接处上下应加 T 形扁钢板连接。下层阶梯钢模板的长度最好与下层阶梯等长，四角用连接角模拼接。

（2）柱模板

1）柱模板的构造（图 6-15），由 4 块拼板围成，四角由连接角模连接。每块拼板由若干块钢模板组成，若柱太高，可根据需要在柱中部每隔 2m 设置混凝土浇筑孔。浇筑孔的盖板可用钢模板或木板镶拼，柱的下端也可留垃圾清理口，与梁交界处留出梁缺口。

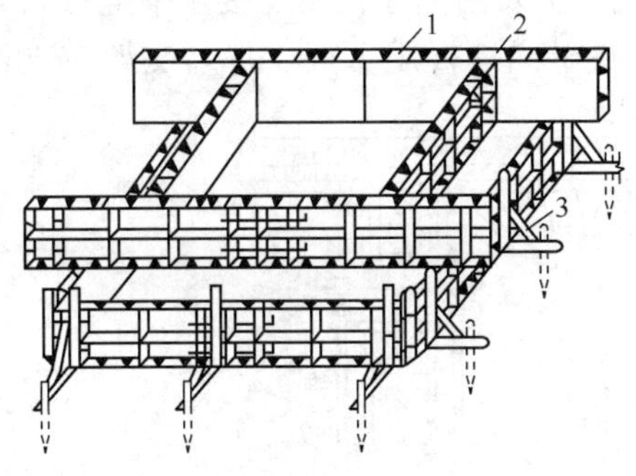

图 6-14　阶梯基础模板

1—模板；2—连接件；3—支撑件

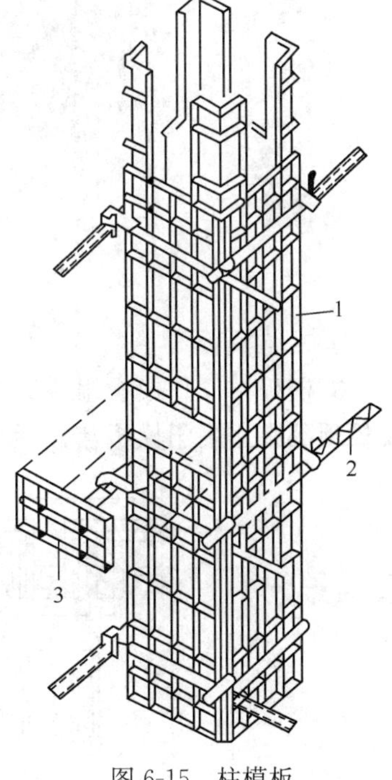

图 6-15　柱模板

1—柱侧模板；2—柱箍；3—浇筑孔

2）施工工艺

柱模板施工工艺流程为：

弹柱轴线和边线→抹找平层做定位墩、测标高→安装柱模板→安柱箍→安装侧面斜撑→办理预检记录。

①按标高抹好水泥砂浆找平层，按位置线做好定位墩台，以便保证柱轴线边线与标高的准确，或者按照放线位置，在柱四边离地 5～8cm 处的主筋上焊接支杆，从四面顶住模板以防位移。

②安装柱模板：通排柱，先安装两端柱，经校正、固定，拉通线校正中间各柱。模板按柱子大小，预拼成一面一片（一面的一边带一个角模），安装完两面再安另外两面模板。

③安装柱箍：柱箍可用角钢、钢管等制成，采用木模板时可用螺栓、方木制作钢木箍，柱箍应根据柱模尺寸、侧压力大小在模板设计中确定柱箍尺寸间距。

④安装柱模的拉杆或斜撑。柱模每边设 2 根拉杆，固定于预埋在楼板内的钢筋环上，用经纬仪控制，用花篮螺栓调节校正模板垂直度。

⑤将柱模内清理干净，封闭清理口，进行柱模板预检。图 6-16 为现场柱模板安装施工。

图 6-16　现场柱模板安装

（3）梁模板

梁模板由三片模板组成（图 6-17），底模板及两侧模板用连接角模连接，梁侧模板顶部则用阴角模板与楼板模板连接。整个梁模板用支架支撑，支架应支设在

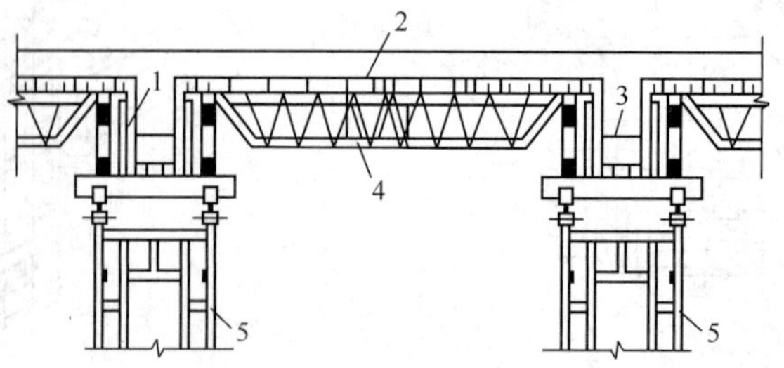

图 6-17　梁、楼板模板

1—梁侧模板；2—板底模板；3—对拉螺栓；4—桁架；5—支柱

垫板上，垫板厚50mm，长度至少要能连接并支撑3个支架。垫板下的地基必须坚实。为了抵抗浇筑混凝土时的侧压力并保持一定的梁宽，两侧模板之间应根据需要设置对拉螺栓。

（4）楼板模板

楼板模板由平面钢模板拼装而成，其周边用阴角模板与梁或墙模板相连接。楼板模板用钢楞及支架支撑，为了减少支架用量、扩大板下施工空间，宜用伸缩式桁架支撑。

对跨度不小于4m的现浇钢筋混凝土梁、板，其模板应按设计起拱；当设计无具体要求时，起拱高度宜为跨度的1‰～3‰。

梁、楼板模板的安装顺序为：弹线→搭设支撑架→梁底找平→安装梁底模→安装梁侧模 →梁侧模加固→检验梁侧模加固→安装板木龙骨→板模板安装。如图6-18所示为框架梁板模板安装。

（5）墙模板

墙模板由两片模板组成（图6-19），每片模板由若干块平面模板组成。这些平面模板可横拼也可竖拼，外面用横竖钢楞加固，并用斜撑保持稳定，用对拉螺栓（或称钢拉杆）以抵抗混凝土的侧压力和保持两片模板之间的间距（墙厚）。

图6-18　框架梁板模板的安装

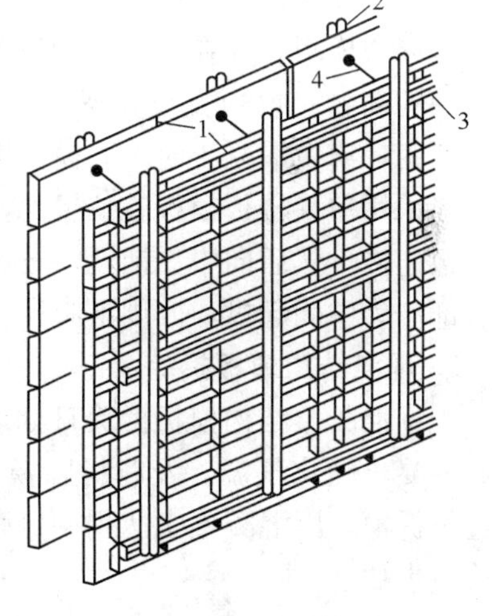

图6-19　墙模板

1—墙模板；2—竖楞；3—横楞；4—对拉螺栓

墙模板的施工工艺流程为：

弹墙体轴线和边线→安门窗洞口模板→安一侧模板→安另一侧模板→校正、固定→办预检手续。

2. 竹胶合模板的安装

（1）柱模板安装的一般要求

1）竖向结构钢筋等隐蔽工程验收完毕、施工缝处理完毕后准备模板安装。安装柱模前，要清除杂物，焊接或修整模板的定位预埋件，做好测量放线工作，抹好模板下的找平砂浆。

2）模板组装要严格按照模板配板图尺寸拼装成整体，模板在现场拼装时，要控制好相邻板面之间拼缝，两板接头处要加设卡子，以防漏浆，拼装完成后用钢丝把模板和竖向钢管绑扎牢固，以保持模板的整体性。

（2）墙体模板安装顺序及技术要点

1）模板安装顺序

模板定位、垂直度调整→模板加固→验收→混凝土浇筑→拆模。

2）技术要点

安装墙模前，要对墙体接槎处凿毛，用空气压缩机清除墙体内的杂物，做好测量放线工作。为防止墙体模板根部出现漏浆"烂根"现象，墙模安装前，在底板上根据放线尺寸贴海绵条，做到平整、准确、粘结牢固，并注意穿墙螺栓的安装质量。

（3）梁、板模板安装顺序及技术要点

1）模板安装顺序：模板定位→垂直度调整→模板加固→验收→混凝土浇筑→拆模。

2）技术要点

安装梁、板模板前，首先检查梁、板模板支架的稳定性。在稳定的支架上先根据楼面上的轴线位置和梁控制线以及标高位置，安置梁、板的底模。根据施工组织设计的要求，待钢筋绑扎校正完毕，且隐蔽工程验收完毕后，再支梁的侧模或板的周边模板。并在板或梁的适当位置预留孔洞，以便在混凝土浇筑之前清理模板内的杂物。模板支设完毕后，要严格进行检查，保证架体稳定，支设牢固，拼缝严密，浇筑混凝土时不胀模，不漏浆。

当采用单块楼板模板就位尺寸，宜以每个铺设单元从四周先用阴角模板与墙、梁模板连接，然后向中央铺设，按设计要求起拱（跨度大于4m时，起拱0.2%），起拱部位为中间起拱，四周不起拱。

3. 现浇结构模板拆除

现浇混凝土结构模板拆除日期取决于混凝土的强度、结构的性质、模板的用途和混凝土硬化气温。及时拆除模板可加快模板的周转，为后续工作创造条件。如过早拆模，因混凝土未达到一定强度，过早承受荷载会产生变形甚至会造成重大质量事故。

（1）侧模板的拆除

侧模板拆除时的混凝土强度应能保证其表面及棱角不受损伤。

（2）底模板拆除

底模板及其支架拆除时的混凝土强度应符合设计要求，当设计无具体要求时，混凝土强度应符合表6-3的规定。

（3）拆模顺序

拆模应按一定的顺序进行。一般是先支后拆，后支先拆，先拆除非承重部分，后拆除承重部分，并应从上而下进行拆除。拆下的模板不得抛扔，应按指定地点堆放。重大复杂模板的拆除，事前应制定模板方案。肋形楼板的拆模顺序是：柱模板→梁侧模板→楼板底模板→梁底模板。大体积混凝土的拆模时间除应满足混凝土强度要求外，还应使混凝土的内外温差降低到25℃以下时方可拆模。否则应采取有效措施防止产生温度裂缝。

现浇结构拆除承重底模板的混凝土强度要求　　表6-3

构件类型	构件跨度（m）	达到设计的混凝土立方体抗压强度标准值的百分数（%）
板	≤2	≥50
	>2，≤8	≥75
	>8	≥100
梁、拱、壳	≤8	≥75
	>8	≥100
悬臂构件	—	≥100

多个楼层间连续支模的底层支架拆除时间，应根据连续支模的楼层间荷载分配和混凝土强度的增长情况确定。

（4）拆模注意事项

拆模时应尽量避免混凝土表面或模板受到损坏，避免整块模板下落伤人。拆下的模板有钉子的，要求钉尖朝下，以免扎脚。遇6级或6级以上大风时，应暂停室外的高处作业，雨、雪、霜后应清扫施工现场，方可进行工作。拆下的模板及支架杆件不得抛扔，应分散堆放在指定地点，并应及时清运。模板拆除后应将其表面清理干净，对变形和损伤部位应进行修复。

6.2.4　现浇结构模板安装质量验收

必须符合《混凝土结构工程施工质量验收规范》GB 50204—2005及相关规范要求。即“模板及其支架应具有足够的承载能力、刚度和稳定性，能可靠地承受浇筑混凝土的重量、侧压力以及施工荷载”。

1. 现浇结构模板安装检验批质量验收内容

（1）主控项目

1）模板及支架用材料的技术措施应符合国家现行有关标准的要求。进场时应抽样检验模板和支架材料的外观、规格和尺寸。

2）现浇混凝土结构模板及支架的安装质量，应符合国家现行有关标准的规定和施工方案的要求。

3）后浇带处的模板及支架应独立设置。

4）支架竖杆和竖向模板安装在土层上时，应符合下列规定：

① 土层应坚实、平整，其承载力或密实度应符合施工方案的要求；

② 应有防水、排水措施；对冻胀性土，应有预防冻融措施；

③ 支架竖杆下应有底座或垫板。

（2）一般项目

1）模板安装质量应符合下列规定：

模板的接缝应严密；模板内不应有杂物、积水或冰雪等；模板与混凝土的接触面应平整、清洁；用作模板的地坪、胎模等应平整、清洁，不应有影响构件质量的下沉、裂缝、起砂或起鼓；对清水混凝土及装饰混凝土构件，应使用能达到设计效果的模板。

2）隔离剂的品种和涂刷方法应符合施工方案的要求。隔离剂不得影响结构性能及装饰施工，不得沾污钢筋、预应力筋、预埋件和混凝土接槎处；不得对环境造成污染。

3）对跨度不小于 4m 的现浇钢筋混凝土梁板模板应按设计起拱；当设计无具体要求时，起拱高度宜为跨度的 1‰～3‰。

检查数量：在同一检验批内，对梁，跨度大于 18m 时应全数检查；跨度不大于 18m 时应抽查构件数量的 10%，且不应少于 3 件。对板，应按有代表性的自然间抽查 10%，且不应少于 3 间。对大空间结构，板可按纵、横轴线划分检查面，抽查 10%，且不应少于 3 面。

4）现浇混凝土结构多层连续支模应符合施工方案的规定，上下层模板支架的竖杆宜对准。竖杆下垫板的设置应符合施工方案的要求。

5）固定在模板上的预埋件、预留孔和预留洞均不得遗漏且安装牢固。有抗渗要求的混凝土结构中的预埋件，应按设计及施工方案的要求采取防渗措施。

检查数量：在同一检验批内，对梁、柱和独立基础，应抽查构件数量的 10%，且不少于 3 件；对墙和板，应按有代表性的自然间抽查 10%，且不少于 3 间；对大空间结构，墙可按相邻轴线间高度 5m 左右划分检查面，板可按纵横轴线划分检查面，抽查 10%，且均不少于 3 面。

6）现浇结构模板安装的偏差应符合表 6-4 规定。

现浇结构模板安装的偏差　　表 6-4

项　目		允许偏差（mm）	检验方法
轴线位置		5	钢尺检查
底模上表面标高		±5	水准仪或拉线、钢尺检查
模板内部尺寸	基础	±10	钢尺检查
	柱、墙、梁	±5	钢尺检查
	楼梯相邻踏步高差	5	
柱、墙垂直度	层高≤6m	8	经纬仪或吊线、钢尺检查
	层高>6m	10	经纬仪或吊线、钢尺检查
相邻模板表面高低差		2	钢尺检查
表面平整度		5	2m 靠尺和塞尺检查

2. 其他注意事项

在模板工程施工过程中，严格按照模板工程质量控制程序施工，另外对于一些质量通病制定预防措施，防患于未然，以保证模板工程的施工质量。严格执行交底制度，操作前必须有单项的施工方案和给施工队伍的书面形式的技术交底、安全交底。

6.2.5 大模板施工

1. 大模板施工的概述

（1）概念

大模板是一种大型的定型模板，可以用来浇筑混凝土墙体和楼板，模板尺寸一般与楼层高度和开间尺寸相适应，采用大模板，并配以相应的机械化施工，通过合理的施工组织，以工业化生产方式在现场浇筑钢筋混凝土墙体。

（2）大模板的分类

按板面材料可分为木质模板、金属模板、化学合成材料模板。

按组拼方式可分为整体式模板、模数组合式模板、拼装式模板。

按构造外形可分为平模、小角模、大角模、筒子模。

（3）大模板的组成

大模板主要是由板面系统、支撑系统、操作平台和附件组成，如图 6-20 所示。

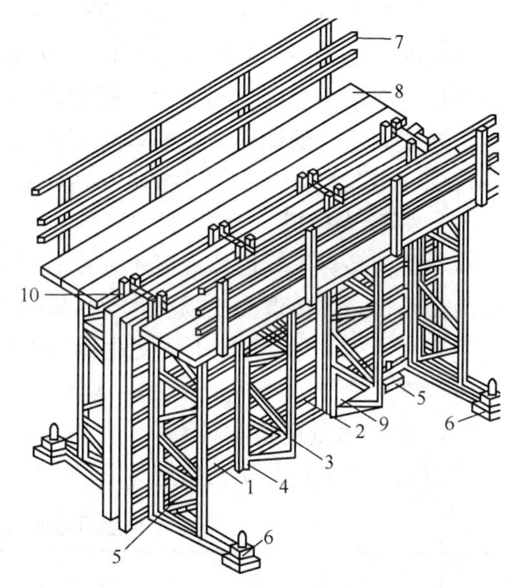

图 6-20　大模板组成构造示意图

1—板面；2—水平加劲肋；3—支撑架；4—竖楞；5—调整水平度的螺旋千斤顶；6—调整垂直度的螺旋千斤顶；7—栏杆；8—脚手板；9—穿墙螺栓；10—固定卡子

板面系统：包括板面、加劲肋、竖楞。

支撑系统：支撑系统作用是承受水平荷载，防止模板倾覆，每块大模板用 2～4 榀桁架形成支撑机构，桁架用螺栓或焊接方法与竖楞连接起来。

操作平台：包括平台架、脚手平台和防护栏杆等。

附件：包括穿墙螺栓、上口卡子等。

2. 大模板的施工工艺

（1）准备工作

1）清理现场，安排好大钢模的堆放场地。

2）将运到的大钢模按平面图逐个检查，查看其序号、尺寸、穿墙拉杆孔等是否完全正确。

3）刷隔离剂，制作穿墙拉杆套管（PVC 管）。

4）检查大钢模吊钩是否安装牢固，各组件、螺栓的数量、质量情况，并集中到堆放场地。

5）检查楼板上预留地锚是否符合要求（要求在距大钢模 1200mm 处留间距 1500mm 的Φ 18 以上的钢筋作为地锚）。

6）验收钢筋，弹模板线。

7）检查钢筋是否阻碍大钢模板的组装到位。

8）将搭阴角的大墙模两侧安装阴角角钢。

9）留梁口处在钢筋上将梁口钢丝网（内衬苯板）做好。

10）做砂浆找平层、弹线。

11）安装、吊装人员，堆放场地 2 人，吊装就位 4 人。

（2）墙体大模板施工工艺流程（主要以大钢模板为例）

墙体大模板施工工艺流程为：

楼层放线→架设外墙大模板架子→门窗口模板清理组合→刷隔离剂→粘贴大模板地面海绵条→粘贴外墙楼层接槎橡胶带、海绵条→固定门窗模具→粘贴门窗口模板海绵条→焊接、绑扎大模板定位筋→外墙模板吊装→内墙模板吊装→穿入并粗略紧固所有的螺栓→各模板交接处封堵海绵条→大模板校正→细致紧固螺栓→自检→专职检查→向监理报验→办理验收手续。

3. 拆除大模板

在常温条件下，墙体混凝土强度必须达到 1MPa，冬期施工外板内模结构、外砖内模结构，墙体混凝土强度达到 4MPa 才准拆模；全现浇结构外墙混凝土强度达到 7.5MPa，内墙混凝土强度达到 5MPa 才准拆模，拆模时应以同条件养护试块抗压强度为准。

4. 模板质量通病与防治

模板质量通病与防治措施见表 6-5 所列。

模板质量通病与防治措施　　表 6-5

序号	项　目	防　治　措　施
1	墙底漏浆	模板下口缝隙用砂浆找平或粘贴 20mm 厚海绵条塞严，切忌将其伸入墙体结构
2	墙体不平、粘连	清理模板和涂刷隔离剂必须认真，要有专人检查验收
3	垂直度差	支模时要反复用线锤吊靠，安装后如遇有较大冲撞，应重新复核校正。模板垂直度由质检员负责专检
4	墙体凹凸不平	加强模板的维修、保养
5	门窗洞偏移	门窗框模内增设斜向支撑，框模四周焊限位条。请混凝土工配合施工
6	墙体阴角不方正、漏浆	阴角用整体角模，墙体总长偏差不超过 3mm；阴角模与大模板之间结合面上的砂浆必须清理干净，使角模与墙模接缝严密，重点检查阴角拉条或相邻大模板的三道螺栓
7	外墙上下错台	模板接槎位置必须清理干净，限位条位置必须正确，防止模板胀模
8	板下挠	板支撑应有足够的刚度，支撑必须加垫木，板模按规范起拱

6.2.6　模板工程案例分析

某学校实训楼工程，结构形式：框架结构，独立基础。混凝土强度等级：垫层为 C15，基础及梁、板、柱、楼梯为 C30；其余圈梁、构造柱等混凝土采用

C20。在梁、板、柱模板工程施工前，项目主管技术员要能编写模板工程施工方案，下面是本工程的施工方案。

本工程结构混凝土要达到清水，不抹灰，尤其是梁、板、柱。这就要求在模板的设计、选型、加工、安装、拆除、养护、倒运等各个环节都要精心、负责、爱护，为清水混凝土提供有力保证。

本工程主体结构施工为分段流水施工，模板采用全新竹胶模板。模板之间及其与基体间的间隙采用透明胶带和双面胶密封条封闭，以确保不漏浆。采用成品隔离剂。支撑结构为 ϕ48 钢脚手管、扣件搭设。模板按早拆体系要求备足 3 层的需用量，模板由现场加工，模板堆放时须在其下部垫 3 根 100mm×100mm 的木方，堆放高度不大于 1.5m，随加工随用。

1. 柱模施工方法

柱采用竹胶模板加工制作，根据设计图纸（图 6-21），方柱由 4 块 15mm 厚木制多层板根据柱几何尺寸现场加工拼装，用 50mm×100mm 方木做竖肋，槽钢作柱箍，采用钢管斜撑。

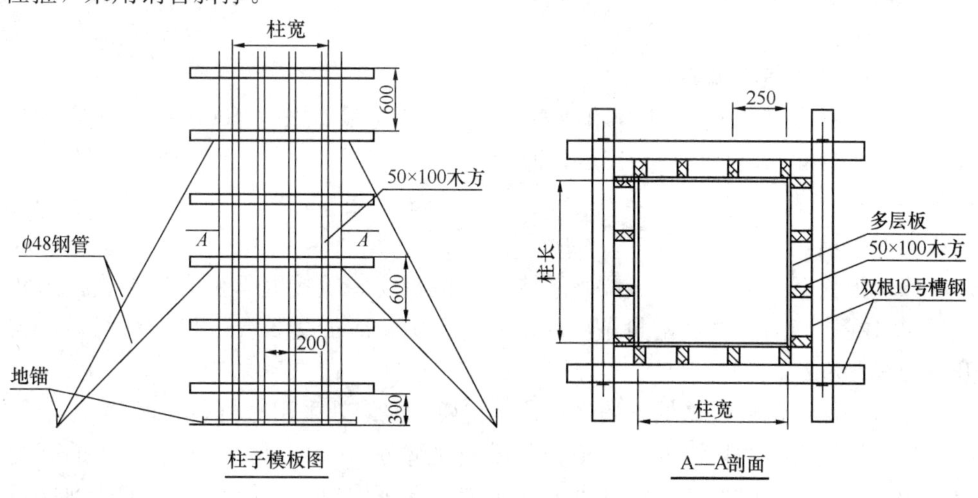

图 6-21　柱子模板示意图

2. 梁及顶板模板

梁板模板采用 15mm 多层板为面板，背楞及格栅采用 50mm×100mm 方木。该板表面光洁，硬度好，混凝土成型质量较高。支撑系统采用扣碗式脚手架，早拆支撑体系，具有多功能、效率高、承载力大、安装可靠、便于管理等特点。梁板均采用早拆养护支撑，当混凝土强度达到设计强度 50%时，即可拆去部分支撑，只保留养护支撑不动。

本工程梁支撑采取快拆体系，因此可减少措施上的支撑点数量，保证模板的快速周转。结合本工程特点，在框架梁及次梁下设 3 个支撑点，同板的支撑点一起构成本层支撑。

梁模板支设安装顺序为：

复核梁底标高、校正轴线位置→搭设梁模支架→安装梁木方→安装梁底模板

→绑扎梁钢筋→安装两侧模板→穿对拉螺栓→按设计要求起拱→拧紧对拉螺栓→复核梁模尺寸、位置→与相邻梁模连接牢固。

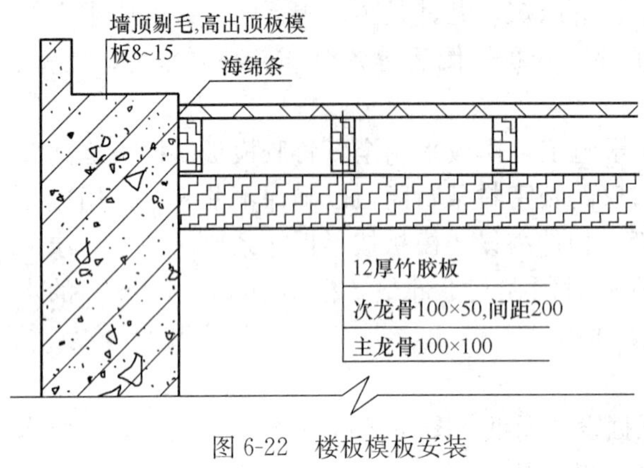

图 6-22　楼板模板安装

注意事项：

（1）框架梁都大于规范规定的 4m 要求，因此，支模之前必须按照 2‰起拱。

（2）梁口与柱头模板采用定型模板。

（3）多层支架时，应使上下支柱在一条垂直线上。

（4）模板支柱、纵横方向的水平拉杆、剪刀撑等，按设计要求布置。支柱间距 1.2m，纵横方向的水平拉杆的上下间距不宜大于 1.5m，纵横方向的垂直剪刀撑的间距不宜大于 6m。

3. 楼板模板安装顺序

弹控制标高线→支立杆→沿支柱 U 形托安放 100mm×100mm 主龙骨→铺 50mm×100mm 次龙骨→铺 15mm 厚竹胶板顶板模板→模板验收，如图 6-22 所示。

注意事项：

（1）模板支设严格按模板配置图支设，模板安装后接缝部位必须严密，为防止漏浆可在接缝部位加贴密封条。底部若有空隙，应加垫 10mm 厚的海绵条，让开柱边线 5mm。

（2）为保证梁板接缝处不漏浆，该部位模板接缝处采用密封条处理。

（3）楼板模板的接缝处理：模板与模板接缝处，一是要保证两块模板的高度差不能太大。二是要保证接缝的严密，也就是保证混凝土不漏浆。为了达到这两个目的，须在接缝处模板下垫木方，通过木方校正两块模板的高差，并在接缝处形成构造密封，可有效防止漏浆。

4. 楼梯模板

本工程楼梯底模采用竹胶多层板。模板的制作按常规做法进行制作。为了确保现浇混凝土楼梯的清水混凝土质量，结构标准层的楼梯模板采用钢踏步模板，为防止浇筑混凝土时上浮，在平台处预埋地锚，以此固定踏步钢模板。在休息平台的暗柱内预埋套管，通过此孔穿对拉螺栓，固定踏步模板的上边，如图 6-23 所示。

5. 模板拆除

（1）墙、柱、梁侧模的拆除

墙体、梁侧模板的拆除以不破坏棱角为准。为了准确地掌握拆模时间，留置同条件试块，试块强度达到 1.2MPa 时才允许拆模。施工中要积累不同强度等级

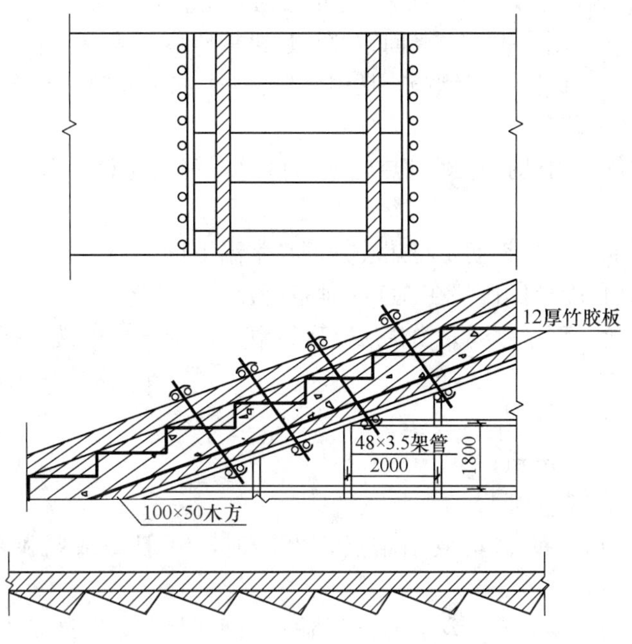

图 6-23　楼梯模板安装

的混凝土、水泥，在不同气温条件下多长时间达到 1.2MPa 的经验。

梁、楼板模板应先拆梁侧模，再拆楼板底模，最后拆除梁底模。

(2) 底模的拆除

主要从混凝土强度上考虑，底模的拆除必须符合规范的规定，见表 6-3 所列。

过程 6.3　钢筋工程施工

6.3.1　钢筋工程的分类和验收

1. 钢筋的分类

(1) 按外形分类

1) 光圆钢筋

光圆钢筋是光面圆钢筋的意思，由于表面光滑，也叫“光面钢筋”，或简称“圆钢”。HPB300 级钢筋为热轧光圆钢筋。

2) 带肋钢筋

表面有突起部分的圆形钢筋称为带肋钢筋，它的肋纹形式有“月牙形”、“螺纹形”(图 6-24)。

图 6-24　月牙纹

按外形区分是施工现场区别钢筋种类很重要的方法。HRB335、HRB400 和 HRB500 钢筋为普通热轧带肋钢筋；HRBF335、HRBF400、HRBF500 的钢筋为细晶粒热轧带肋钢筋；RRB400 为余热处理带肋钢筋；HRB400E为较高抗震性能要求的普通热轧带肋钢筋。

3）刻痕钢丝：刻痕钢丝由光面钢丝经过机械压痕而成。

4）钢绞线：又称铰线式钢筋，是用2根、3根或7根圆钢丝捻制而成。

（2）按生产工艺分类

1）热轧钢筋：由轧钢厂经过热轧成材供应，钢筋直径一般为5～40mm。分直条和盘条形式。

2）冷拉钢筋：冷拉钢筋是将热轧钢筋在常温下进行强力拉伸，使其强度提高的一种钢筋。这种冷拉操作都在施工工地进行。

3）碳素钢丝：碳素钢丝是由优质高碳钢盘条经淬火、酸洗、拔制、回火等工艺而制成的。

（3）按钢筋直径分类

1）钢丝 d=3～5mm

2）细钢筋 d=6～12mm

对于 d<12mm 的钢丝或细钢筋，出厂时，一般做成盘圆状，使用时需调直。

3）粗钢筋 d>12mm，为了便于运输，出厂时一般做成直条状，每根6～12m，如需特长钢筋，可同厂方协议。

2. 钢筋原材料质量验收与保管

（1）主控项目

1）钢筋进场时，应按国家现行相关标准的规定抽取试件进行屈服强度、抗拉强度、伸长率、弯曲性能和重量偏差检验，检验结果必须符合有关标准的规定。

检验数量：按进场的批次和产品的抽样检验方案确定。

检验方法：检查产品的合格证、出厂检验报告和进场复验报告。

2）成型钢筋进场时，应抽取试件作屈服强度、抗拉强度、伸长率和重量偏差检验，检验结果应符合国家现行相关标准的规定。

对由热轧钢筋制成的成型钢筋，当有施工单位或监理单位的代表驻厂监督生产过程，并提供原材钢筋力学性能第三方检验报告时，可仅进行重最偏差检验。

检查数量：同一厂家、同一类型、同一钢筋来源的成型钢筋，不超过30t为一批，每批中每种钢筋牌号、规格均应至少抽取1个钢筋试件，总数不应少于3个。

3）对按一、二、三级抗震等级设计的框架和斜撑构件（含梯段）中的纵向受力普通钢筋应采用HRB335E、HRB400E、HRB500E、HRBF335E、HRBF400E或HRBF500E钢筋，其强度和最大力下总伸长率的实测值应符合下列规定：

① 抗拉强度实测值与屈服强度实测值的比值不应小于1.25；

② 屈服强度实测值与屈服强度标准值的比值不应大于1.30；

③ 最大力下总伸长率不应小于9%。

（2）一般项目

1）钢筋应平直、无损伤、表面不得有裂纹、油污、颗粒状或片状老锈。

2）成型钢筋的外观质量和尺寸偏差应符合国家现行相关标准的规定。

检查数量：同一厂家、同一类型的成型钢筋，不超过 30t 为一批，每批随机抽取 3 个成型钢筋试件。

3）钢筋机械连接套筒、钢筋锚固板以及预埋件等的外观质量应符合国家现行相关标准的规定。

（3）钢筋的保管

为了确保质量，钢筋验收合格后，还要做好保管工作，主要是防止生锈、腐蚀和混用，为此需注意以下几个方面：

1）堆放场地要干燥，并用方木或混凝土板等作为垫件，一般保持离地 20cm 以上。非急用钢筋，宜放在有棚盖的仓库内。

2）钢筋必须严格分类、分级、分牌号堆放，不合格钢筋另做标记分开堆放，并立即清理出现场。

3）钢筋不能和酸、盐、油这一类的物品放在一起，要在远离有害气体的地方堆放，以免腐蚀。

6.3.2 钢筋的加工

钢筋加工一般包括钢筋的调直、除锈、切断、弯曲成型。钢筋加工宜在专业化加工厂进行；钢筋的表面应清洁、无损伤，油渍、漆污和铁锈应在加工前清除干净，带有颗粒状或片状老锈的钢筋不得使用。钢筋除锈后如有严重的表面缺陷，应重新检验该批钢筋的力学性能及其他相关性能指标。钢筋加工宜在常温状态下进行，加工过程中不应加热钢筋。钢筋弯折应一次完成，不得反复弯折。

钢筋宜采用无延伸功能的机械设备进行调直，也可采用冷拉方法调直。当采用冷拉方法调直时，HPB300 光圆钢筋的冷拉率不宜大于 4%；HRB335、HRB400、HRB500、HRBF335、HRBF400、HRBF500 及 RRB400 带肋钢筋的冷拉率不宜大于 1%。钢筋调直过程中不应损伤带肋钢筋的横肋。调直后的钢筋应平直，不应有局部弯折。钢筋调直后应进行力学性能和重量偏差的检验，其强度应符合有关标准的规定。

1. 钢筋的冷拉

（1）概念

钢筋的冷拉就是在常温下对钢筋进行强力拉伸，使钢筋的拉应力超过屈服强度，钢筋产生塑性变形，达到调直钢筋、提高强度，节约钢材的目的。

（2）钢筋的时效

钢筋经冷拉，强度提高，塑性降低的现象，称为变形硬化。由于钢筋应力超过屈服点以后，钢筋内部晶格沿结晶面滑移，晶格扭曲变形，使钢筋内部组织发生变化，促使钢筋内部晶体组织自行调整，经过调整，钢筋获得一个稳定的屈服点，强度进一步提高，塑性再次降低。钢筋晶体组织调整过程称为“时效”。

钢筋时效过程（内应力消除的过程）进行的快慢，与温度有关。HRB335 级钢筋的时效过程，在常温下，要经过 15～20d 才能完成，这个时效过程称为自然时效。为加速时效过程，可对钢筋进行加热，称为人工时效。

（3）钢筋冷拉控制方法

钢筋的冷拉方法可采用控制冷拉率和控制应力两种方法。

1）控制冷拉率法

以冷拉率来控制钢筋的冷拉的方法，叫做控制冷拉率法。冷拉率必须由试验确定，试件数量不少于 4 个。冷拉率确定后，根据钢筋长度，求出伸长值，作为冷拉时的依据。冷拉伸长值 ΔL 按下式计算：

$$\Delta L = \delta L$$

式中 δ——冷拉率（由试验确定）；

L——钢筋冷拉前的长度（m）。

控制冷拉率法施工操作简单，但当钢筋材质不匀时，用经试验确定的冷拉率进行冷拉，对不能分清炉批号的钢筋，不应采取控制冷拉率法。

2）控制应力法

这种方法以控制钢筋冷拉应力为主，冷拉应力按表 6-6 中相应级别钢筋的控制应力选用。冷拉时应检查钢筋的冷拉率，不得超过表 6-6 中的最大冷拉率。钢筋冷拉时，如果钢筋已达到规定的控制应力，而冷拉率未超过表 6-6 中的最大冷拉率，则认为合格。如钢筋已达到规定的最大冷拉率而应力还小于控制应力（即钢筋应力达到冷拉控制应力时，钢筋冷拉率已超过规定的最大冷拉率）则认为不合格，应进行机械性能试验，按其实际级别使用。

冷拉控制应力及最大冷拉率 **表 6-6**

项次	钢筋级别		冷拉控制应力（N/mm²）	最大冷拉率（%）
1	HPB300	d≤12mm	330	10
2	HRB335	d≤25mm d=28～40mm	450 430	5.5
3	HRB400	d=8～40mm	500	5
4	RRB400	d=10～28mm	700	4

（4）冷拉设备

冷拉设备一般采用卷扬机带动滑轮组的冷拉装置系统。

冷拉设备由拉力设备、承力结构、测量设备和钢筋夹具等部分组成。

2. 钢筋的冷拔

钢筋冷拔是将φ 6～φ 8 的 HPB300 级光圆钢筋在常温下强力拉拔，使其通过特制的钨合金拔丝模孔，钢筋轴向被拉伸，径向被压缩，钢筋产生较大的塑性变形，其抗拉强度提高 50%～90%，塑性降低，硬度提高。经过多次强力拉拔的钢筋，称为冷拔低碳钢丝。甲级冷拔钢丝主要用于小型预应力构件中的预应力筋，乙级冷拔钢丝可用于焊接网。

3. 钢筋加工质量要求

（1）主控项目

1）钢筋弯折的弯弧内直径相关规定

① 光圆钢筋，不应小于钢筋直径的 2.5 倍；

② 335MPa 级、400MPa 级带肋钢筋，不应小于钢筋直径的 4 倍；

③ 500MPa 级带肋钢筋，当直径为 28mm 以下时不应小于钢筋直径的 6 倍，当直径为 28mm 及以上时不应小于钢筋直径的 7 倍；

④ 箍筋弯折处尚不应小于纵向受力钢筋的直径。

2）纵向受力钢筋的弯折后平直段长度应符合设计要求。光圆钢筋末端做 180°弯钩时，弯钩的平直段长度不应小于钢筋直径的 3 倍。

3）箍筋、拉筋的末端应按设计要求作弯钩，并应符合下列规定：

① 对一般结构构件，箍筋弯钩的弯折角度不应小于 90°，弯折后平直段长度不应小于箍筋直径的 5 倍；对有抗震设防要求或设计有专门要求的结构构件，箍筋弯钩的弯折角度不应小于 135°，弯折后平直段长度不应小于箍筋直径的 10 倍；

② 圆形箍筋的搭接长度不应小于其受拉锚固长度，且两末端弯钩的弯折角度不应小于 135°，弯折后平直段长度对一般结构构件不应小于箍筋直径的 5 倍，对有抗震设防要求的结构构件不应小于箍筋直径的 10 倍；

③ 梁、柱复合箍筋中的单肢箍筋两端弯钩的弯折角度均不应小于 135°，弯折后平直段长度不应小于箍筋直径的 10 倍。

4）盘卷钢筋调直后应进行力学性能和重量偏差检验，其强度应符合国家现行有关标准的规定，其断后伸长率、重量偏差应符合表 6-7 的规定。力学性能和重量偏差检验应符合下列规定：

① 应对 3 个试件先进行重量偏差检验，再取其中 2 个试件进行力学性能检验。

② 重量偏差应按下式计算：

$$\Delta = (W_d - W_o)/W_o \times 100$$

式中 Δ——重量偏差（%）；

W_d——3 个调直钢筋试件的实际重量之和（kg）；

W_o——钢筋理论重量（kg），取每米理论重量（kg/m）与 3 个调直钢筋试件长度之和（m）的乘积。

③ 检验重量偏差时，试件切口应平滑并与长度方向垂直，其长度不应小于 500mm；长度和重量的量测精度分别不应低于 1mm 和 1g。

采用无延伸功能的机械设备调直的钢筋，可不进行本条规定的检验。

盘卷钢筋调直后的断后伸长率、重量偏差要求 **表 6-7**

钢筋牌号	断后伸长率 A（%）	重量偏差（%）	
		直径 6～12mm	直径 14～16mm
HPB300	≥21	≥−10	—
HRB335、HRBF335	≥16	≥−8	≥−6
HRB400、HRBF400	≥15		
RRB400	≥13		
HRB500、HRBF500	≥14		

注：断后伸长率 A 的量测标距为 5 倍钢筋直径。

检查数量：同一加工设备、同一牌号、同一规格的调直钢筋，重量不大于 30t 为一批，每批见证抽取 3 个试件。

（2）一般项目

钢筋加工的形状、尺寸应符合设计要求，其偏差应符合表 6-8 规定。

钢筋加工的允许偏差　　表 6-8

项　目	允许偏差（mm）
受力钢筋沿长度方向的净尺寸	±10
弯起钢筋的弯折位置	±20
箍筋外廓尺寸	±5

6.3.3 钢筋连接方式和技术要求

钢筋的连接方式可分为三种：绑扎连接、焊接、机械连接。下面主要介绍焊接和机械连接。

1. 钢筋的焊接

常用的焊接方法有：闪光对焊、箍筋闪光对焊、电弧焊、电渣压力焊、气压焊、电阻点焊等。

（1）闪光对焊

闪光对焊广泛用于焊接直径 8～22mm 的 HPB300 钢筋；直径 8～40mm 的 HRB335、HRBF335、HRB400、HRBF400、HRB500、HRBF500 热轧钢筋和直径 8～32mm 的 RRB400 余热处理钢筋及预应力筋与螺丝端杆的焊接。

1）焊接原理

利用对焊机使两端钢筋接触，通过低电压强电流，待钢筋被加热到一定温度变软后，进行轴向加压顶锻，使两根钢筋焊接在一起，形成对焊接头。

2）焊接工艺：根据钢筋级别、直径和所用焊机的功率不同，闪光对焊工艺可分为连续闪光焊、预热闪光焊、闪光一预热一闪光焊三种。

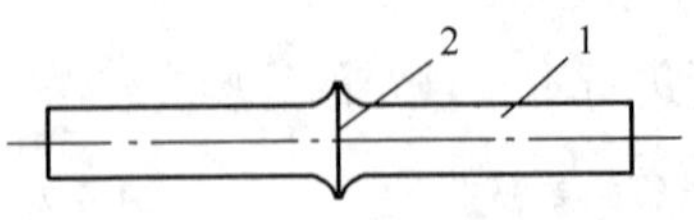

图 6-25　钢筋对焊接头的外形图
1—钢筋；2—接头

①连续闪光焊：适用于直径 25mm 以下的钢筋。对焊接头的外形如图 6-25 所示。

②预热闪光焊：预热闪光焊是在连续闪光焊前增加一次预热过程，以使钢筋均匀加热。该方法适用于直径 25mm 以上端部平整的钢筋。

③闪光—预热—闪光焊：闪光—预热—闪光焊是在预热闪光焊前加一次闪光过程，使钢筋端面烧化平整，预热均匀。该方法适用于直径 25mm 以上端部不平整的钢筋。

（2）箍筋闪光对焊

箍筋闪光对焊的焊点位置宜设置在箍筋受力较小一边的中部。不等边的多边形柱箍筋对焊位置宜设置在两个边上的中部。

(3) 电弧焊

电弧焊是利用弧焊机使焊条和焊件之间产生高温电弧，熔化焊条和高温电弧范围内的焊件金属，熔化的金属凝固后形成焊接接头。电弧焊广泛用于钢筋的接长、钢筋骨架的焊接、装配式结构钢筋接头焊接及钢筋与钢板、钢板与钢板的焊接等。

钢筋电弧焊接头有五种形式：帮条焊、搭接焊、坡口焊、窄间隙焊和熔槽帮条焊。下面主要介绍帮条焊、搭接焊、坡口焊三种。

1) 帮条焊

适用范围：适用于直径 10～22mm 的 HPB300 钢筋；直径 10～40mm 的 HRB335、HRBF335、HRB400、HRBF400、HRB500、HRBF500 热轧钢筋和直径 10～25mm 的 RRB400 余热处理钢筋。帮条焊宜采用与主筋同级别、同直径的钢筋制作，可分为单面焊缝和双面焊缝（图 6-26）。

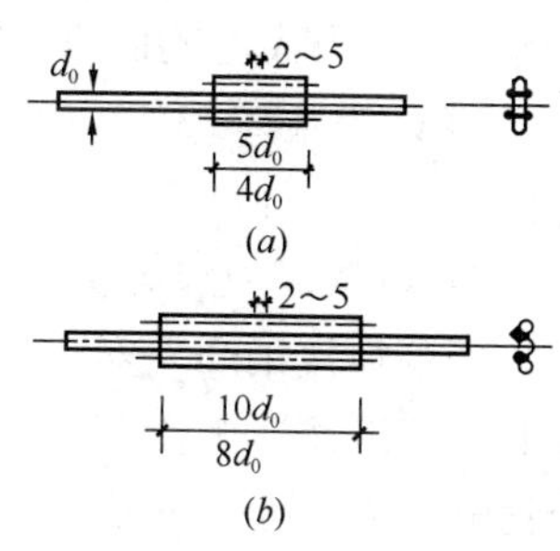

图 6-26　帮条焊接头

其帮条长度：HPB300 级钢筋单面焊 $L \geqslant 8d_0$，双面焊 $L \geqslant 4d_0$；HRB335、HRBF335、HRB400、HRBF400、HRB500、HRBF500 热轧钢筋和直径为 8～32mm 的 RRB400 余热处理钢筋的单面焊 $L \geqslant 10d_0$；双面焊 $L \geqslant 5d_0$。

2) 搭接焊

搭接焊又称搭接接头（图 6-27），把钢筋端部弯曲一定角度叠合起来，在钢筋接触面上焊接形成焊缝，它分为双面焊缝和单面焊缝。适用于焊接直径 10～22mm 的 HPB300 钢筋；直径 10～40mm 的 HRB335、HRBF335、HRB400、HRBF400、HRB500、HRBF500 热轧钢筋和直径为 10～25mm 的 RRB400 余热处理钢筋。

搭接焊宜采用双面焊缝，不能进行双面焊时，也可采用单面焊。搭接焊的搭接长度及焊缝高度、焊缝宽度同帮条焊。

3) 坡口焊

坡口焊又叫剖口焊，钢筋坡口焊接头可分为坡口平焊接头和坡口立焊接头两种，如图 6-28 所示。

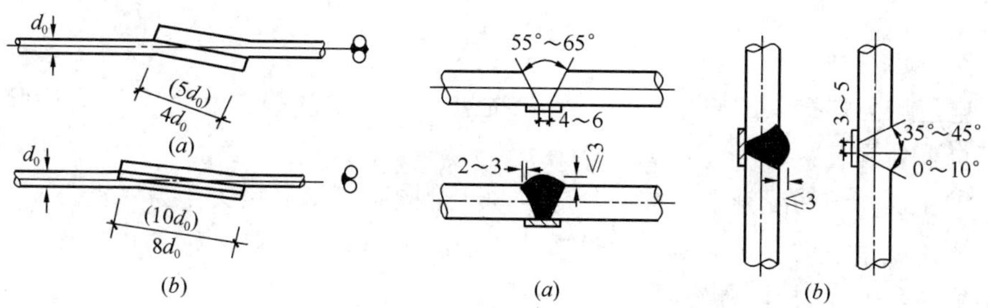

图 6-27　搭接焊接头

图 6-28　钢筋坡口焊接头
(a) 平焊；(b) 立焊

适用于直径 18～22mm 的 HPB300 钢筋；直径 18～40mm 的 HRB335、HRBF335、HRB400、HRBF400 级钢筋；直径 18～32mm 的 HRB500、HRBF500 热轧钢筋及直径 18～25mm 的 RRB400 级钢筋。

（4）电渣压力焊

1）焊接原理及适用范围

电渣压力焊利用电流通过渣池所产生的热量来熔化母材，待到一定程度后施加压力，完成钢筋连接。这种钢筋接头的焊接方法与电弧焊相比，焊接效率高 5～6 倍，且接头成本较低，质量易保证，它适用于直径为 12～22mm 的 HPB300 钢筋及直径为 12～32mm 的 HRB335、HRB400、HRB500 级竖向或斜向钢筋的连接。

2）电渣压力焊焊接工艺流程

安装焊接钢筋→安装引弧钢丝球→缠绕石棉绳，装上焊剂盒→装放焊剂接通电源（“造渣”工作电压 40～50V，“电渣”工作电压 20～25V）→造渣过程形成渣池→电渣过程钢筋端面溶化→切断电源，顶压钢筋完成焊接。

焊接完成应适当停歇，方可回收焊剂和卸下焊接夹具，敲去渣壳。四周焊包凸出钢筋表面的高度，当钢筋直径为 25mm 及以下时不得小于 4mm，当钢筋直径为 28mm 及以上时不得小于 6mm，如图 6-29 所示。

图 6-30 为某施工现场柱子电渣压力焊接头。

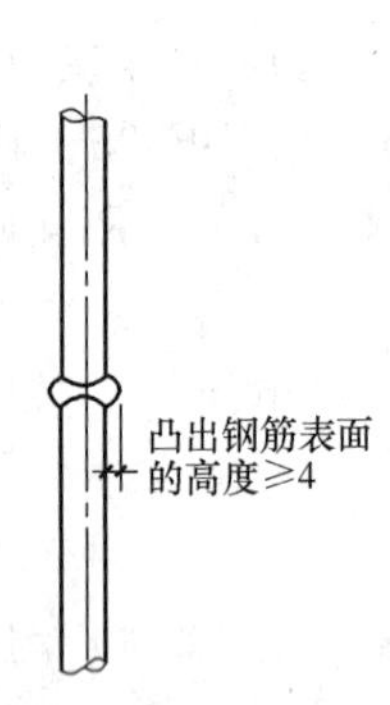

图 6-29　电渣压力焊钢筋接头

图 6-30　现场柱子电渣压力焊接头

3）质量检验

电渣压力焊接头的质量检验，应分批进行外观质量检查和力学性能检验，并应符合下列规定：

①在现浇钢筋混凝土结构中，应以 300 个同牌号钢筋接头作为一批。

②在房屋结构中，应在不超过连续二楼层中 300 个同牌号钢筋接头作为一批；当不足 300 个接头时，仍作为一批。

③每批随机切取 3 个接头试件做拉伸试验。

钢筋电渣压力焊接头的外观检查结果，应符合下列要求：

A. 四周焊包凸出钢筋表面的高度，当钢筋直径为 25mm 及以下时不得小于 4mm，当钢筋直径为 28mm 及以上时不得小于 6mm。

B. 钢筋与电极接触处，应无烧伤缺陷。

C. 接头处弯折不得大于 2°。

D. 接头处钢筋轴线偏移不得大于 1mm。

（5）气压焊

钢筋气压焊是采用氧-乙炔火焰对钢筋接缝处进行加热，使钢筋端部加热达到高温状态，并施加足够的轴向压力而形成牢固的对焊接头。钢筋气压焊接方法具有设备简单、焊接质量高、效果好，且不需要大功率电源等优点。

钢筋气压焊可用于直径为 12～22mm 的 HPB300 钢筋，直径为 12～40mm 的 HRB335、HRB400 及直径为 12～32mm 的 HRB500 钢筋的垂直位置、水平位置、倾斜位置的对接焊接。当两钢筋直径不同时，其直径之差不得大于 7mm，钢筋气压焊设备主要有氧-乙炔供气设备、加热器、加压器及钢筋卡具等，如图 6-31 所示。

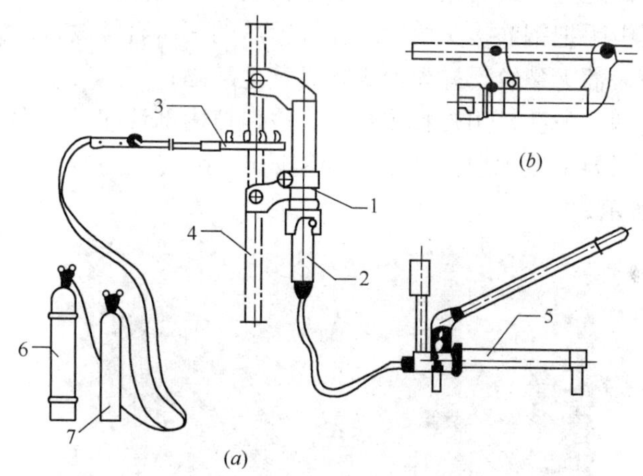

图 6-31　气压焊装置系统

（a）竖向焊接；（b）横向焊接

1—压接器；2—顶头油缸；3—加热器；4—钢筋；5—加压器；6—氧气；7—乙炔

（6）电阻点焊

混凝土结构中的钢筋骨架和钢筋网片的交叉钢筋焊接，宜采用电阻点焊。焊接时将钢筋的交叉点放入点焊机两极之间，通电使钢筋加热到一定温度后，加压使焊点处钢筋互相压入一定的深度（压入深度为两钢筋中较细者直径的 1/4～2/5），将焊点焊牢。采用点焊代替绑扎，可以提高工效，便于运输。在钢筋骨架和钢筋网成型时优先采用电阻点焊。

2. 机械连接

机械连接有三种方式：套筒挤压连接、锥螺纹连接、直螺纹连接。

（1）套筒挤压连接

套筒挤压连接是把两根待接钢筋的端头先插入一个优质钢套管，然后用挤压机在侧向加压数道，套筒塑性变形后即与带肋钢筋紧密咬合，达到连接的目的。

（2）锥螺纹连接

锥螺纹连接是用锥形纹套筒将两根钢筋端头对接在一起，利用螺纹的机械咬合力传递拉力或压力。所用的设备主要是套丝机，通常安放在现场，对钢筋端头进行套丝。

（3）直螺纹连接

1）原理：直螺纹连接是近年来开发的一种新的螺纹连接方式。它先把钢筋端部用套丝机切削成直螺纹，最后用套筒实行钢筋对接。

2）直螺纹连接施工工艺流程

钢筋准备→放置在直螺纹成型机上→剥肋滚压直螺纹→在直螺纹上涂油保护→放置钢筋（放置时用垫木，以防直螺纹被损坏）→套筒连接（现场连接施工）。

3）现场操作过程及质量要求

①将套筒预先部分或全部拧入一个被连接钢筋的螺纹内，而后转动连接钢筋或反拧套筒到预定位置，最后用扳手转动连接钢筋，使其相互对顶锁定连接套筒；

②采用扭具扳手把钢筋接头扭紧，在拧紧后的滚压直螺纹接头做上标记；

③连接套筒表面无裂纹，螺牙饱满，无其他缺陷；

④连接套筒两端的孔，用塑料盖封上，以保持内部洁净、干燥、防锈；

⑤作业前，对要采取此项工艺施工的钢筋进行工艺检验，试验合格后才能施工，如图 6-32 所示。

图 6-32　钢筋直螺纹连接

3. 钢筋连接接头的质量验收要求

（1）主控项目

1）钢筋的连接方式应符合设计要求。

2）钢筋采用机械连接或焊接连接时，钢筋机械连接接头、焊接接头的力学性能、弯曲性能应符合国家现行相关标准的规定。接头试件应从工程实体中截取。

检查数量；按现行行业标准《钢筋机械连接技术规程》JGJ 107—2016 和《钢筋焊接及验收规程》JGJ 18—2012 的规定确定。

3）螺纹接头应检验拧紧扭矩值，挤压接头应量测压痕直径，检验结果应符合现行行业标准《钢筋机械连接技术规程》JGJ 107—2016 的相关规定。

（2）一般项目

1）钢筋接头的位置应符合设计和施工方案要求。有抗震设防要求的结构中，梁端、柱端箍筋加密区范围内不应进行钢筋搭接。接头末端至钢筋弯起点的距离不应小于钢筋直径的 10 倍。

2）钢筋机械连接接头、焊接接头的外观质量应符合现行行业标准《钢筋机械连接技术规程》JGJ 107—2016 和《钢筋焊接及验收规程》JGJ 18—2012 的规定。

3）当纵向受力钢筋采用机械连接接头或焊接接头时，同一连接区段内纵向受力钢筋的接头面积百分率应符合设计要求；当设计无具体要求时，应符合下列规定：

①受拉接头，不宜大于 50%；受压接头，可不受限制；

②直接承受动力荷载的结构构件中，不宜采用焊接；当采用机械连接时，不应超过 50%。

检查数量：在同一检验批内，对梁、柱和独立基础，应抽查构件数量的 10%，且不应少于 3 件；对墙和板，应按有代表性的自然间抽查 10%，且不应少于 3 间；对大空间结构，墙可按相邻轴线间高度 5m 左右划分检查面，板可按纵横轴线划分检查面，抽查 10%，且均不应少于 3 面。

注：接头连接区段是指长度为 $35d$ 且不小于 500mm 的区段，d 为相互连接两根钢筋的直径较小值；同一连接区段内纵向受力钢筋接头面积百分率为接头中点位于该连接区段内的纵向受力钢筋截面面积与全部纵向受力钢筋截面面积的比值。

4）当纵向受力钢筋采用绑扎搭接接头时，接头的设置应符合下列规定：

①接头的横向净间距不应小于钢筋直径，且不应小于 25mm；

②同一连接区段内，纵向受拉钢筋的接头面积百分率应符合设计要求；当设计无具体要求时，应符合下列规定：

A. 梁类、板类及墙类构件，不宜超过 25%；筏板基础，不宜超过 50%。

B. 柱类构件，不宜超过 50%。

C. 当工程中确有必要增大接头面积百分率时，对梁类构件，不应大于 50%。

检查数量：在同一检验批内，对梁、柱和独立基础，应抽查构件数量的 10%，且不应少于 3 件；对墙和板，应按有代表性的自然间抽查 10%，且不应少于 3 间；对大空间结构，墙可按相邻轴线间高度 5m 左右划分检查面，板可按纵横轴线划分检查面，抽查 10%，且均不应少于 3 面。

注：接头连接区段是指长度为 1.3 倍搭接长度的区段。搭接长度取相互连接两根钢筋中较小直径计算；同一连接区段内纵向受力钢筋接头面积百分率为接头中点位于该连接区段长度内的纵向受力钢筋截面面积与全部纵向受力钢筋截面面积的比值。

5）梁、柱类构件的纵向受力钢筋搭接长度范围内箍筋的设置应符合设计要求；当设计无具体要求时，应符合下列规定：

①箍筋直径不应小于搭接钢筋较大直径的 1/4；

②受拉搭接区段的箍筋间距不应大于搭接钢筋较小直径的5倍，且不应大于100mm；

③受压搭接区段的箍筋间距不应大于搭接钢筋较小直径的10倍，且不应大于200mm；

④当柱中纵向受力钢筋直径大于25mm时，应在搭接接头两个端面外100mm范围内各设置两道箍筋，其间距宜为50mm。

6.3.4 钢筋配料

1. 钢筋配料概述

（1）钢筋配料的概念

钢筋配料是根据构件的配筋图计算构件各钢筋的直线下料长度、根数及重量，然后编制钢筋配料单，作为钢筋备料加工的依据。钢筋配料单的形式见表6-9所列。

钢筋配料单 **表6-9**

项次	构件名称	钢筋编号	简图	级别	直径	下料长度	单位根数	合计根数	重量

（2）钢筋下料长度计算的相关规定

1）钢筋长度（外包尺寸）：钢筋的外轮廓尺寸，即钢筋两端外边缘之间的距离。

2）混凝土保护层是指最外层钢筋的外边缘至混凝土构件表面的距离，其作用是保护钢筋在混凝土结构中不受锈蚀。无设计要求时应符合16G101-1图集规定，见表6-10。

混凝土保护层最小厚度（单位：mm） **表6-10**

环境类别	板、墙	梁、柱
一	15	20
二a	20	25
二b	25	35
三a	30	40
三b	40	50

注：通常保护层厚度在图纸的结构说明页中有详细规定。基础底面钢筋保护层厚度，有混凝土垫层时应从垫层顶面算起，且不小于40mm；无垫层时不应小于70mm。如图纸中有具体规定时，按图纸规定选取。

混凝土的保护层厚度，一般用水泥砂浆垫块或塑料卡垫在钢筋与模板之间来控制。塑料卡的形状有塑料垫块和塑料环圈两种。塑料垫块用于水平构件，塑料环圈用于垂直构件。

3）弯曲量度差值

钢筋长度的度量方法系指外包尺寸，钢筋弯曲以后，外边缘伸长，内边缘缩短，只有中心线不变，外边缘和中心线之间存在的差值叫量度差值，在计算下料长度时必须加以扣除。根据理论推理和实践经验，当弯折 30°时，量度差值为 0.306d，取 0.3d；当弯折 45°时，量度差值为 0.543d，取 0.5d；当弯折 60°时，量度差值为 0.90d，取 1d；当弯折 90°时，量度差值为 2.29d（1.75d），计算时取 2d；当弯折 135°时，量度差值为 3d。

4）180°弯钩增加值

HPB300 级钢筋的末端需要做 180°弯钩，其圆弧内直径（D），不应小于钢筋直径（d）的 2.5 倍；平直部分的长度不宜小于钢筋直径（d）的 3 倍，如图 6-33 所示。每一个 180°弯钩的增加值为 6.25d。

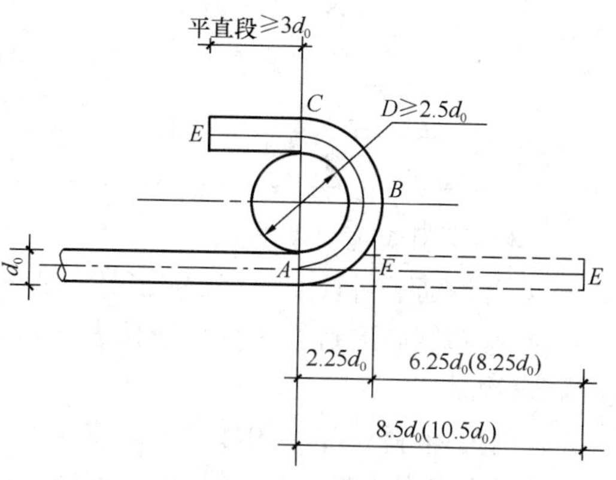

图 6-33　180°弯钩增加值

5）锚固长度（16G101-1 图集的规定）见表 6-11 所列。

纵向受拉钢筋抗震锚固长度 l_{aE}　　　　**表 6-11**

钢筋种类及抗震等级		混凝土强度等级														
		C20	C25		C30		C35		C40		C45		C50		C55	
		$d\leqslant$25	$d\leqslant$25	$d>$25	$d\leqslant$25	$d>$25	$d\leqslant$25	$d>$25	$d\leqslant$25	$d>$25	$d\leqslant$25	$d>$25	$d\leqslant$25	$d>$25	$d\leqslant$25	$d>$25
HPB300	一、二级	45d	39d	—	35d	—	32d	—	29d	—	28d		26d	—	25d	—
	三级	41d	36d	—	32d	—	29d	—	26d	—	25d		24d	—	23d	—
HRB335 HRBF335	一、二级	44d	38d	—	33d	—	31d	—	29d	—	26d		25d	—	24d	—
	三级	40d	35d	—	30d	—	28d	—	26d	—	24d		23d	—	22d	—
HRB400 HRBF400	一、二级	—	46d	51d	40d	45d	37d	40d	33d	37d	32d	36d	31d	35d	30d	33d
	三级	—	42d	46d	37d	41d	34d	37d	30d	34d	29d	33d	28d	32d	27d	30d

6）钢筋规格质量表（表 6-12）

钢筋规格质量表　　　　**表 6-12**

序号	规格	截面面积（mm^2）	单根钢筋公称质量（kg/m）
1	Φ6	28.27	0.222
2	Φ6.5	33.18	0.26
3	Φ8	50.27	0.395
4	Φ10	78.54	0.617
5	Φ12	113.1	0.888

续表

序号	规格	截面面积（mm^2）	单根钢筋公称质量（kg/m）
6	Φ14	153.9	1.21
7	Φ16	201.1	1.58
8	Φ18	254.5	2.00
9	Φ20	314.2	2.47
10	Φ22	380.1	2.98
11	Φ25	490.9	3.85

2. 钢筋下料长度计算方法

（1）直钢筋下料长度＝直构件长度－保护层厚度＋弯钩增加长度（有弯钩时）

（2）弯起钢筋下料长度＝直段长度＋斜段长度－弯折量度差值＋弯钩增加长度（有弯钩时）

（3）箍筋下料长度 $= 2(b+h)-8c+2\times[1.9d+\max(10d,75)]-3\times 2d$

（根据抗震构造要求和90°量度差值推导出来，其中 b 为截面宽度、h 为截面高度、c 为保护层厚度、d 为箍筋直径）

【例 6-1】 某独立基础共 10 个，每个基础长 4m，宽 4m，其基础下有 100mm 厚的混凝土垫层，基础配筋为：①号钢筋为Φ12@100，②号钢筋为Φ12@100，如图 6-34、图 6-35 所示，计算各种钢筋的下料长度。

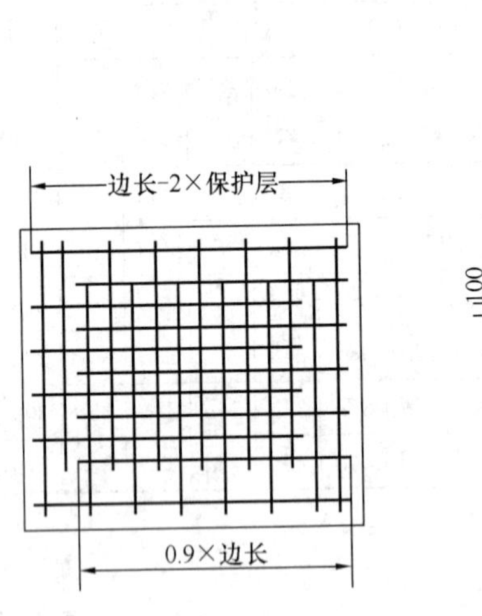

图 6-34 独立基础底板钢筋布置

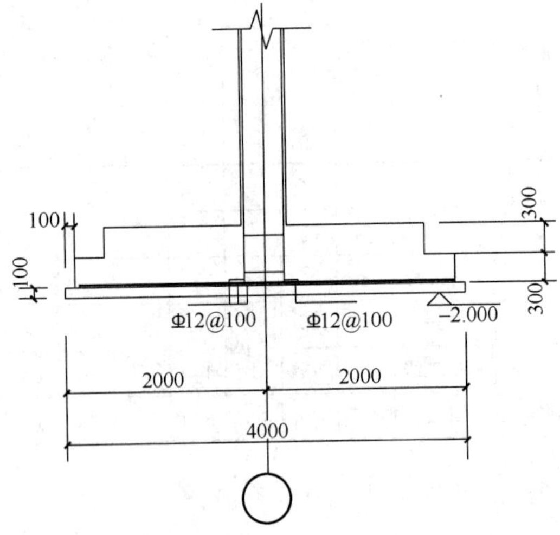

图 6-35 基础配筋图

解： 基础中纵向受力钢筋的混凝土保护层厚度不应小于 40mm，当无垫层时不应小于 70mm。当独立基础底板长度≥2500mm 时，除外侧钢筋外，底板配筋长度可取相应方向底板长度的 0.9 倍（图 6-34）。当独立基础底板长度＜2500mm 时，按常规计算方法计算。本例中独立基础底板长度≥2500mm，第一根起步筋距基础边缘≤$S/2$ 且≤75mm（注：S 为基础底板钢筋的间距）。其下料长度计算如下：

（1）①号钢筋（ф 12@100）

基础边缘第一根钢筋长度＝ 边长－2×保护层厚度＝4000－2×40＝3920mm，根数 2 根

其余钢筋下料长度＝0.9×4000＝3600mm

根数＝（4000－2×第 1 根起步筋间距－2×布筋间距）÷100＋1＝（4000－2×50－2×100）÷100＋1＝38 根

（2）②号钢筋（ф 12@100）

钢筋下料长度和①号钢筋相同。钢筋配料单见表 6-13 所列。

钢筋配料单 **表 6-13**

构件名称	钢筋编号	简图	钢筋级别	直径（mm）	下料长度（mm）	单位根数	合计根数	重量（kg）
基础	①号	3600	Φ	12	3600	38	380	1214.78
	①号最外侧	3920	Φ	12	3920	2	20	69.62
	②号最外侧	3920	Φ	12	3920	2	20	69.62
	②号	3600	Φ	12	3600	38	380	1214.78
	合计							2568.8

【例 6-2】 已知某办公楼钢筋混凝土 KL1（2），抗震等级为三级，混凝土强度等级为 C30，钢筋级别为 HRB400，共 10 根，如图 6-36、图 6-37 所示。左跨跨中有一次梁，次梁宽为 200mm，附加箍筋每边各 3 根，吊筋为 2 ф 22，板厚 120mm，框架柱截面尺寸 500mm×500mm，柱纵筋为 HRB335，直径为 25mm，箍筋直径 8mm。求各种钢筋的下料长度，并填写配料单。

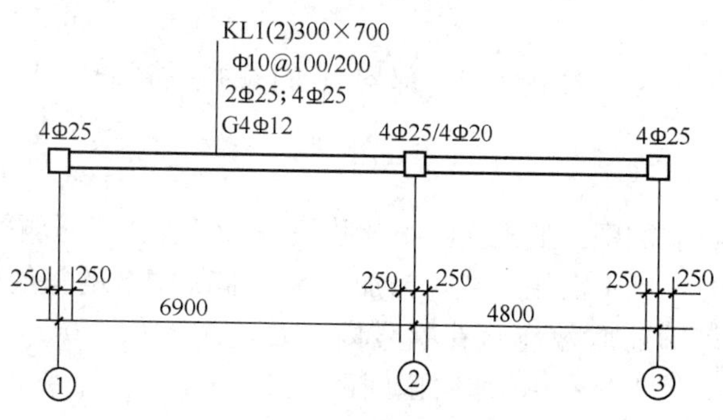

图 6-36 框架梁配筋图

在进行计算之前，先回忆有关 16G101-1 图集中框架梁平法的知识，只有对规定看懂、吃透，才能准确计算框架梁钢筋下料长度。

（1）梁集中标注的内容，有五项必注值及一项选注值：

1）梁编号；

2）梁截面尺寸 $b\times h$（宽×高）；

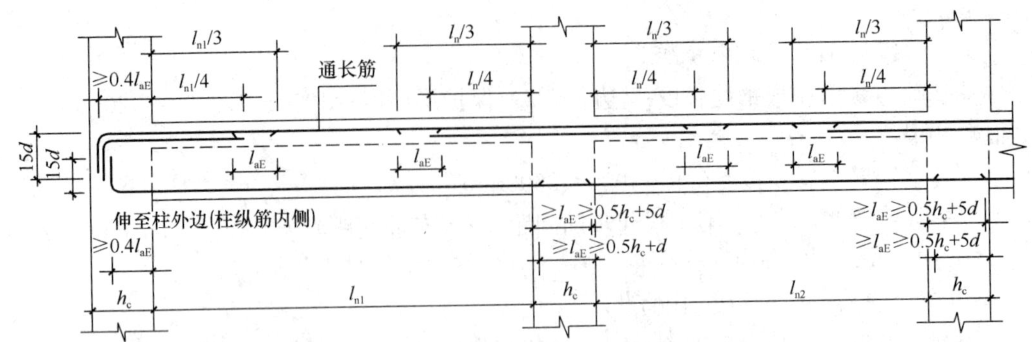

图 6-37　16G101-1 图集中三、四级抗震等级楼层框架梁构造要求

3）梁箍筋，包括钢筋级别、直径、加密区与非加密区间距及肢数；

4）梁上部通长筋或架立筋；

5）梁侧面纵向构造钢筋或受扭钢筋；

6）梁顶面标高高差（选注值）。

（2）梁中钢筋

1）梁支座上部纵筋

①当上部纵筋多于一排时，用斜线“/”将各排纵筋自上而下分开；

②当同排纵筋有两种直径时，用加号“+”将两种直径相连，注写时将角部纵筋写在前面；

③当梁中间支座两边的上部纵筋不同时，须在支座两边分别标注。

2）梁下部纵筋

①当下部纵筋多于一排时，用斜线“/”将各排纵筋自上而下分开；

②当同排纵筋有两种直径时，用加号“+”将两种直径的纵筋相连，注写时角筋写在前面；

③当已按规定注写了梁上部和下部均为通长的纵筋值时，则不需在梁下部重复做原位标注。

3）梁的箍筋

箍筋加密区与非加密区的不同间距及肢数需用斜线“/”分隔；当梁箍筋为同一种间距及肢数时，则不需用斜线，当加密区与非加密区的箍筋肢数相同时，则将肢数注写一次；箍筋肢数应写在括号内。如Φ10@100/200（4），表示箍筋为HPB300 级钢筋，直径为Φ10，加密区间距为 100mm，非加密区间距为 200mm，均为四肢箍。箍筋加密区确定如图 6-38 所示。

4）梁侧面构造钢筋（或受扭钢筋）和拉筋（图 6-39）

当梁高大于 450mm 时，需设置的侧面纵向构造钢筋可按标准构造详图施工，一般设计图中不标注。当梁某跨侧面布有抗扭纵筋时，抗扭纵筋的总配筋值前面加“N”。

5）附加箍筋或吊筋（图 6-40）

附加箍筋或吊筋可直接画在平面图中的主梁上，用线引注总配筋值。当多数

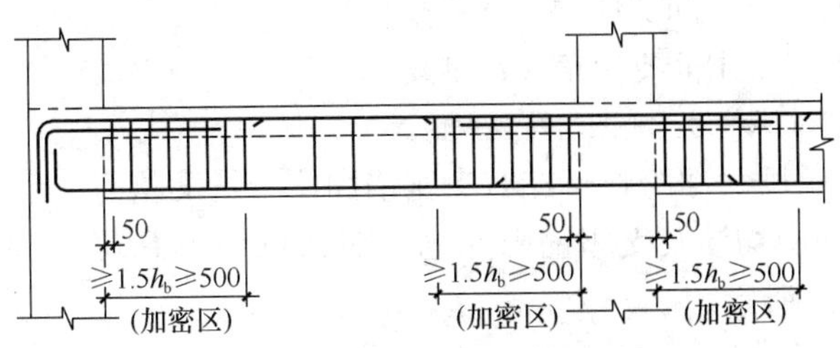

图 6-38　楼层框架梁箍筋加密区范围

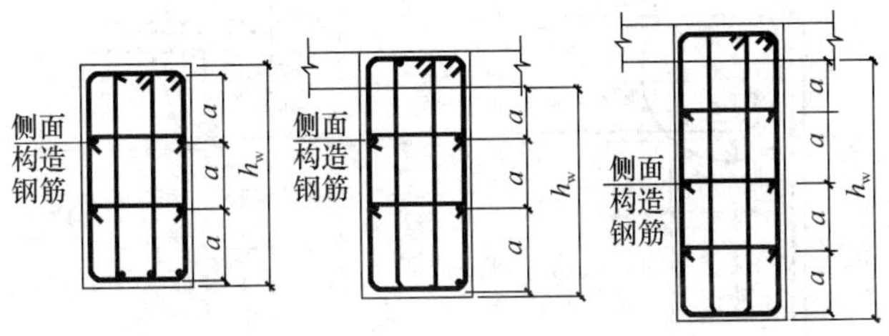

图 6-39　梁侧面纵向构造钢筋和拉筋

注：1. 当 h_w≥450mm 时，在梁的两个侧面应沿高度配置纵向构造钢筋，纵向构造钢筋间距 a≤200。

2. 当梁宽不大于 350mm 时，拉筋直径为 6mm，当梁宽大于 350mm 时，拉筋直径为 8mm，拉筋的间距为非加密区箍筋间距的两倍，当设有多排拉筋时上下两排竖向错开设置。

附加箍筋或吊筋相同时，可在梁平法施工图上统一注明，少数与统一注明值不同时，再原位引注。

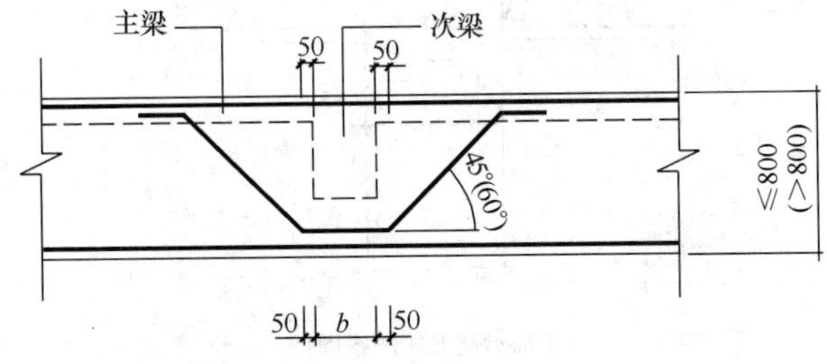

图 6-40　附加吊筋

（3）楼层框架梁中下料长度计算方法

1）上部贯通筋（上通长筋）长度＝通跨净长＋首尾端支座锚固值－量度差值

2）端支座负筋长度：

第一排为：l_n/3＋端支座锚固值－量度差值；

第二排为：l_n/4＋端支座锚固值－量度差值。

3）中间支座负筋：

第一排为：$l_n/3$＋中间支座值＋$l_n/3$；

第二排为：$l_n/4$＋中间支座值＋$l_n/4$。

注：两跨值不同时，l_n 为支座两边跨较大值。

4）下部钢筋长度＝净跨长＋左右支座锚固值－量度差值

以上三类钢筋中均涉及支座锚固问题，那么总结一下以上三类钢筋的支座锚固情况，如图 6-41 所示。

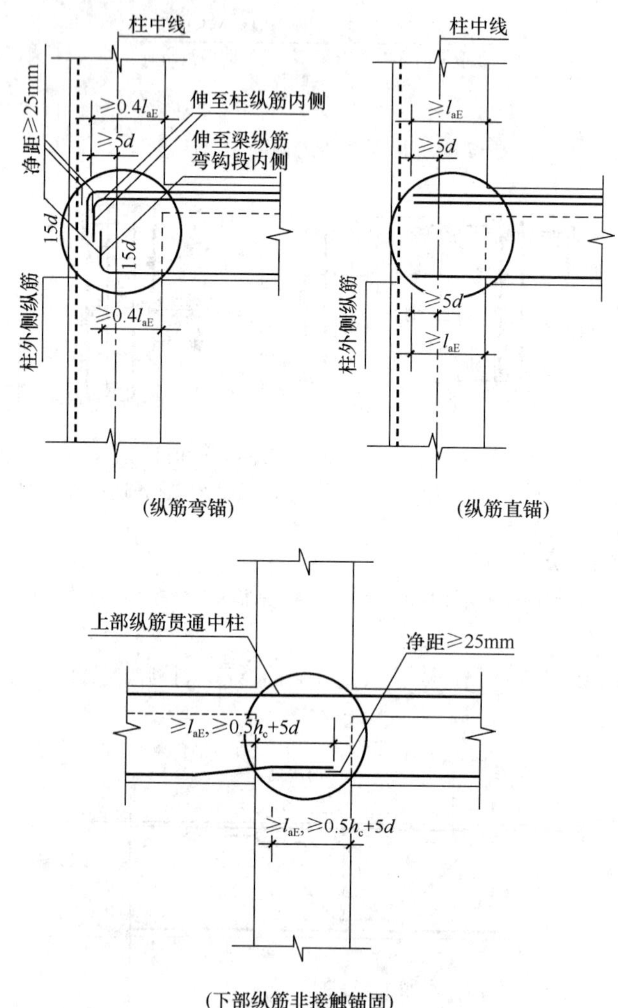

图 6-41　楼层框架梁端支座中间支座钢筋锚固情况

从图 6-41 中可以知道，框架梁上部第一排纵筋直通到柱外侧，上部第二排纵筋的直钩端与第一排纵筋保持一个钢筋净距；同样，框架梁下部第一排纵筋也直通到柱外侧，下部第二排纵筋的直钩端与第一排纵筋保持一个钢筋净距。

按这样的布筋方法，下部第一排纵筋的直锚水平段长度与上部第一排纵筋相同；下部第二排纵筋的直锚水平段长度与上部第二排纵筋相同。这样，可以避免发生下部第二排纵筋直锚水平段长度小于 $0.4l_{aE}$的现象。

解：根据16G101-1图集的有关规定，得出：

（1）梁纵向受力钢筋混凝土保护层厚度为20mm；

（2）锚固长度：$l_{aE}=37d=37\times25=925$mm，$0.5H_c+5d=375$mm

$l_d=\max\{l_{aE}，0.5H_c+5d\}$，故 $l_d=925$mm

（3）左跨净跨长度 $l_{n1}=6900-500=6400$mm

右跨净跨长度 $l_{n2}=4800-500=4300$mm

（4）下料长度计算

1）①号钢筋（上部通长钢筋为2Φ25）

首先判断是直锚还是弯锚，比较 $L_d=\max\{l_{aE}，0.5H_c+5d\}$ 和 H_c-20-柱箍筋直径－柱外侧纵筋直径－梁、柱纵向钢筋净距

$l_d>H_c-20-$柱箍筋直径－柱外侧纵筋直径－梁、柱纵向钢筋净距$=500-20-8-25-25=422$mm，则进行弯锚，此时取：端支座的直锚水平段长度$=500-20-8-25-25=422\text{mm}\geqslant0.4l_{aE}=0.4\times925=370$mm，直锚水平段长度满足要求。钢筋的左端是带直弯钩的，直钩垂直长度 $15d=15\times25=375$mm。

下料长度$=(6400+4300+500)+2\times(500-20-8-25-25+375)-2\times2\times25=12694$mm

2）②号钢筋（①轴端支座的负筋2Φ25）

下料长度$=(6900-500)/3+422+375-2\times25=2880$mm

3）③号钢筋（中间支座②轴第一排负筋2Φ25）

下料长度$=(6900-500)/3\times2+500=4767$mm

注：两跨不同取大跨值计算。

4）④号钢筋（中间支座②轴第二排负筋2Φ20）

下料长度$=(6900-500)/4\times2+500=3700$mm

5）⑤号钢筋（支座③轴第一排负筋2Φ25）

下料长度$=(4800-500)/3+422+375-2\times25=2180$mm

6）⑥号钢筋（左跨下部钢筋4Φ25）

注：端支座水平段锚固长度与框架梁上部钢筋的计算相同，中间支座锚固长度取 $\max\{l_{aE}，0.5H_c+5d\}=925$mm。

下料长度$=(6400+422+375+925)-2\times25=8072$mm

7）⑦号钢筋（右跨下部钢筋4Φ25）

下料长度$=(4300+422+375+925)-25\times2=5972$mm

8）⑧号钢筋[箍筋Φ10@100/200(2)]

$$下料长度=2(b+h)-8c+2\times[1.9d+\max(10d,75)]-3\times2d=2\times(300+700)-8\times20+2\times(1.9\times10+10\times10)-6\times10=2018\text{mm}$$

查16G101-1图集88页得知：抗震框架梁箍筋加密区范围，抗震等级为二～四级的，$\geqslant1.5h_b$，且$\geqslant500$mm，h_b为梁截面高度，$1.5\times700\text{mm}=1050$mm

左跨箍筋根数$=2\times[$(加密区长度-50)/加密区间距$+1]+$(非加密区长度/非加密区间距-1)$=2\times[(1050-50)/100+1]+(6400-2\times1050)/200-1=43$根

右跨箍筋的根数＝2×[(1050－50)/100＋1]＋(4300－2×1050)/200－1＝32 根

在主次梁交接处，按要求设置附加箍筋，梁的两侧各有 3 根附加箍筋，直径同箍筋。

总根数＝左跨 43 根＋右跨 32 根＋附加箍筋 3×2 根＝81 根

9）⑨号钢筋［左跨侧面纵向构造钢筋（腰筋）4Φ12］

下料长度＝净跨长＋2×15d

下料长度＝(6900－500)＋2×15×12＝6760mm

10）⑩号钢筋（右跨侧面纵向构造钢筋 4Φ12）

下料长度＝(4800－250×2)＋2×15×12＝4660mm

11）⑪号钢筋（拉筋Φ6@400）

下料长度＝(300－2×20)＋2×(1.9d＋75)＝433mm

左跨拉筋的根数＝［（净跨长－50×2）/非加密间距×2+1］×排数

＝［（6400－50×2）/400＋1］×2＝34 根

右跨拉筋的根数＝［（净跨长－50×2）/非加密间距×2+1］×排数

＝［（4300－50×2）/400＋1］×2＝24 根

总计拉筋的根数为 58 根。

12）⑫号钢筋（吊筋 2Φ22）

注：梁高＝700mm＜800mm，吊筋的弯曲角度为 45°。

斜段长度＝(700－2×20)×1.414＝933mm

吊筋下料长度＝(200＋50×2)＋(933×2)＋(20×22×2)－4×0.5×22＝3002mm

根据已知条件和上述计算，绘制出配料单，见表 6-14 所列。

钢筋配料表 **表 6-14**

构件名称	钢筋编号	简图	钢筋级别	直径	下料长度(mm)	单位根数	合计根数	重量(kg)
框架梁 KL1	①	375 ⌐12044¬ 375	Φ	25	12694	2	20	977.44
	②	375 ⌐2555	Φ	25	2880	2	20	221.76
	③	4767	Φ	25	4767	2	20	367.06
	④	3700	Φ	20	3700	2	20	182.78
	⑤	1855 ⌐ 375	Φ	25	2180	2	20	167.86
	⑥	375 ⌞ 7597	Φ	25	8072	4	40	1243.09
	⑦	5497 ⌟ 375	Φ	25	5972	4	40	919.69

续表

构件名称	钢筋编号	简图	钢筋级别	直径	下料长度（mm）	单位根数	合计根数	重量（kg）
框架梁 KL1	⑧	660 260	Φ	10	2018	81	810	1008.54
	⑨	6760	$\underline{\Phi}$	12	6760	4	40	240.12
	⑩	4660	$\underline{\Phi}$	12	4660	4	40	165.52
	⑪	250	Φ	6.5	433	58	580	65.30
	⑫	440 440 300	$\underline{\Phi}$	22	3002	2	20	178.92

（4）钢筋配料单与配料牌

根据下料长度的计算成果，汇总编制钢筋配料单。作为钢筋加工制作和绑扎安装的主要依据，同时，也作为提钢筋材料、计划用工、限额领料和队组结算的依据。

配料单形式及内容已标准化、规范化，主要内容必须反映出工程名称、构件名称、钢筋在构件中编号、钢筋简图及尺寸、钢筋级别、数量、下料长度及钢筋重量等。

钢筋料牌指的是凡列入加工计划的配料单，将每一编号的钢筋抄写制作的一块料牌，作为钢筋加工制作的依据。

6.3.5 钢筋代换

1. 代换原则及方法

当施工中遇到钢筋品种或规格与设计要求不符时，可参照以下原则进行钢筋代换。

（1）等强度代换方法

当构件配筋受强度控制时，可按代换前后强度相等的原则代换，称作“等强度代换”。

如设计图中所用的钢筋设计强度为 f_{y1}，钢筋总面积为 A_{s1}；代换后的钢筋设计强度为 f_{y2}，钢筋总面积为 A_{s2}。

$$\text{即}\quad n_2 \geqslant \frac{n_1 d_1^2 f_{y1}}{d_2^2 f_{y2}}$$

式中 n_1——原设计钢筋根数；

d_1——原设计钢筋直径（mm）；

n_2——代换后钢筋根数；

d_2——代换后钢筋直径（mm）。

（2）等面积代换方法

当构件按最小配筋率配筋时，可按代换前后面积相等的原则进行代换，称作"等面积代换"。代换时应满足下式要求：

$$A_{s1} \leqslant A_{s2}$$

$$\text{则} \quad n_2 \geqslant n_1 \cdot \frac{d_1^2}{d_2^2}$$

（3）当构件配筋受裂缝宽度或挠度控制时，代换后应进行裂缝宽度或挠度验算。

2. 钢筋代换应注意的问题

钢筋代换时，应办理设计变更文件，并应符合下列规定：

（1）重要受力构件（如吊车梁、薄腹梁、桁架下弦等）不宜用 HPB300 级钢筋代换变形钢筋，以免裂缝开展过大。

（2）钢筋代换后，应满足混凝土结构设计规范中所规定的钢筋间距、锚固长度、最小钢筋直径、根数等配筋构造要求。

（3）梁的纵向受力钢筋与弯起钢筋应分别代换，以保证正截面与斜截面强度。

（4）有抗震要求的梁、柱和框架，不宜以强度等级较高的钢筋代换原设计中的钢筋；如必须代换时，其代换的钢筋检验所得的实际强度，尚应符合抗震钢筋的要求。

（5）预制构件的吊环，必须采用未经冷拉的 HPB300 级钢筋制作，严禁以其他钢筋代换。

（6）当构件受裂缝宽度或挠度控制时，钢筋代换后应进行刚度、裂缝验算。

（7）不同种类钢筋的代换，应按钢筋受拉承载力设计值相等的原则进行。

6.3.6 钢筋绑扎

1. 钢筋绑扎准备工作

（1）熟悉施工图纸。施工图是钢筋绑扎、安装的依据。熟悉施工图应达到的目的有：弄清楚各个编号钢筋的形状及绑扎细部尺寸；钢筋的相互关系；确定各类结构钢筋正确合理的绑扎顺序；预制骨架、网片的安装部位；同时还应注意发现施工图是否有错、漏或不明确的地方，若有应及时与有关部门联系解决。

（2）核对配料单、料牌及成型钢筋，依据施工图，结合规范对接头位置、数量、间距的要求，核对配料单、料牌是否正确，校核已加工好的钢筋品种、规格、形状、尺寸及数量是否符合配料单的规定。

（3）根据施工组织设计中对钢筋绑扎、安装的时间进度要求，研究确定相应的绑扎操作方法，如哪些部位的钢筋可以预先绑扎，再到具体施工部位组装；哪些钢筋在施工部位进行绑扎；钢筋成品和半成品的进场时间、进场方法；预制钢筋骨架、网片的安装方法及劳动力准备等。

2. 钢筋绑扎的一般顺序及操作要点

（1）在施工部位进行钢筋绑扎的一般顺序为：画线→摆筋→穿筋→绑扎→安放垫块等。

（2）操作要点

1）画线时应画出主筋的间距及数量，并标明箍筋的加密位置。

2）板类钢筋应先排主筋后排分布钢筋；梁类钢筋一般先摆纵筋，然后摆横向的箍筋。摆筋时应注意按规定的要求将受力钢筋的接头错开。

3）受力钢筋接头在连接区段（该区段长度为35倍钢筋直径且不小于500mm）内，有接头的受力钢筋截面面积占受力钢筋总截面面积的百分率应符合规范规定。

4）钢筋的转角与其他钢筋的交叉点均应绑扎，但箍筋的平直部分与钢筋的交叉点可呈梅花式交错绑扎。箍筋的弯钩叠合处应错开绑扎，应交错在不同的纵向钢筋上绑扎。

5）在保证质量、提高工效、减轻劳动强度的原则下，研究加工方案。方案应分清预制部分和施工部位绑扎部分，以及两部分的相互衔接，避免后续工序施工困难，甚至造成返工浪费。

3. 主要构件钢筋绑扎

（1）基础底板钢筋绑扎

1）工艺流程

弹钢筋位置线→绑扎底板下层钢筋→绑扎基础梁钢筋→设置垫块→水电工序插入→设置马凳→绑扎底板上层钢筋→插墙、柱预埋钢筋→安装止水板→检查验收。

2）弹钢筋位置线

根据图纸标明的钢筋间距，算出基础底板实际需用的钢筋根数。在混凝土垫层上弹出钢筋位置线（包括基础梁的位置线）和插筋位置线，插筋的位置线包括剪力墙、框架柱、暗柱等竖向筋插筋，谨防遗漏。

3）绑扎底板钢筋

按照弹好的钢筋位置线，先铺下层钢筋网，后铺上层钢筋网；先铺短向筋，再铺长向筋（如底板有集水坑、设备基坑，在铺底板下层钢筋前，先铺集水坑、设备基坑的下层钢筋）。

①根据弹好的钢筋位置线，将横向和纵向钢筋依次摆放到位，钢筋弯钩垂直向上，平行地梁方向，在地梁下一般不设底板钢筋。

②底板钢筋如有接头时，搭接位置应错开，并满足设计要求。当采用焊接或机械连接接头时，应按焊接或机械连接规程规定确定抽取试样的位置。

③钢筋绑扎时，如为单向板，靠近外围两排的相交点应逐点绑扎，中间部分相交点可相隔交错绑扎。双向受力钢筋必须将钢筋交叉点全部绑扎。

④基础梁钢筋绑扎时，先排放主跨基础梁的上层钢筋，根据基础梁箍筋的间

距，在基础梁上层钢筋上，用粉笔画出箍筋的间距，安装箍筋并绑扎，再穿主跨基础梁的下层钢筋并绑扎。

⑤绑扎基础梁钢筋时，梁纵向钢筋超过两排的，纵向钢筋中间要加短钢筋梁垫，保证纵向钢筋净距不小于25mm（且大于纵向钢筋直径），基础梁上下纵筋之间要加可靠支撑，保证梁钢筋的截面尺寸。

4）设置垫块

检查底板下层钢筋施工合格后，放置底板混凝土保护层用的垫块，垫块厚度等于钢筋保护层厚度，按1m左右间距，呈梅花形摆放。

5）设置马凳

基础底板采用双层钢筋时，绑完下层钢筋后摆放钢筋马凳，马凳的摆放按施工方案的规定确定间距。

6）绑底板上层钢筋

在马凳上摆放纵横两个方向的上层钢筋，上层钢筋的弯钩朝下，与其连接后绑扎。

7）插墙柱预埋钢筋

将墙柱预埋筋伸入底板下层钢筋上，拐尺的方向要正确，将插筋的拐尺与下层筋绑扎牢固，必要时进行焊接，并在主筋上绑一道定位筋。

8）基础底板钢筋验收

为便于及时修正和减少返工，验收分两个阶段，地梁和下层钢筋网完成、上层钢筋网及插筋完成两阶段，对绑扎不到位的地方进行局部修正，然后对现场进行清理，分别交工长进行交接验收，全部完成后，填写钢筋隐蔽验收记录单。

（2）剪力墙钢筋现场绑扎工艺流程（有暗柱）

在顶板上弹墙体外皮线和模板控制线→调整竖向钢筋位置→接长竖向钢筋→绑扎暗柱及门窗过梁钢筋→绑墙体水平筋设置拉筋和垫块→设置墙体钢筋上口水平拉筋→墙体钢筋验收。

1）接长竖向钢筋

剪力墙暗柱主筋接头采用焊接，接头错开50%，接头位置应设置在构件受力较小的位置。

2）在立好的暗柱主筋上，用粉笔画出箍筋间距，然后将已套好的箍筋由下往上绑扎；箍筋与主筋垂直，箍筋转角与主筋交叉点均要绑扎；箍筋弯钩叠合沿暗柱竖向交错布置。

3）暗柱箍筋加密区的范围按设计要求布置。

4）箍筋的末端应做135°弯钩，其平直段长度不小于10d。

5）采用双层钢筋网时，在两层钢筋之间，应设置拉筋或撑铁（钩）以固定钢筋的间距。

6）剪力墙钢筋绑扎时与下层伸出的搭接筋两头及中间应绑扎牢固，画好水平筋的分档标志，然后于下部及齐胸处绑两根横筋定位，并在横筋上画好分档标志，接着绑扎其余竖筋。

7）墙体水平筋绑扎

水平筋应绑在墙体竖向筋的外侧，在两端头、转角、十字节点、暗梁等部位的锚固长度及洞口加筋，严格按结施图及16G101、12G901-1图集施工。水平筋第一根起步筋距楼面为50mm。

8）暗柱主筋、墙体水平筋、暗梁主筋的相互位置排布以及变截面时主筋的做法按结施图及16G101、12G901-1图集施工，要保证暗柱箍筋、墙水平筋的保护层厚度正确。

9）设置拉筋：双排钢筋在水平筋绑扎完后，应按设计要求间距设置拉筋，以固定双排钢筋的骨架间距，拉筋应按梅花形或矩形设置，卡在钢筋十字交叉点上，注意用扳手将拉钩弯钩角度调整到135°。

10）暗柱、竖筋出楼板面的位置的控制：在浇筑梁板混凝土前，暗柱设两道箍筋，墙设两道水平筋，定出竖筋的准确位置，与主筋点焊固定，确保振捣混凝土时竖筋不发生位移。混凝土浇筑完立即修正钢筋的位置。

11）保护层的控制：用钢筋保护层塑料卡，间距2m，以保证保护层厚度的正确。

12）对墙体进行自检，对不到位的部位进行修整，并将墙角内杂物清理干净，报工长和质检员验收。

（3）框架柱钢筋绑扎工艺流程

弹柱位置线、模板控制线→清理柱筋污渍、柱根浮浆→修整底层伸出的柱预留钢筋→在预留钢筋上套柱子箍筋→绑扎或焊接（机械连接）柱子竖向钢筋→标识箍筋间距→绑扎箍筋→在柱顶绑定距、定位框→安放垫块。

（4）梁板钢筋绑扎工艺流程

1）梁钢筋绑扎工艺流程

画主次梁箍筋间距→放主次梁箍筋→穿主梁底层纵筋及弯起筋→穿次梁底层纵筋→穿主梁上层纵筋及架立筋→绑主梁箍筋→穿次梁上层纵筋→绑次梁箍筋→拉筋设置→保护层垫块设置。

2）板钢筋绑扎工艺流程

模板上弹线→绑板下层钢筋→水电工序插入→绑板上层钢筋→设置马凳及保护层垫块。

3）梁板钢筋绑扎的施工方法

①框架梁钢筋采用平面绘图法表示，参照16G101、12G901-1图集施工。框架梁钢筋的锚固要严格按结施图及16G101、12G901-1图集施工。

②画主次梁箍筋间距：框架梁底模板支设完成后，在梁底模板上按箍筋间距画出位置线，第一根箍筋距柱边为50mm，梁两端应按设计、规范要求进行加密。

③先穿主梁的下部纵向受力筋及弯起筋，梁筋应放在柱竖筋内侧，底层纵筋弯钩应朝上，框架梁钢筋锚入支座，水平段钢筋要伸过支座中心且不小于$0.4l_{aE}$，并尽量伸至支座边。按相同方法穿次梁底层钢筋。

④底层纵筋放置完后，按顺序穿上层纵筋和架力筋，上层纵筋弯钩应朝下，

一般在下层筋弯钩的外侧，端头距柱边的距离应符合设计图纸要求。

⑤梁主筋为双排时，下部纵向钢筋之间的水平方向的净间距不应小于25mm和d（d为钢筋的最大直径），上部纵向钢筋之间的水平方向的净间距不应小于30mm和1.5d。

⑥主梁纵筋穿好后，将箍筋按已画好的间距逐个分开，箍筋弯钩叠合处应交错布置在梁上部钢筋上。

⑦当设计要求梁设有拉筋时，拉筋应钩住箍筋与腰筋的交叉处。

⑧在主梁与次梁、次梁与次梁交接处，按设计要求加设吊筋或附加箍筋。

⑨框架梁绑扎完成后，在梁底放置砂浆垫块，垫块应在箍筋的下面，间距一般为1m左右，在梁两侧用塑料卡卡在外箍筋上，以保证主筋保护层厚度。

⑩板筋绑扎前要将模板上的杂物清理干净，用粉笔在模板上画好下层筋的位置线，按顺序摆放纵横向钢筋，板下层钢筋的弯钩应朝上，并应伸入梁内，其长度应符合设计要求。再绑扎上层钢筋，上层筋为负弯矩筋，直钩应垂直向下，每个相交点均要扎牢。预埋件、电线管、预留孔及时配合安装。

⑪板、次梁与主梁交叉处，板筋在上，次梁钢筋居中，主梁钢筋在下。

⑫板双层钢筋间加设马凳，用Φ8或Φ10钢筋，间距1000mm，呈梅花形布置，将板上筋垫起。

6.3.7 钢筋安装质量验收

1. 主控项目

钢筋安装时，受力钢筋的牌号、规格和数量必须符合设计要求。

检查数量：全数检查。

检验方法：观察，钢尺检查。

2. 一般项目

钢筋安装位置的允许偏差和检验方法应符合表6-15的规定。

钢筋安装位置的允许偏差和检验方法　　表6-15

项目			允许偏差（mm）	检验方法
绑扎钢筋网	长、宽		±10	钢尺检查
	网眼尺寸		±20	钢尺量连续三档，取最大值
绑扎钢筋骨架	长		±10	钢尺检查
	宽、高		±5	钢尺检查
受力钢筋	间距		±10	钢尺量两端、中间各一点
	排距		±5	取最大值
	保护层厚度	基础	±10	钢尺检查
		柱、梁	±5	钢尺检查
		板、墙、壳	±3	钢尺检查
绑扎箍筋、横向钢筋间距			±20	钢尺量连续三档，取最大值

续表

项　　目		允许偏差（mm）	检验方法
钢筋弯起点位置		20	钢尺检查
预埋件	中心线位置	5	钢尺检查
	水平高差	＋3，0	钢尺和塞尺检查

注：检查预埋件中心线位置时，应沿纵、横两个方向量测，并取其中的较大值。

检查数量：在同一检验批内，对梁、柱和独立基础，应抽查构件数量的10％，且不少于3件；对墙和板，应按有代表性的自然间抽查10％，且不少于3间；对大空间结构，墙可按相邻轴线间高度5m左右划分检查面，板可按纵、横轴线划分检查面，抽查10％，且均不少于3面。

3. 钢筋隐蔽验收的内容

在浇筑混凝土之前，应进行钢筋隐蔽工程验收，其内容包括：

（1）纵向受力钢筋的牌号、数量、位置等。

（2）钢筋的连接方式、接头位置、接头质量、接头面积百分率、搭接长度、锚固方式及锚固长度。

（3）箍筋、横向钢筋的牌号、数量、间距、位置，箍筋弯钩的弯折角度及平直段长度。

（4）预埋件的规格、数量、位置等。

过程6.4　混凝土工程

6.4.1　混凝土工程的施工过程及准备工作

混凝土工程包括混凝土的搅拌、运输、浇筑、捣实和养护等施工过程，各个施工过程紧密联系又相互影响，任意施工过程处理不当都会影响混凝土的最终质量。

混凝土施工前的准备工作：

（1）模板检查。主要检查模板的位置、标高、截面尺寸、垂直度是否正确，接缝是否严密，预埋件位置和数量是否符合图纸要求，支撑是否牢固。

（2）钢筋检查。主要对钢筋的规格、数量、位置、接头、接头面积百分率、保护层厚度是否正确，是否沾有油污等进行检查，填写隐蔽工程验收记录，并安排专人负责浇筑混凝土时钢筋的修整工作。

（3）如果采用商品混凝土，在工地项目技术负责人指导下制定申请计划，公司物资部负责选择合格混凝土供应商，并应会同监理工程师、建设单位代表对厂家进行考察评审。

（4）材料、机具、道路的检查。

（5）了解天气预报，准备好防雨、防冻措施，夜间施工准备好照明工作。

（6）做好安全设施检查，安全与技术交底，劳务分工以及其他准备工作。

6.4.2 混凝土施工制备

1. 混凝土配制强度（$f_{cu,0}$）

混凝土配制强度应按下式计算：

$$f_{cu,0} = f_{cu,k} + 1.645\sigma$$

式中 $f_{cu,0}$——混凝土配制强度（MPa）；

$f_{cu,k}$——混凝土立方体抗压强度标准值（MPa）；

σ——混凝土强度标准差（MPa）。

统计规定：对预拌混凝土厂和预制混凝土构件厂，其统计周期可取为一个月；对现场拌制混凝土的施工单位，其统计周期可按实际情况确定，但不宜超过三个月；施工单位如无近期混凝土强度统计资料时，σ 可根据混凝土设计强度等级取值：当混凝土设计强度不大于C20时，取4MPa；当混凝土设计强度在C25～C40时，取5MPa；当不小于C45时，取6MPa。

2. 混凝土施工配合比

混凝土配合比是在试验室根据混凝土的配制强度，经过试配和调整而确定的，实验室配合比所有用砂、石都是不含水分的，施工现场砂、石都有一定的含水率，且含水率大小随气温等条件不断变化。施工时应及时测定砂、石骨料的含水率，并将混凝土配合比换算成在实际含水率情况下的施工配合比。

设混凝土试验室配合比为：水泥∶砂子∶石子＝$1:x:y$，测得砂子的含水率为 w_x，石子的含水率为 w_y，则施工配合比应为：$1:x(1+w_x):y(1+w_y)$。

【例6-3】 已知C20混凝土的试验室配合比为：1∶2.55∶5.12，水胶比为0.65，经测定砂的含水率为3%，石子的含水率为1%，每1m^3混凝土的水泥用量为310kg，则施工配合比为：

1∶2.55(1＋3%)∶5.12(1＋1%)＝1∶2.63∶5.17

每1m^3混凝土材料用量为：

水泥：310kg

砂子：310×2.63＝815.3kg

石子：310×5.17＝1602.7kg

水：310×0.65－310×2.55×3%－310×5.12×1%＝161.9kg

6.4.3 混凝土搅拌

1. 混凝土搅拌的概念及材料要求

混凝土搅拌，是将水、水泥和粗细骨料进行均匀拌合及混合的过程。同时，通过搅拌使材料达到塑化、强化的作用。

混凝土搅拌时，原材料计量要准确，计量的允许偏差不应超过下列限值：

水泥和掺合料为±2%，粗、细骨料为±3%，水及外加剂为±2%，施工时重点对混凝土的质量进行监控，以保证工程质量。

混凝土原材料主控项目和一般项目的质量验收应符合下列要求：

（1）主控项目

1）水泥进场时，应对其品种、代号、强度等级、包装或散装的编号、出厂日期等进行检查，并应对水泥的强度、安定性和凝结时间进行检验，检验结果应符合现行国家标准《通用硅酸盐水泥》GB 175—2007 的相关规定。

检查数量：按同一厂家、同一品种、同一代号、同一强度等级、同一批号且连续进场的水泥，袋装不超过 200t 为一批，散装不超过 500t 为一批，每批抽样数量不应少于一次。

检验方法：检查质量证明文件和抽样检验报告。

2）混凝土外加剂进场时，应对其品种、性能、出厂日期等进行检查，并应对外加剂的相关性能指标进行检验，检验结果应符合现行国家标准《混凝土外加剂》GB 8076—2008 和《混凝土外加剂应用技术规范》GB 50119—2013 的规定。

检查数量：按同一厂家、同一品种、同一性能、同一批号且连续进场的混凝土外加剂，不超过 50t 为一批，每批抽样数最不应少于一次。

检验方法：检查质量证明文件和抽样检验报告。

（2）一般项目

1）混凝土用矿物掺合料进场时，应对其品种、技术指标、出厂日期等进行检查，并应对矿物掺合料的相关技术指标进行检验，检验结果应符合国家现行有关标准的规定。

检查数量：按同一厂家、同一品种、同一批号且连续进场的矿物掺合料，粉煤灰、石灰石粉、磷渣粉、钢铁渣粉不超过 200t 为一批，粒化高炉矿渣粉和复合矿物掺合料不超过 500t，沸石粉不超过 120t 为一批，硅灰不超过 30t 为一批，每批抽样数量不应少于一次。

检验方法：检查质量证明文件和抽样检验报告。

2）混凝土原材料中的粗骨料、细骨料质量应符合现行行业标准《普通混凝土用砂、石质量及检验方法标准》JGJ 52—2006 的规定，使用经过净化处理的海砂应符合现行行业标准《海砂混凝土应用技术规范》JGJ 206—2010 的规定，再生混凝土骨料应符合现行国家标准《混凝土用再生粗骨料》GB/T 25177—2010 和《混凝土和砂浆用再生细骨料》GB/T 25176—2010 的规定。

检查数量：按现行行业标准《普通混凝土用砂、石质量及检验方法标准》JGJ 52—2006 的规定确定。

检验方法：检查抽样检验报告。

3）混凝土拌制及养护用水应符合现行行业标准《混凝土用水标准》JGJ 63—2006 的规定。采用饮用水作为混凝土用水时，可不检验；采用中水、搅拌站清洗水、施工现场循环水等其他水源时，应对其成分进行检验。

检查数量：同一水源检查不应少于一次。

检验方法：检查水质检验报告。

2. 混凝土搅拌机的类型

混凝土搅拌机按其搅拌原理分为自落式和强制式两类。

自落式搅拌机多用于搅拌塑性混凝土和低流动性混凝土。

强制式搅拌机多用于搅拌干硬性混凝土和轻骨料混凝土。

3. 混凝土的搅拌制度

混凝土的搅拌制度主要包括三方面：搅拌时间、投料顺序、进料容量。

（1）搅拌时间

混凝土的搅拌时间：从砂、石、水泥和水等全部材料投入搅拌筒起，到开始卸料为止所经历的时间，混凝土宜采用强制式搅拌机搅拌，并应搅拌均匀。混凝土搅拌的最短时间可按表 6-16 采用。当能保证搅拌均匀时可适当缩短搅拌时间。搅拌强度等级 C60 及以上的混凝土时，搅拌时间应适当延长。

混凝土搅拌的最短时间 **表 6-16**

混凝土坍落度（mm）	搅拌机机型	最短时间（s）		
		搅拌机出料量＜250L	250～500L	＞500L
≤40	强制式	60	90	120
＞40 且＜100	强制式	60	60	90
≥100	强制式	60		

注：1. 混凝土搅拌的最短时间系指全部材料装入搅拌筒中起，到卸料为止的时间；

2. 当掺有外加剂与矿物掺合料时，搅拌时间应适当延长；

3. 采用自落式搅拌机时，搅拌时间宜延长 30s；

4. 当采用其他形式的搅拌设备时，搅拌的最短时间也可按设备说明书的规定或经试验确定。

（2）投料顺序

投料顺序应从提高搅拌质量，减少叶片、衬板的磨损，减少拌合物与搅拌筒的粘结，减少水泥飞扬，改善工作环境，提高混凝土强度及节约水泥等方面综合考虑确定。常用一次投料法和二次投料法。

1）一次投料法是在上料斗中先装石子，再加水泥和砂，然后一次投入搅拌筒中进行搅拌。

自落式搅拌机要在搅拌筒内先加部分水，投料时砂压住水泥，使水泥不飞扬，而且水泥和砂先进搅拌筒形成水泥砂浆，可缩短水泥浆包裹石子的时间。

2）二次投料法，是先向搅拌机内投入水和水泥（和砂），待其搅拌 1min 后再投入石子和砂继续搅拌到规定时间。

目前常用的方法有两种：预拌水泥砂浆法和预拌水泥净浆法。

预拌水泥砂浆法是指先将水泥、砂和水加入搅拌筒内进行充分搅拌，成为均匀的水泥砂浆后，再加入石子搅拌成均匀的混凝土。

预拌水泥净浆法是先将水泥和水充分搅拌成均匀的水泥净浆后，再加入砂和石子搅拌成混凝土。

水泥裹砂石法混凝土又称为造壳混凝土（简称 SEC 混凝土）。

①它是分两次加水，两次搅拌。先将全部砂、石子和部分水倒入搅拌机拌合，

使骨料湿润，称之为造壳搅拌。

②搅拌时间以 45～75s 为宜，再倒入全部水泥搅拌 20s，加入拌合水和外加剂进行第二次搅拌，60s 左右完成，这种搅拌工艺称为水泥裹砂法。

(3) 进料容量

进料容量是将搅拌前各种材料的体积累积起来的容量，又称干料容量。

进料容量与搅拌机搅拌筒的几何容量有一定比例关系。进料容量约为出料容量的 1.4～1.8 倍（通常取 1.5 倍），如过分超载（超载 10%），就会使材料在搅拌筒内无充分的空间进行拌合，影响混凝土的和易性。反之，装料过少，又不能充分发挥搅拌机的效能。

4. 首次使用混凝土规定

对首次使用的配合比应进行开盘鉴定，开盘鉴定应包括下列内容：

(1) 混凝土的原材料与配合比设计所使用原材料的一致性；

(2) 出机混凝土工作性与配合比设计要求的一致性；

(3) 混凝土强度；

(4) 有特殊要求时，还应包括混凝土耐久性。

6.4.4 混凝土运输

1. 运输要求

运输中的全部时间不应超过混凝土的初凝时间。运输中应保持匀质性，不应产生分层离析现象，不应漏浆；运至浇筑地点应具有规定的坍落度，并保证混凝土在初凝前能有充分的时间进行浇筑。混凝土的运输道路要求平坦，应以最短的时间从搅拌地点运至浇筑地点。

2. 运输工具的选择

混凝土运输分地面水平运输、垂直运输和楼面水平运输三种。

(1) 地面运输时，短距离多用双轮手推车、机动翻斗车；长距离宜用自卸汽车、混凝土搅拌运输车。采用混凝土搅拌运输车运输混凝土时，应符合下列规定：

1) 接料前，搅拌运输车应排净罐内积水；

2) 在运输途中及等候卸料时，应保持搅拌运输车罐体正常转速，不得停转；

3) 卸料前，搅拌运输车罐体宜快速旋转搅拌 20s 以上后再卸料。

采用混凝土搅拌运输车运输时，施工现场车辆出入口处应设置交通安全指挥人员，施工现场道路应顺畅，有条件时宜设置循环车道；危险区域应设警戒标志；夜间施工时，应有良好的照明。采用搅拌运输车运送混凝土，当坍落度损失较大不能满足施工要求时，可在运输车罐内加入适量的与原配合比相同成分的减水剂。减水剂加入量应事先由试验确定，并应做出记录。加入减水剂后，混凝土罐车应快速旋转搅拌均匀，并应达到要求的工作性能后再泵送或浇筑。

(2) 垂直运输可采用各种井架、龙门架和塔式起重机作为垂直运输工具。对于浇筑量大、浇筑速度比较稳定的大型设备基础和高层建筑，宜采用混凝土泵，也可采用自升式塔式起重机或爬升式塔式起重机运输。

（3）混凝土泵

混凝土泵的选型，根据混凝土的工程特点，要求的最大输送距离、最大输出量及混凝土的浇筑计划确定。一般有两种，一种是固定式泵车，一种是汽车泵（移动式）。混凝土泵和泵管的布置原则如下：

1）混凝土输送泵管的选择与支架的设置应符合下列规定：

①混凝土输送泵管应根据输送泵的型号、拌合物性能、总输出量、单位输出量、输送距离以及粗骨料粒径等进行选择；

②混凝土粗骨料最大粒径不大于25mm时，可采用内径不小于125mm的输送泵管；混凝土粗骨料最大粒径不大于40mm时，可采用内径不小于150mm的输送泵管；

③输送泵管安装接头应严密，输送泵管道转向宜平缓；

④输送泵管应采用支架固定，支架应与结构牢固连接，输送泵管转向处支架应加密。支架应通过计算确定，必要时还应对设置位置的结构进行验算；

⑤垂直向上输送混凝土时，地面水平输送泵管的直管和弯管总的折算长度不宜小于垂直输送高度的0.2倍，且不宜小于15m；

⑥输送泵管倾斜或垂直向下输送混凝土，且高差大于20m时，应在倾斜或垂直管下端设置直管或弯管，直管或弯管总的折算长度不宜小于高差的1.5倍；

⑦垂直输送高度大于100m时，混凝土输送泵出料口处的输送泵管位置应设置截止阀；

⑧混凝土输送泵管及其支架应经常进行过程检查和维护。

2）泵送混凝土施工工艺如图6-42所示。

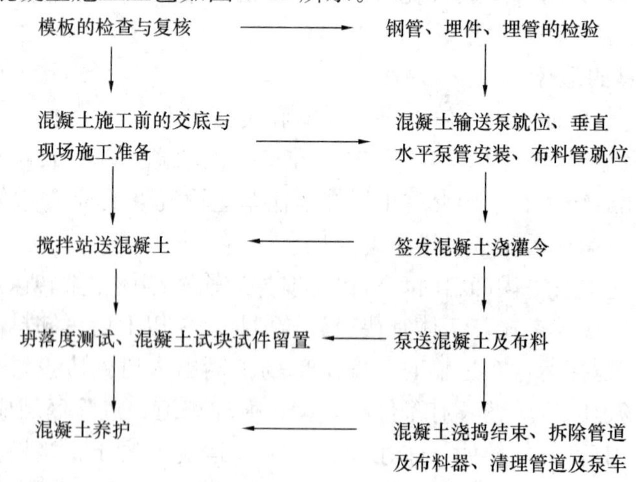

图6-42 泵送混凝土施工工艺流程

3）输送泵输送混凝土应符合下列规定：

①应先进行泵水检查，并应湿润输送泵的料斗、活塞等直接与混凝土接触的部位；泵水检查后，应清除输送泵内积水；

②输送混凝土前，应先输送水泥砂浆对输送泵和输送管进行润滑，然后开始

输送混凝土；

③输送混凝土速度应先慢后快、逐步加速，应在系统运转顺利后再按正常速度输送；

④输送混凝土过程中，应设置输送泵集料斗网罩，并应保证集料斗有足够的混凝土余量。

6.4.5 混凝土的浇筑与捣实

1. 混凝土浇筑的一般规定

（1）浇筑混凝土前，应清除模板内或垫层上的杂物。表面干燥的地基、垫层、模板上应洒水湿润；现场环境温度高于35℃时宜对金属模板进行洒水降温；洒水后不得留有积水。

（2）混凝土浇筑应保证混凝土的均匀性和密实性。混凝土宜一次连续浇筑；当不能一次连续浇筑时，可留设施工缝或后浇带分块浇筑。

（3）混凝土浇筑过程应分层进行，分层浇筑应符合规范规定的分层（表6-17）。振捣厚度方面，上层混凝土应在下层混凝土初凝之前浇筑完毕（图6-43）。

混凝土分层振捣的最大厚度 **表6-17**

振捣方法	混凝土分层振捣最大厚度
振动棒	振动棒作用部分长度的1.25倍
表面振动器	200mm
附着振动器	根据设置方式，通过试验确定

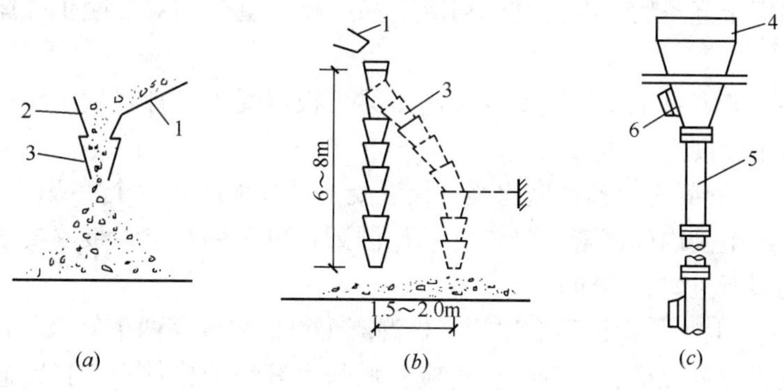

图6-43 混凝土浇筑

（a）溜槽；（b）串筒；（c）振动串筒

1—溜槽；2—挡板；3—串筒；4—漏斗；5—节管；6—振动器

（4）混凝土运输、输送入模的过程宜连续进行，从运输到输送入模的延续时间不宜超过表6-18的规定，且不应超过表6-19的限值规定。掺早强型减水剂、早强剂的混凝土以及有特殊要求的混凝土，应根据设计及施工要求，通过115试验确定允许时间。

运输到输送入模的延续时间（min）　　表 6-18

条　件	气　温	
	≤25℃	＞25℃
不掺外加剂	90	60
掺外加剂	150	120

运输、输送入模及其间歇总的时间限值（min）　　表 6-19

条　件	气　温	
	≤25℃	＞25℃
不掺外加剂	180	150
掺外加剂	240	210

（5）混凝土浇筑的布料点宜接近浇筑位置，应采取减少混凝土下料冲击的措施，并应符合下列规定：

1）宜先浇筑竖向结构构件，后浇筑水平结构构件；

2）浇筑区域结构平面有高差时，宜先浇筑低区部分再浇筑高区部分。

（6）柱、墙模板内的混凝土浇筑倾落高度应符合表 6-20 的规定；当不能满足表 6-20 的要求时，应加设串筒、溜管、溜槽等装置。

柱、墙模板内混凝土浇筑倾落高度限值（m）　　表 6-20

条　件	浇筑倾落高度限值
粗骨料粒径大于 25mm	≤3
粗骨料粒径小于等于 25mm	≤6

注：当有可靠措施能保证混凝土不产生离析时，混凝土倾落高度可不受本表限制。

（7）混凝土浇筑后，在混凝土初凝前和终凝前宜分别对混凝土裸露表面进行抹面处理。

（8）柱、墙混凝土设计强度等级高于梁、板混凝土设计强度等级时，混凝土浇筑应符合下列规定：

1）柱、墙混凝土设计强度比梁、板混凝土设计强度高一个等级时，柱、墙位置梁、板高度范围内的混凝土经设计单位同意，可采用与梁、板混凝土设计强度等级相同的混凝土进行浇筑；

2）柱、墙混凝土设计强度比梁、板混凝土设计强度高两个等级及以上时，应在交界区域采取分隔措施。分隔位置应在低强度等级的构件中，且距高强度等级构件边缘不应小于 50mm；

3）宜先浇筑高强度等级混凝土，后浇筑低强度等级混凝土。

（9）泵送混凝土浇筑应符合下列规定：

1）宜根据结构形状及尺寸、混凝土供应、混凝土浇筑设备、场地内外条件等划分每台输送泵浇筑区域及浇筑顺序；

2）采用输送管浇筑混凝土时，宜由远而近浇筑；采用多根输送管同时浇筑时，其浇筑速度宜保持一致；

3）润滑输送管的水泥砂浆用于湿润结构施工缝时，水泥砂浆应与混凝土浆液同成分；接浆厚度不应大于 30mm，多余水泥砂浆应收集后运出；

4）混凝土泵送浇筑应保持连续；当混凝土不能持续供应时，应采取间歇泵送方式；

5）混凝土浇筑后，应按要求完成输送泵和输送管的清理。

（10）施工缝或后浇带处浇筑混凝土应符合下列规定：

1）结合面应采用粗糙面；结合面应清除浮浆、疏松石子、软弱混凝土层，并应清理干净；

2）结合面处应采用洒水方法进行充分湿润，并不得有积水；

3）施工缝处已浇筑混凝土的强度不应小于 1.2MPa；

4）柱、墙水平施工缝水泥砂浆接浆层厚度不应大于 30mm，接浆层水泥砂浆应与混凝土浆液同成分；

5）后浇带混凝土强度等级及性能应符合设计要求；当设计无要求时，后浇带强度等级宜比两侧混凝土提高一级，并宜采用减少收缩的技术措施进行浇筑。

（11）超长结构混凝土浇筑应符合下列规定：

1）可留设施工缝分仓浇筑，分仓浇筑间隔时间不应少于 7d；

2）当留设后浇带时，后浇带封闭时间不得少于 14d；

3）超长整体基础中调节沉降的后浇带，混凝土封闭时间应通过监测确定，差异沉降应趋于稳定后再封闭后浇带；

4）后浇带的封闭时间尚应经设计单位认可。

2. 混凝土施工缝和后浇带留设位置

（1）施工缝和后浇带的留设位置应在混凝土浇筑之前确定。施工缝和后浇带宜留设在结构受剪力较小且便于施工的位置。受力复杂的结构构件或有防水抗渗要求的结构构件，施工缝留设位置应经设计单位认可。

（2）水平施工缝的留设位置应符合下列规定：

1）柱、墙施工缝可留设在基础、楼层结构顶面，柱施工缝与结构上表面的距离宜为 0～100mm（图 6-44）；墙施工缝与结构上表面的距离宜为 0～300mm；

2）柱、墙施工缝也可留设在楼层结构底面，施工缝与结构下表面的距离宜为 0～50mm；当板下有梁托时，可留设在梁托下 0～20mm；

3）高度较大的柱、墙、梁以及厚度较大的基础可根据施工需要在其中部留设水平施工缝；必要时，可对配筋进行调整，并应征得设计单位认可；

4）特殊结构部位留设水平施工缝应征得设计单位同意。

（3）垂直施工缝和后浇带的留设位置应符合下列规定：

1）有主次梁的楼板施工缝应留设在次梁跨度中间的 1/3 范围内（图 6-45）；

2）单向板施工缝应留设在平行于板短边的任何位置；

3）楼梯梯段施工缝宜设置在梯段板跨度端部的 1/3 范围内；

4）墙的施工缝宜设置在门洞口过梁跨中 1/3 范围内，也可留设在纵横交接处；

5）后浇带留设位置应符合设计要求；

6）特殊结构部位留设垂直施工缝应征得设计单位同意。

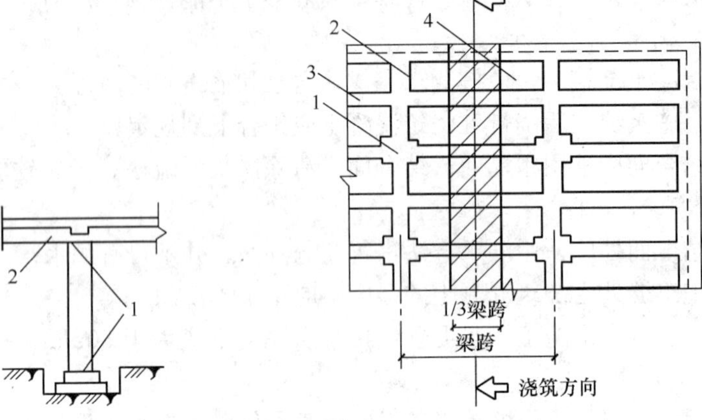

图 6-44　柱子施工缝位置

1—施工缝；2—梁

图 6-45　有梁板施工缝的位置

1—柱；2—主梁；3—次梁；4—板

3. 后浇带混凝土施工

后浇带是在现浇混凝土结构施工过程中，克服由于温度、收缩而可能产生有害裂缝而设置的临时施工缝。该缝需根据设计要求保留一段时间后再浇筑混凝土，将整个结构连成整体。后浇带内的钢筋应完好保存，如图 6-46 所示。

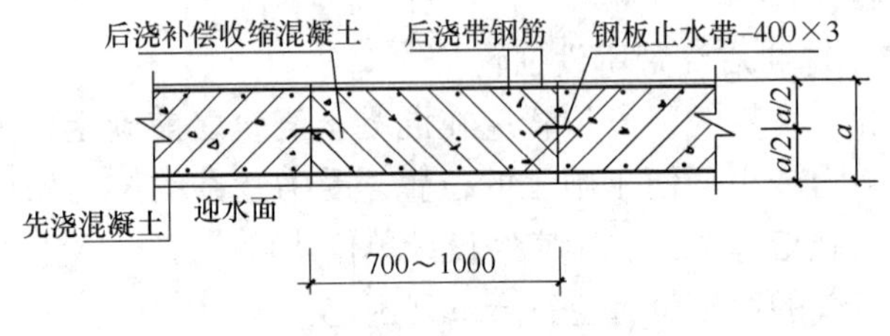

图 6-46　底板后浇带

（1）施工工艺流程

后浇带两侧混凝土处理→防水节点处理→清理→混凝土浇筑→养护。

（2）施工方法

后浇带两侧混凝土处理，由机械切出剔凿的范围及深度，剔出松散的石子和浮浆，露出密实的混凝土，并用水冲洗干净。按相关规范进行防水节点处理。后浇带混凝土的浇筑时间应按设计要求确定，当设计无要求时，应在两侧混凝土龄期达到 42d 后再施工。

在后浇带浇筑混凝土前，在混凝土表面涂刷水泥净浆或铺一层与混凝土同强度等级的水泥砂浆，并及时浇筑混凝土。后浇带混凝土可采用补偿收缩混凝土，其强度等级不低于两侧混凝土。后浇带混凝土保湿养护时间不少于 28d。

4. 混凝土浇筑方法

（1）多层钢筋混凝土框架结构的浇筑

浇筑多层框架结构首先要划分施工层和施工段，施工层一般按结构层划分，而每一施工层的施工段划分，则要考虑工序数量、技术要求、结构特点等。

浇筑柱子混凝土：施工段内的每排柱子应由外向内对称地依次浇筑，禁止由一端向另一端推进，预防柱子模板因湿胀造成受推倾斜而使误差积累难以纠正；浇筑柱子混凝土前，柱底表面应用高压水冲洗干净后，先浇筑一层 50～100mm 厚与混凝土成分相同的水泥砂浆，然后再分层分段浇筑混凝土。

梁和板一般应同时浇筑，顺次梁方向从一端开始向前推进。浇筑方法应由一端开始用“赶浆法”，即先浇筑梁，分层浇筑成阶梯形，当达到板底位置时，再与板的混凝土一起浇筑，随着阶梯形不断延伸，梁板混凝土浇筑连续向前进行。

楼梯段混凝土自下而上浇筑，先振实底板混凝土，达到踏步位置时再与踏步混凝土一起振捣，连续不断地向上推进，并随时用木抹子（或塑料抹子）将踏步上表面抹平。

（2）大体积混凝土结构浇筑

大体积混凝土结构在工业建筑中多为设备基础，高层建筑中多为桩基承台、筏板基础底板等。《大体积混凝土施工规范》GB 50496—2009 规定：大体积混凝土是指混凝土结构实体最小尺寸不小于 1m 的大体量混凝土，或预计会因混凝土中胶凝材料水化引起的温度变化和收缩而导致有害裂缝产生的混凝土。

1）大体积混凝土的施工

可采用整体分层连续浇筑或推移式连续浇筑，如图 6-47 所示（图中的数字为浇筑先后次序）。

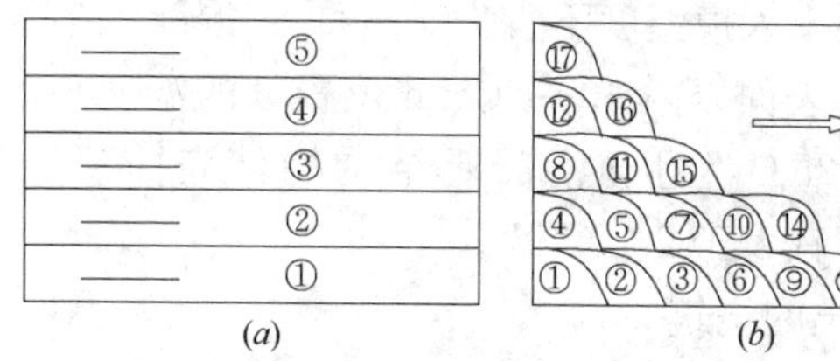

图 6-47　混凝土浇筑工艺

（*a*）分层连续浇筑；（*b*）推移式连续浇筑

2）大体积混凝土施工设置水平施工缝时，除应符合设计要求外，尚应根据混凝土浇筑过程中温度裂缝控制的要求、混凝土的供应能力、钢筋工程的施工、预埋管件安装等因素确定其位置及间歇时间。

3）超长大体积混凝土施工，应选用下列方法控制不出现有害裂缝：

①留置变形缝：变形缝的设置和施工应符合国家现行有关标准的规定。

②后浇带施工：后浇带的设置和施工应符合国家现行有关标准的规定。

③跳仓法施工：跳仓的最大分块尺寸不宜大于 40m，跳仓间隔施工的时间不宜小于 7d，跳仓接缝处按施工缝的要求设置和处理。

4）大体积混凝土的浇筑应符合下列规定：

①混凝土的摊铺厚度应根据所用振捣器的作用深度及混凝土的和易性确定。

整体连续浇筑时宜为300～500mm。

②整体分层连续浇筑或推移式连续浇筑，应缩短间歇时间，并应在前层混凝土初凝之前将次层混凝土浇筑完毕。层间最长的间歇时间不大于混凝土的初凝时间。混凝土的初凝时间应通过试验确定。当层间间歇时间超过混凝土的初凝时间时，层面应按施工缝处理。

③混凝土浇筑宜从低处开始，沿长边方向自一端向另一端进行。当混凝土供应量有保证时，亦可多点同时浇筑。

④混凝土浇筑宜采用二次振捣工艺。

5）大体积混凝土施工采取分层间歇浇筑混凝土时，水平施工缝的处理应符合下列规定：

①在已硬化的混凝土表面，应清除浇筑表面的浮浆、松动石子及软弱混凝土层。

②在上层混凝土浇筑前，应用清水冲洗混凝土表面的污物，并应充分润湿，但不得有积水。

③混凝土应振捣密实，并应使新旧混凝土紧密结合。

6）大体积混凝土底板与侧墙相连接的施工缝，当有防水要求时，应采取钢板止水带处理措施。

7）大体积混凝土浇筑面应及时进行二次抹压处理。

8）大体积混凝土施工温度控制的规定

《大体积混凝土施工规范》GB 50496—2009规定，大体积混凝土施工温度控制应符合下列规定：混凝土入模温度不宜大于30℃；混凝土最大绝热温升不宜大于50℃；混凝土结构构件表面以内40～80mm位置处的温度与混凝土结构构件内部的温度差值不宜大于25℃，且与混凝土结构构件表面温度的差值不宜大于25℃；混凝土降温速率不宜大于2.0℃/d。

9）基础大体积混凝土的浇筑

基础大体积混凝土结构浇筑应符合下列规定：

①用多台输送泵接输送泵管浇筑时，输送泵管布料点间距不宜大于10m，并宜由远而近浇筑。

②用汽车布料杆输送浇筑时，应根据布料杆工作半径确定布料点数量，各布料点浇筑速度应保持均衡。

③宜先浇筑深坑部分再浇筑大面积基础部分。

④宜采用推移式连续浇筑（斜面分层）方法，也可采用分层连续浇筑（全面分层）、分块分层浇筑方法，层与层之间混凝土浇筑的间歇时间应能保证整个混凝土浇筑过程的连续。

⑤混凝土分层浇筑应采用自然流淌形成斜坡，并应沿高度均匀上升，分层厚度不宜大于500mm。

⑥抹面处理应符合规范的规定，抹面次数宜适当增加。

⑦应有排除积水或混凝土泌水的有效技术措施。

10）防止大体积混凝土温度裂缝的措施

大体积钢筋混凝土结构由于体积大，水泥水化热聚积在内部不易散发，内部温度显著升高，外表散热快，形成较大内外温差，内部产生压应力，外表产生拉应力，如内外温差过大（超过 25°以上），则混凝土表面将产生裂缝。要防止混凝土早期产生温度裂缝，就要控制混凝土的内外温差，以防止表面开裂；控制混凝土冷却过程中的总温差和降温速度，以防止基底开裂。防止大体积混凝土温度裂缝的措施主要有：

优先采用水化热量低的水泥（如矿渣硅酸盐水泥）；减少水泥用量；掺入适量的粉煤灰、矿渣粉和高性能减水剂或在浇筑时投入适量毛石；放慢浇筑速度和减小浇筑厚度，采用人工降温措施；浇筑后应及时覆盖及养护。必要时，取得设计单位同意后，可分块浇筑，块和块间留 800～1000mm 宽后浇带，待各分块混凝土干缩后，再浇后浇带。

11）大体积混凝土的养护

大体积混凝土应进行保温保湿养护，在每次混凝土浇筑完毕后，除应按普通混凝土进行常规养护外，尚应及时按温控技术措施的要求进行保温养护，并应符合下列规定：

①专人负责保温养护工作，并应按规范的有关规定操作并做好测试记录；

②保湿养护的持续时间不得少于 14 天。并应经常检查塑料薄膜或养护剂涂层的完整情况，保持混凝土表面湿润。

③保温覆盖层的拆除应分层逐步进行，当混凝土的表面温度与环境最大温差小于 20℃时，可全部拆除。

12）大体积混凝土测温应符合的规定

①宜根据每个测温点被混凝土初次覆盖时的温度确定各测点部位混凝土的入模温度。

②结构内部测温点、结构表面测温点、环境测温点的测温，应与混凝土浇筑、养护过程同步进行。

③应按测温频率要求及时提供测温报告，测温报告应包含各测温点的温度数据、温度变化曲线、温度变化趋势分析等内容。

④混凝土结构表面以内 40～80mm 位置的温度与环境温度的差值小于 20℃时，可停止测温。

13）大体积混凝土测温频率应符合下列规定：

①第一天至第四天，每 4h 不应少于一次；

②第五天至第七天，每 8h 不应少于一次；

③第七天至测温结束，每 12h 不应少于一次。

5. 混凝土密实成型

混凝土浇入模板以后是较疏松的，里面含有孔洞与气泡，不能达到要求的密度和强度，还需经振捣密实成型。

人工捣实是用人力的冲击来使混凝土密实成型。

机械捣实的方法所用振动机械如图 6-48 所示。

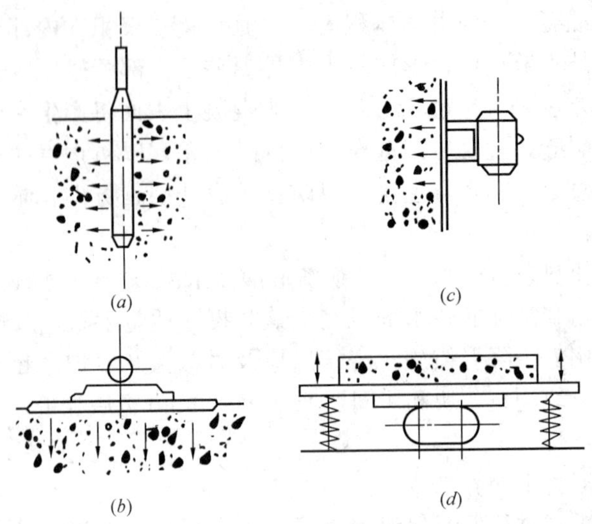

图 6-48　振动机械

（a）内部振动器；（b）表面振动器；（c）外部振动器；（d）振动台

内部振动器：建筑工地常用的振动器，多用于振实梁、柱、墙、大体积混凝土和基础等。振动混凝土时应垂直插入，并插入下层混凝土 50mm，以促使上下层混凝土结合成整体。振点振捣延续时间，应使混凝土捣实（即表面呈现浮浆和不再沉落）为限。捣实移动间距，不宜大于作用半径的 1.5 倍。

表面振动器：适用于捣实楼板、地面、板形构件和薄壳等薄壁结构。在无筋或单层钢筋结构中，每次振实的厚度不大于 250mm；在双层钢筋的结构中，每次振实厚度不大于 120mm。

附着式振动器：通过螺栓或夹钳等固定在模板外侧的横档或竖档上，但模板应有足够的刚度。

6.4.6　混凝土养护

混凝土浇筑捣实后，而水化作用必须在适当的温度和湿度条件下才能完成。混凝土的养护就是创造一个具有一定湿度和温度的环境，使混凝土凝结硬化，达到设计要求的强度。在混凝土浇筑完毕后，应在 10～12h 以内加以覆盖和浇水；干硬性混凝土应于浇筑完毕后立即进行养护。

常用的混凝土的养护方法：标准养护法、自然养护法、加热养护法。

（1）标准养护：是指混凝土在温度为 20±2℃和相对湿度 95%以上的潮湿环境或水中的条件下进行的养护。该方法用于对混凝土立方体试件的养护。

（2）自然养护：是指在平均气温高于+5℃的条件下，用适当的方法，使混凝土在一定的时间内保持湿润状态。自然养护可分为洒水养护、薄膜布养护和喷涂养生剂养护。洒水养护即用草帘、草袋等将混凝土覆盖，经常洒水使其保持湿润。洒水养护应符合下列规定：

1）洒水养护宜在混凝土裸露表面覆盖麻袋或草帘后进行，也可采用直接洒水、蓄水等养护方式；洒水养护应保证混凝土处于湿润状态；当日最低温度低于5℃时，不应采用洒水养护。

2）洒水养护时间，采用硅酸盐水泥、普通硅酸盐水泥或矿渣硅酸盐水泥配制的混凝土，不应少于7d；采用其他品种水泥时，养护时间应根据水泥性能确定；采用缓凝型外加剂、大掺量矿物掺合料配制的混凝土不应少于14d；抗渗混凝土、强度等级C60及以上的混凝土，不应少于14d；后浇带混凝土的养护时间不应少于14d；地下室底层墙、柱和上部结构首层墙、柱宜适当增加养护时间。

3）覆盖养护：宜在混凝土裸露表面覆盖塑料薄膜、塑料薄膜加麻袋、塑料薄膜加草帘进行；塑料薄膜应紧贴混凝土裸露表面，塑料薄膜内应保持有凝结水；覆盖物应严密，覆盖物的层数应按施工方案确定。这种方法不必浇水，操作方便，能重复使用，如图6-49所示。

图6-49　混凝土采用塑料薄膜布养护

4）喷涂养护剂养护是指将可成膜的溶液喷洒在混凝土表面上，溶液挥发后在混凝土表面凝结成一层薄膜，使混凝土表面与空气隔绝，封闭混凝土中的水分，从而完成水化作用。喷涂养护剂养护应符合下列规定：应在混凝土裸露表面喷涂覆盖致密的养护剂进行养护；养护剂应均匀喷涂在结构构件表面，不得漏喷；养护剂应具有可靠的保湿效果，保湿效果可通过试验检验；养护剂使用方法应符合产品说明书的有关要求。

6.4.7　混凝土工程施工质量检查和验收

1. 混凝土施工质量检查内容

混凝土结构施工质量检查可分为过程控制检查和拆模后的实体质量检查。

过程控制检查应在混凝土施工全过程中，按施工段划分和工序安排及时进行；拆模后的实体质量检查应在混凝土表面未做处理和装饰前进行。

（1）混凝土结构质量的检查应符合的规定

1）检查的频率、时间、方法和参加检查的人员，应当根据质量控制的需要确定；

2）施工单位应对完成施工的部位或成果的质量进行自检，自检应全数检查；

3）混凝土结构质量检查应做出记录。对于返工和修补的构件，应有返工修补前后的记录，并应有图像资料；

4）混凝土结构质量检查中，对于已经隐蔽、不可直接观察和量测的内容，可检查隐蔽工程验收记录；

5）需要对混凝土结构的性能进行检验时，应委托有资质的检测机构检测并出具检测报告。

（2）混凝土结构的质量过程控制检查

1）模板检查宜包括下列内容：模板与模板支架的安全性；模板位置、尺寸；模板的刚度和密封性；模板涂刷隔离剂及必要的表面湿润；模板内杂物清理。

2）钢筋及预埋件检验宜包括下列内容：钢筋的规格、数量；钢筋的位置；钢筋的保护层厚度；预埋件（预埋管线、箱盒、预留孔洞）规格、数量、位置及固定。

3）混凝土拌合物检验宜包括下列内容：坍落度、入模温度等；大体积混凝土的温度测控。

4）混凝土浇筑检验宜包括下列内容：混凝土输送、浇筑、振捣等；混凝土浇筑时模板的变形、漏浆等；混凝土浇筑时钢筋和预埋件（预埋管线、预留孔洞）位置；混凝土试件制作；混凝土养护；施工载荷加载后，模板与模板支架的安全性。

（3）混凝土结构拆除模板后的实体质量检查

1）构件的尺寸、位置：轴线位置、标高；截面尺寸、表面平整度；垂直度（构件垂直度、单层垂直度和全高垂直度）。

2）预埋件：数量、位置。

3）构件的外观缺陷。

4）构件的连接及构造做法。

混凝土工程的施工质验收应按主控项目、一般项目规定的检验方法进行验收。检验批合格质量应符合规范要求。

2. 混凝土施工检验批验收内容

（1）主控项目

结构混凝土的强度等级必须符合设计要求，用于检查结构构件混凝土强度的试件，应在混凝土的浇筑地点随机抽取。

检查数量：对同一配合比混凝土，取样与试件留置应符合下列规定：

1）每拌制100盘且不超过100m^3时，取样不得少于一次；

2）每工作班拌制不足100盘时，取样不得少于一次；

3）连续浇筑超过1000m^3时，每200m^3取样不得少于一次；

4）每一楼层取样不得少于一次；

5）每次取样应至少留置一组试件。

检验方法：检查施工记录及混凝土强度试验报告。

（2）一般项目

1）后浇带的留设位置应符合设计要求，后浇带和施工缝的留设及处理方法应符合施工方案要求。

2）混凝土浇筑完毕后应及时进行养护，养护时间以及养护方法应符合施工方案要求。

检查数量：全数检查。

检验方法：观察，检查混凝土养护记录。

3. 现浇结构分项工程

（1）现浇结构工程的一般规定

混凝土结构缺陷可分为尺寸偏差缺陷和外观缺陷。尺寸偏差缺陷和外观缺陷可分为一般缺陷和严重缺陷。混凝土结构尺寸偏差超出规范规定，但尺寸偏差对结构性能和使用功能未构成影响的，属于一般缺陷；而尺寸偏差对结构性能和使用功能构成影响的，属于严重缺陷。

现浇结构的外观质量缺陷，应由监理（建设）单位、施工单位等各方根据其对结构性能和使用功能影响的严重程度按表 6-21 确定。

（2）外观质量质量验收

1）主控项目

现浇结构的外观质量不应有严重缺陷。对已经出现的严重缺陷，应由施工单位提出技术处理方案，并经监理单位认可后进行处理；对裂缝或连接部位出现的严重缺陷及其他影响结构安全的严重缺陷，技术处理方案尚应经设计单位认可。经处理的部位应重新验收。

2）一般项目

现浇结构的外观质量不宜有一般缺陷。

对已经出现的一般缺陷，应由施工单位按技术处理方案进行处理，并重新检查验收，见表 6-21。

现浇结构外观质量缺陷 **表 6-21**

名称	现　象	严重缺陷	一般缺陷
露筋	构件内钢筋未被混凝土包裹而外露	纵向受力钢筋露筋	其他钢筋有少量露筋
蜂窝	混凝土表面缺少水泥砂浆而形成石子外露	构件主要受力部位有蜂窝	其他部位有少量蜂窝
孔洞	混凝土中孔穴深度和长度均超过保护层厚度	构件主要受力部位有孔洞	其他部位有少量孔洞
夹渣	混凝土中夹有杂物且深度超过保护层厚度	构件主要受力部位有夹渣	其他部位有少量夹渣
疏松	混凝土中局部不密实	构件主要受力部位有疏松	其他部位有少量疏松
裂缝	缝隙从混凝土表面延伸至混凝土内部	构件主要受力部位有影响结构性能或使用功能的裂缝	其他部位有基本不影响结构性能或使用功能的裂缝
连接部位缺陷	构件连接处混凝土缺陷及连接钢筋、连接件松动	连接部位有影响结构传力性能的缺陷	连接部位有基本不影响结构传力性能的缺陷
外形缺陷	缺棱掉角、棱角不直、翘曲不平、飞边凸肋等	清水混凝土构件有影响使用功能或装饰效果的外形缺陷	其他混凝土构件有不影响使用功能的外形缺陷
外表缺陷	构件表面麻面、掉皮、起砂、沾污等	具有重要装饰效果的清水混凝土表面有外表缺陷	其他混凝土构件有不影响使用功能的外表缺陷

（3）位置和尺寸偏差的质量验收

1）主控项目

现浇结构不应有影响结构性能或使用功能的尺寸偏差。混凝土设备基础不应有影响结构性能或设备安装的尺寸偏差。

对超过尺寸允许偏差且影响结构性能或安装、使用功能的部位，应由施工单位提出技术处理方案，并经监理单位认可后进行处理。对经处理的部位，应重新检查验收。

2）一般项目

①现浇结构的位置和尺寸偏差及检验方法应符合表 6-22 的规定。

现浇结构尺寸允许偏差和检验方法　　表 6-22

项目			允许偏差（mm）	检验方法
轴线位置	整体基础		15	钢尺检查
	独立基础		10	
	墙、柱、梁		8	
垂直度	层高	≤6m	10	经纬仪或吊线、钢尺检查
		>6m	12	经纬仪或吊线、钢尺检查
	全高（H）≤300m		H/30000+20	经纬仪、钢尺检查
	全高（H）>300m		H/10000 且≤80	
标高	层高		±10	水准仪或拉线、钢尺检查
	全高		±30	
截面尺寸	基础		+15，−10	钢尺检查
	柱、梁、板、墙		+10，−5	
	楼梯相邻踏步高差		6	
电梯井	中心位置		10	钢尺检查
	长宽尺寸		+25，0	
表面平整度			8	2m 靠尺和塞尺检查
预埋设施中心线位置	预埋件		10	钢尺检查
	预埋螺栓		5	
	预埋管		5	
	其他		10	
预留洞中心线位置			15	钢尺检查

注：检查轴线、中心线位置时，应沿纵、横两个方向量测，并取其中的较大值。

②现浇设备基础的位置和尺寸应符合设计和设备安装的要求，位置和尺寸偏差及检验方法应符合规范的规定。

4. 混凝土缺陷的修整

混凝土结构缺陷可分为尺寸偏差缺陷和外观缺陷。施工过程中发现混凝土结构缺陷时，应认真分析缺陷产生的原因。对严重缺陷施工单位应制定专项修整方案，方案应经论证审批后再实施，不得擅自处理。

（1）混凝土结构外观一般缺陷修整应符合下列规定：对于露筋、蜂窝、孔洞、夹渣、疏松、外表缺陷，应凿除胶结不牢固部分的混凝土，清理表面，洒水湿润后应用1∶2～1∶2.5水泥砂浆抹平；应封闭裂缝；连接部位缺陷、外形缺陷可与面层装饰施工一并处理。

（2）混凝土结构外观严重缺陷修整

①对于露筋、蜂窝、孔洞、夹渣、疏松、外表缺陷，应凿除胶结不牢固部分的混凝土至密实部位，清理表面，支设模板，洒水湿润，涂抹混凝土界面剂，应采用比原混凝土强度等级高一级的细石混凝土浇筑密实，养护时间不应少于7d。

②开裂缺陷修整应符合下列规定：对于民用建筑的地下室、卫生间、屋面等接触水介质的构件，均应注浆封闭处理，注浆材料可采用环氧、聚氨酯、氰凝、丙凝等。对于民用建筑不接触水介质的构件，可采用注浆封闭、聚合物砂浆粉刷或其他表面封闭材料进行封闭；对于无腐蚀介质工业建筑的地下室、屋面、卫生间等接触水介质的构件以及有腐蚀介质的所有构件，均应注浆封闭处理，注浆材料可采用环氧、聚氨酯、氰凝、丙凝等。对于无腐蚀介质工业建筑不接触水介质的构件，可采用注浆封闭、聚合物砂浆粉刷或其他表面封闭材料进行封闭；清水混凝土的外形和外表严重缺陷，宜在水泥砂浆或细石混凝土修补后用磨光机械磨平。

（3）混凝土结构尺寸偏差一般缺陷，可采用装饰修整方法修整。

（4）混凝土结构尺寸偏差严重缺陷，应会同设计单位共同制定专项修整方案，结构修整后应重新检查验收。

5. 混凝土强度检测

混凝土强度检测的一般规定：

（1）结构构件的混凝土强度应按现行国家标准《混凝土强度检验评定标准》GB/T 50107—2010的规定，分批检验评定。

（2）试件制作

检查混凝土质量应做抗压强度试验。当有特殊要求时，还需做混凝土的抗冻性、抗渗性等试验。

1）试件强度试验的方法应符合现行国家标准《普通混凝土力学性能试验方法标准》GB/T 50081—2002的规定。

2）每组三个试件应在同盘混凝土中取样制作，并按下列规定确定该组试件的混凝土强度代表值。

①取3个试件强度的算术平均值作为每组试件的强度代表值；

②当一组试件中强度的最大值或最小值与中间值之差超过中间值的15%时，取中间值作为该组试件的强度代表值；

③当一组试件中强度的最大值和最小值与中间值之差均超过中间值的15%时，该组试件的强度不应作为评定的依据。

注：对掺矿物掺合料的混凝土进行强度评价时，可根据设计规定，可采用大于28d龄期的

混凝土强度。

(3) 混凝土结构同条件养护试件强度检验

1) 同条件养护试件的留置方式和取样数量，应符合下列要求：

①同条件养护试件所对应的结构构件或结构部位，应由监理（建设）、施工等各方根据其重要性共同选定；

②对混凝土结构工程中的各混凝土强度等级，均应留置同条件养护试件；

③同一强度等级的同条件养护试件，其留置的数量应根据混凝土工程量和重要性确定，不宜少于10组，且不应少于3组；

④同条件养护试件拆模后，应放置在靠近相应结构构件或结构部位的适当位置，并应采取相同的养护方法。

2) 同条件养护试件应在达到等效养护龄期时进行强度试验。等效养护龄期应根据同条件养护试件强度与在标准养护条件下28d龄期试件强度相等的原则确定。

3) 同条件自然养护试件的等效养护龄期及相应的试件强度代表值，宜根据当地的气温和养护条件确定。

4) 冬期施工、人工加热养护的结构构件，其同条件养护试件的等效送入龄期可按结构构件的实际养护条件，由监理（建设）、施工等各方共同确定。

6.4.8 大体积混凝土案例分析

1. 工程概况

某高层住宅楼工程，基础为筏形基础，主楼筏板底标高－6.530m，南北宽19.7m，东西长为73.7m，板厚为0.9m。因该分项工程混凝土施工量较大，为大体积混凝土施工。

2. 施工准备

(1) 机具准备：耙子、扫把、白线、铝合金刮杠、尖锹、平锹、HBT60型混凝土输送泵车1台，并按要求配备一台备用混凝土输送泵，混凝土运输车16辆，插入式振捣器15个，平板振动器2台，水泵1台，塔吊配合施工。

(2) 人员准备：因该分项工程混凝土施工量较大，且施工过程中不允许间断，要求施工人员连续作业，昼夜施工。规定现场管理人员不少于2人/班，操作人员不少于15人/班，两班组交替作业，派专人振捣、抹面，并由专人负责机械维修，保证设备的正常工作。

(3) 材料要求

1) 混凝土申请：浇筑混凝土前预先与搅拌站办理混凝土委托及申请，委托单的内容包括：混凝土强度等级、产量、坍落度、初凝时间、终凝时间、外加剂情况及浇筑时间等。

2) 商品混凝土搅拌站提供原材料合格证，水泥必须提供实验报告，钢筋进场要有出厂合格证，进场后，送实验室经试验合格后方可使用。

3) 混凝土进场要做坍落度检验，其数值要符合规范要求。

3. 施工条件

（1）钢筋绑扎完毕并经监理、甲方以及市质检站验收合格，做好钢筋隐蔽工程记录，模板预检已通过。

（2）施工人员通道已搭设完毕。

（3）振捣设备调试正常并备有一定数量的振捣棒。

（4）放料处与浇筑点的联络信号已准备就绪。

（5）劳动力安排已妥当，名单已上报。

（6）与城管部门协调好，确保混凝土顺利浇筑。

（7）检查墙、柱插筋级别、型号、位置、数量等以及模板接缝是否严密，支撑系统强度、刚度是否满足要求。

（8）操作面杂物清理干净。

4. 施工工艺

（1）混凝土搅拌：本工程混凝土采用商品混凝土，由搅拌站负责搅拌运输。

（2）混凝土运输

1）混凝土的场外运输采用滚筒式罐车运输，要求搅拌站运输的车辆能满足均匀、连续供应混凝土的需要。同时要求由专人负责调度指挥，保证混凝土运输的连续性。

2）混凝土的场内运输与布料：混凝土采用输送泵车进行场内的混凝土布料，受料斗必须配备孔径为 500mm 的振动筛，防止个别颗粒骨料流入泵管，料斗内混凝土上表面距离上口宜为 200mm 左右，以防止泵入空气，泵送混凝土前先将储料斗内清水从管道泵出，以润湿和清洁管道，然后压入 1∶1～1∶2 水泥砂浆滑润管道后，再泵送混凝土。

（3）混凝土浇筑

1）基础底板采用推移式连续浇筑的方法，输送泵车由东向西进行浇筑。

2）为了防止温度裂缝及收缩裂缝的出现，底板分层浇筑厚度控制在 450mm 左右，分两层浇筑到设计标高，并通过测温记录与保温覆盖措施，使内外温差控制在 25℃以内。

3）由于混凝土坍落度为 160～180mm，采用的浇筑坡度为 1∶6，由一台泵车由东向西退着浇筑，泵口之间的距离保证接软管后能左右交会。

4）根据泵送浇筑时自然形成的一个坡度的实际情况，在浇筑带前后布置三道振捣棒，前道振捣棒布置在底排钢筋处和混凝土坡脚处，确保下部混凝土密实，后道振捣棒布置在混凝土卸料点，解决上部混凝土的振实工作。

5）在浇筑完基础筏板混凝土 2～3h 后，浇筑基础梁混凝土。

6）混凝土浇筑终了以后 3～4h，在混凝土接近初凝之前进行二次振捣，然后按标高线用刮尺刮平并轻轻抹压。

5. 大体积混凝土测温

（1）测温点布置图

测温采用便携式建筑电子测温仪，沿浇筑高度布置在底部、中部和表面，表

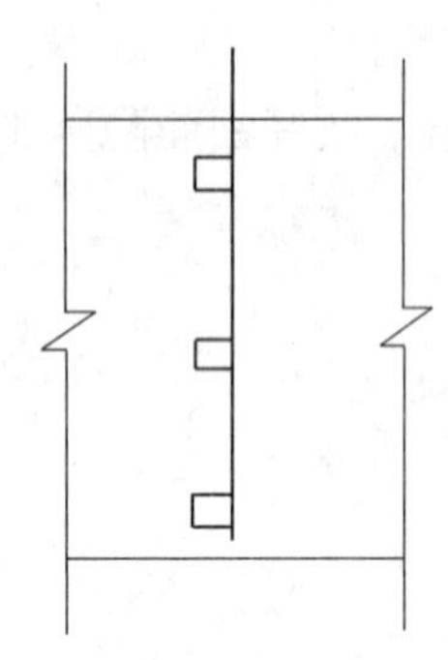
图 6-50　测温示意图

面测温点距板底表面 10cm，距边角应大于 50mm，测温孔共 20 处，每处 3 个测温点（图 6-50），测温时将便携式仪表、测温探头、测温线配合使用，做好测温点位的编号及温度测量记录，以便随时发现问题。

（2）混凝土硬化期的温度要求：内部温差不大于 20℃，混凝土表面温度与混凝土表面 50mm 处的温度差不大于 25℃。撤除保温层时混凝土表面与大气温差不大于 20℃。

（3）测温次数：见表 6-23 所列。

（4）测温工作派专人负责，测温时应做详细记录并整理绘制曲线图，温度变化情况应及时反馈。

测温次数表　　**表 6-23**

测温项目	测温次数
室外气温及环境温度	每昼夜不少于 4 次
混凝土出罐、入模温度	每 2h 一次
终凝前混凝土温度	每 2h 一次
混凝土达到标准值 4MPa 以后	每 6h 一次

6. 混凝土养护

筏板顶面振捣后，按标高拉线找平，并用木搓子搓平，为消除表面干缩裂缝，在混凝土初凝前用木搓子搓一遍后，随即覆盖塑料薄膜。在混凝土表面终凝后及时蓄水进行养护，蓄水高度以保证混凝土表面湿润，养护时间不少于 14d。

7. 质量要求

（1）主控项目

1）大体积防水抗渗混凝土的原材料、配合比及坍落度必须符合设计要求。

2）大体积抗渗混凝土的抗压强度和抗渗压力必须符合设计要求。

3）大体积抗渗混凝土的变形缝、施工缝、后浇带等设置均符合设计要求，严禁有渗漏。

（2）一般项目

1）大体积抗渗混凝土结构表面应坚实、平整，不得有露筋、蜂窝等缺陷，插筋埋设件位置应正确。

2）大体积抗渗混凝土结构表面的裂缝宽度不应大于 0.2mm，并不得贯通。

3）大体积抗渗混凝土结构厚度，其允许偏差为＋15mm、－10mm，迎水面钢筋保护层厚度不应小于 5cm，其允许偏差±10mm。

8. 注意事项

（1）振捣工戴绝缘手套、穿胶鞋等防护用品。

（2）在底板浇筑过程中，要派 2～3 人看模、看筋，发现问题及时解决。

（3）后浇带处要保证干净，如果撒落混凝土要及时清理出去。

（4）混凝土浇筑完毕后，模板、钢管上的混凝土及时清理干净。

（5）后浇带处如果用钢丝网，浇筑完毕后利用混凝土浮浆把钢丝网抹平抹严密，以防钢丝网生锈。

（6）在强度未达到1.2MPa以前，不允许上人进行下道工序施工作业。

复 习 思 考 题

1. 单项选择题

（1）在下列运输设备中，既可做水平运输又可做垂直运输的是（　　）。

A. 井架运输　　B. 快速井式升降机

C. 混凝土泵　　D. 龙门架运输

（2）柱施工缝留置位置不当的是（　　）。

A. 基础顶面　　B. 与吊车梁平齐处

C. 吊车梁上面　　D. 梁的下面

（3）在施工缝处继续浇筑混凝土应待已浇混凝土强度达到（　　）。

A. 1.2MPa　　B. 2.5MPa

C. 1.0MPa　　D. 5MPa

（4）当采用表面振动器振捣混凝土时，浇筑厚度不超过（　　）。

A. 500mm　　B. 400mm

C. 200mm　　D. 300mm

（5）在浇筑柱子时，应采取的浇筑顺序是（　　）。

A. 由内向外　　B. 由一端向另一端

C. 分段浇筑　　D. 由外向内

（6）HPB300级钢筋采用双面焊缝搭接焊，搭接长度应是（　　）。

A. $4d_0$　　B. $5d_0$　　C. $8d_0$　　D. $10d_0$

（7）拆装方便、通用性较强、周转率高的模板是（　　）。

A. 大模板　　B. 组合钢模板

C. 滑升模板　　D. 爬升模板

（8）某梁的跨度为6m，采用钢模板、钢支柱支模时，其跨中起拱高度可为（　　）。

A. 1mm　　B. 2mm　　C. 4mm　　D. 8mm

（9）悬挑长度为1.5m、混凝土强度为C30的现浇阳台板，当混凝土强度至少达到（　　）时方可拆除底模。

A. $15N/mm^2$　　B. $22.5N/mm^2$　　C. $21N/mm^2$　　D. $30N/mm^2$

（10）跨度为8m、强度为C30的现浇混凝土梁，当混凝土强度至少应达到（　　）时方可拆除底模。

A. $15N/mm^2$　　B. $21N/mm^2$　　C. $22.5N/mm^2$　　D. $30N/mm^2$

（11）浇筑柱子混凝土时，其根部应先浇（　　）。

A. 5～10mm厚水泥浆　　B. 5～10mm厚水泥砂浆

C. 50～100mm厚水泥砂浆　　D. 500mm厚石子增加一倍的混凝土

(12) 硅酸盐水泥拌制的混凝土养护时间不得少于（　　）天。

A. 14　　B. 21　　C. 7　　D. 28

(13) 悬挑长度为2m、混凝土强度为C40的现浇阳台板，当混凝土强度至少应达到设计强度的（　　）时方可拆除底模板。

A. 70%　　B. 100%　　C. 75%　　D. 50%

(14) 模板拆除顺序应按设计方案进行。当无规定时，应按照顺序（　　）拆除混凝土模板。

A. 先支后拆，后支先拆　　B. 先支先拆，后支后拆

C. 先拆次承重模板，后拆承重模板　　D. 先拆复杂部分，后拆简单部分

(15) 不同种类钢筋代换，应按（　　）的原则进行。

A. 钢筋面积相等　　B. 钢筋强度相等

C. 钢筋面积不小于代换前　　D. 钢筋受拉承载力设计值相等

2. 简答题

(1) 混凝土浇筑的一般规定？框架柱混凝土应如何浇筑？

(2) 什么叫施工缝？为什么要留施工缝？施工缝一般留在何部位？

(3) 浇筑主次梁的楼板混凝土时，其浇筑的方向，施工缝留设位置如何？继续浇筑混凝土施工缝应如何处理？

(4) 梁板浇筑完毕，采用什么方法养护？

(5) 混凝土养护的方法有几种？什么是自然养护？

(6) 框架结构主体混凝土应如何浇筑？

(7) 大体积混凝土的浇筑方案有几种？

(8) 防止大体积混凝土浇筑时出现温度裂缝，应采取什么措施？

(9) 混凝土质量检查的内容包括哪些？

(10) 混凝土试块如何留置？

(11) 简述钢筋隐蔽工程验收的主要内容。

(12) 钢筋连接的方法有几种？其中焊接连接种类有多少种？电渣压力焊和气压焊的使用范围？

(13) 梁板模板安装时，当跨度为多少时应起拱？起拱高度为多少？

(14) 有梁板柱结构的模板拆除顺序是什么？侧模板、底模板拆除时的强度如何确定？

(15) 钢筋配料的概念？钢筋下料长度计算中，什么是量度差值？90°，45°的量度差值？180°弯钩的增加值是多少？直线段、弯起钢筋、箍筋的下料长度如何计算？

(16) 混凝土的质量缺陷有哪些，混凝土质量缺陷的处理方法？

3. 计算题

(1) 平法应用题：某楼层框架梁如图6-51所示，框架柱截面为500mm×500mm，吊筋为2Φ14。问题：

1) 画出1—1，2—2配筋断面图。

2）计算各钢筋的下料长度。

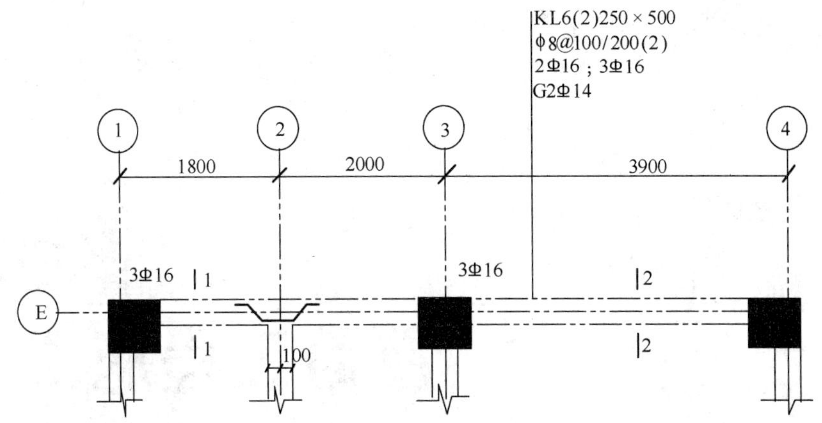

图 6-51　某楼层框架梁钢筋平法图

（2）已知混凝土实验室配合比为：水泥∶砂∶石子＝1∶2∶4，水胶比为 0.7，水泥用量为 280kg/m³，砂子含水率为 5%，石子含水率为 2%，计算施工配合比及每立方米混凝土的材料用量。

任务 7

屋面工程施工

【任务目标】

(1) 知道屋面工程构造层次；
(2) 掌握屋面工程中保温层施工方法；
(3) 掌握屋面工程中找平层施工方法；
(4) 掌握屋面工程中卷材防水施工方法；
(5) 掌握屋面工程中涂膜防水施工过程；
(6) 掌握屋面工程中保护层施工方法；
(7) 掌握屋面防水造成渗漏的原因及采取的措施。

过程 7.1 构成屋面工程层次

屋面类型多种多样，有防水屋面、瓦屋面、金属板材屋面、隔热屋面、玻璃采光顶屋面等。防水屋面如卷材防水屋面、涂膜防水屋面等；瓦屋面如烧结瓦屋面、混凝土瓦屋面、沥青瓦屋面等；隔热屋面如架空屋面、蓄水屋面、种植屋面等。在每类屋面中，由于所用材料不同和构造各异，因而形成了各种屋面工程。屋面工程是建筑工程中一个重要的分部工程，是一个完整的体系，主要包括屋面基层、保温与隔热层、防水层、保护层等。

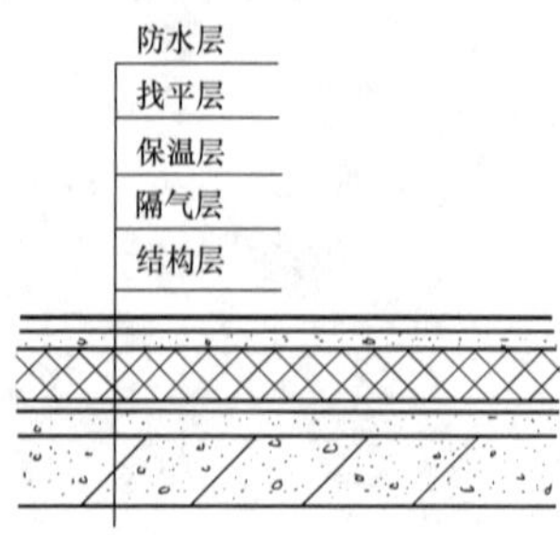

图 7-1 屋面构造层次示意图

屋面工程一般构造层次如图 7-1 所示，具体构造层次，根据设计要求而定。

屋面作为建筑物的外围护结构，主要应符合以下基本要求：

（1）具有良好的排水功能和阻止水侵入建筑物内的作用；

（2）冬季保温减少建筑物的热损失和防止结露；

（3）夏季隔热降低建筑物对太阳辐射热的吸收；

（4）适应主体结构的受力变形和温差变形；

（5）承受风、雪荷载的作用不产生破坏；

（6）具有阻止火势蔓延的性能；

（7）满足建筑外形美观和使用的要求。

过程 7.2 屋面保温工程施工

7.2.1 保温材料要求

我国目前屋面保温层按形式可分为板状材料保温层、纤维材料保温层和整体材料保温层三种。

1. 质量要求

（1）板状保温材料主要有聚苯乙烯泡沫塑料类、硬质聚氨酯泡沫塑料类、膨胀珍珠岩（图 7-2）制品、泡沫玻璃制品、加气混凝土砌块、泡沫混凝土砌块。其性能指标应符合表 7-1 的要求。

图 7-2 膨胀珍珠岩

板状保温材料主要性能指标 表 7-1

项目	聚苯乙烯泡沫塑料		硬质聚氨酯泡沫塑料	泡沫玻璃	憎水型膨胀珍珠岩	加气混凝土	泡沫混凝土
	挤塑	模塑					
表观密度或干密度（kg/m^3）	—	≥20	≥30	≤200	≤350	≤425	≤530

任务7 屋面工程施工

续表

项目	聚苯乙烯泡沫塑料		硬质聚氨酯泡沫塑料	泡沫玻璃	憎水型膨胀珍珠岩	加气混凝土	泡沫混凝土
	挤塑	模塑					
压缩强度（kPa）	≥150	≥100	≥120	—	—	—	—
抗压强度（MPa）	—	—	—	≥0.4	≥0.3	≥1.0	≥0.5
导热系数[W/(m·K)]	≤0.030	≤0.041	≤0.024	≤0.070	≤0.087	≤0.120	≤0.120
70℃，48h后尺寸稳定性（%）	≤2.0	≤3.0	≤2.0	—	—	—	—
水蒸气渗透系数[ng/(Pa·m·s)]	≤3.5	≤4.5	≤6.5	—	—	—	—
吸水率（%）	≤1.5	≤4.0	≤4.0	≤0.5	—	—	—
燃烧性能	不低于B_2级			A级			

（2）纤维材料保温材料主要有玻璃棉制品，岩棉、矿渣棉制品等。其性能指标应符合表7-2的要求。

纤维保温材料主要性能指标　　表7-2

项目	指标			
	岩棉、矿渣棉板	岩棉、矿渣棉毡	玻璃棉板	玻璃棉毡
表观密度（kg/m^3）	≥40	≥40	≥24	≥10
导热系数[W/(m·K)]	≤0.040	≤0.040	≤0.043	≤0.050
燃烧性能	A级			

（3）整体材料主要有喷涂硬泡聚氨酯、现浇泡沫混凝土等。其主要指标性能应符合表7-3、表7-4中的有关规定要求。

喷涂硬泡聚氨酯主要性能指标　　表7-3

项目	指标
表观密度（kg/m^3）	≥35
导热系数[W/(m·K)]	≤0.024
压缩强度(kPa)	≥150
70℃，48h后尺寸稳定性(%)	≤1
闭孔率(%)	≥92
水蒸气渗透系数[ng/(Pa·m·s)]	≤5
吸水率(%)	≤3
燃烧性能	不低于B_2级

现浇泡沫混凝土主要性能指标 **表 7-4**

项　　目	指　　标
干密度(kg/m^3)	≤600
导热系数[W/(m·K)]	≤0.14
抗压强度(kPa)	≥0.5
吸水率(%)	≤20
燃烧性能	A级

2. 保温材料贮运、保管

(1) 保温材料应轻拿轻放，防止混杂，并应采取防雨、防潮措施。

(2) 板状保温材料搬运时应轻放，防止损伤、缺棱掉角，保证板的外形完整。

(3) 纤维保温材料应在干燥、通风的房屋内贮存，搬运时应轻拿轻放。

3. 保温材料进场检验

(1) 板状保温材料应检验表观密度或干密度、压缩强度或抗压强度、导热系数、燃烧性能。

(2) 纤维状保温材料应检验表观密度、导热系数、燃烧性能。

4. 保温层的施工环境

(1) 干铺的保温材料可在负温度下施工。

(2) 用水泥砂浆粘贴的板状保温材料不宜低于5℃。

(3) 喷涂硬泡聚氨酯宜为15～30℃，空气相对湿度宜小于85%，风速不宜大于三级。

(4) 现浇泡沫混凝土宜为5～35℃。

7.2.2 保温层施工

1. 主要机具

屋面保温层施工一般应具有相应的搅拌、喷涂、检测等设备以及常用铁锹、木刮杠、水平尺、手推车、木拍子等工具。

2. 施工工艺

屋面保温层施工工艺流程一般为：

基层清理→弹线找坡、分仓→管根堵孔、固定→铺设隔汽层→铺设保温层→找（刮）平→检查验收。

(1) 基层清理：预制或现浇混凝土基层表面应平整、干燥、干净。

(2) 弹线找坡、分仓：按设计坡度及流水方向，找出屋面坡度走向，确定保温层的厚度范围。

(3) 管根堵孔、固定：穿过屋面和女儿墙等结构的管根部位，应用细石混凝土（内掺3%微膨胀剂）堵塞密实，做好转角处理，将管根固定。

(4) 铺设隔汽层：有隔汽层的屋面，按设计要求选用气密性好的防水卷材或防水涂料作隔汽层，隔汽层应沿墙面向上铺设，并与屋面的防水层相连接，形成封闭的整体。

（5）铺设保温层

1）板状材料保温层施工

①干铺聚苯板块、硬质聚氨酯泡沫塑料类、膨胀珍珠岩制品、加气混凝土砌块、泡沫混凝土砌块等保温材料时，应找平拉线铺设，板块应紧靠基层表面，铺平、垫稳。相邻板应错缝拼接。分层铺设时，上下接缝应相互错开，接缝处应用同类材料碎屑填堵密实，表面应与相邻两板高度一致。一般在块状保温层上用松散碎料作找坡。

②保温板缺棱掉角的，可锯平拼接使用，也可用同类材料的碎块嵌补。

③采用粘结法施工时，胶粘剂应与保温材料相容，板状保温材料应贴严、粘牢，在胶粘剂固化前不得上人踩踏。板状材料保温层的平面接缝应挤紧拼严，不得在板块侧面涂抹胶粘剂，超过 2mm 的缝隙应采用相同材料板条或片填塞严实。粘贴铺设板状保温层时，可用水泥砂浆等粘结材料粘在屋面基层上，并用保温灰浆填实板缝。

④采用机械固定法施工时，固定件应选用专用螺钉和垫片固定在结构层上，固定件的间距应符合设计要求。

2）纤维材料保温层施工

①纤维保温材料在施工时，应避免重压，并应采取防潮措施。

②纤维保温材料在铺设时，平面拼接缝应贴紧，上下层拼接缝应相互错开。

③屋面坡度较大时，宜采用金属或塑料专用固定件将纤维材料与基层固定。

④装配式骨架纤维保温材料施工时，应先在基层上铺设保温龙骨或金属龙骨，龙骨之间应填充纤维保温材料，再在龙骨上铺钉水泥纤维板。金属龙骨和固定件应作防锈处理，金属龙骨与基层之间应采取隔热措施。

3）整体保温层施工

①喷涂硬泡聚氨酯保温层施工

施工前应对喷涂设备进行调试，同时对喷涂试块进行材料性能检测。喷涂时喷嘴与施工基面的间距应由试验确定。硬泡聚氨酯应按配合比准确计量，发泡厚度应均匀一致。一个作业面应分遍喷涂完成，每遍喷涂厚度不宜大于 15mm，喷涂后 20min 内严禁上人。

喷涂作业时，应采取防止污染的遮挡措施。

②现浇泡沫混凝土保温层施工

泡沫混凝土应按设计要求的干密度和抗压强度进行配合比设计，拌制时应计量准确，并应搅拌均匀。泡沫混凝土应按设计的厚度设定浇筑面标高线，找坡时宜采取挡板辅助措施。

泡沫混凝土的浇筑出料口离基层的高度不宜超过 1m，泵送时应采取低压泵送。泡沫混凝土应分层浇筑，一次浇筑厚度不宜超过 200mm，终凝后应进行保湿养护，养护时间不得少于 7d。

7.2.3 质量标准

1. 板状保温材料

板状保温材料质量检验标准应符合表 7-5 的规定。

板状保温材料质量检验标准　　表 7-5

项目	序号	检查项目	检验方法
主控项目	1	板状保温材料质量，应符合设计要求	检查出厂合格证、质量检验报告和进场检验报告
	2	板状保温材料的厚度应符合设计要求，其正偏差应不限，负偏差应不大于5%，且不得大于4mm	钢针插入和尺量检查
	3	屋面热桥部位处理应符合设计要求	观察检查
一般项目	1	板状保温材料铺设应紧贴基层，铺平垫稳，拼缝应严密，粘贴应牢固	观察检查
	2	固定件的规格、数量和位置均应符合设计要求；垫片应与保温层表面齐平	观察检查
	3	板状材料保温层表面平整度的允许偏差为5mm	2m 靠尺和塞尺检查
	4	板状材料保温层接缝高低差的允许偏差为2mm	直尺和塞尺检查

2. 纤维保温材料

纤维保温材料质量检验标准应符合表 7-6 的规定。

纤维保温材料质量检验标准　　表 7-6

项目	序号	检查项目	检验方法
主控项目	1	纤维保温材料质量，应符合设计要求	检查出厂合格证、质量检验报告和进场检验报告
	2	喷涂硬泡聚氨酯保温层的厚度应符合设计要求，其正偏差应不限，不得有负偏差	钢针插入和尺量检查
	3	屋面热桥部位处理应符合设计要求	观察检查
一般项目	1	板状保温材料铺设应紧贴基层，拼缝应严密，表面应平整	观察检查
	2	固定件的规格、数量和位置均应符合设计要求；垫片应与保温层表面齐平	观察检查
	3	装配式骨架和水泥纤维板应铺钉牢固，表面应平整；龙骨间距和板材厚度应符合设计要求	观察和尺量检查
	4	具有抗水蒸气渗透外覆面的玻璃棉制品，其外覆面应朝向室内，拼缝应用防水密封胶封严	观察检查

3. 喷涂硬泡聚氨酯保温层

喷涂硬泡聚氨酯保温层质量检验标准应符合表 7-7 的规定。

喷涂硬泡聚氨酯保温层质量检验标准　　表 7-7

项目	序号	检查项目	检验方法
主控项目	1	喷涂硬泡聚氨酯所用原材料的质量和配合比，应符合设计要求	检查原材料出厂合格证、质量检验报告和计量措施
	2	喷涂硬泡聚氨酯保温层的厚度应符合设计要求，其正偏差应不限，不得有负偏差	钢针插入和尺量检查
	3	屋面热桥部位处理应符合设计要求	观察检查
一般项目	1	喷涂硬泡聚氨酯应分遍喷涂，粘贴应牢固，表面应平整，找坡应正确	观察检查
	2	喷涂硬泡聚氨酯保温层表面平整度的允许偏差为 5mm	2m 靠尺和塞尺检查

4. 现浇泡沫混凝土保温层

现浇泡沫混凝土保温层质量检验标准应符合表 7-8 的规定。

喷涂硬泡聚氨酯保温层质量检验标准　　表 7-8

项目	序号	检查项目	检验方法
主控项目	1	现浇泡沫混凝土所用原材料的质量和配合比，应符合设计要求	检查原材料出厂合格证、质量检验报告和计量措施
	2	现浇泡沫混凝土保温层的厚度应符合设计要求，其正负偏差应为 5%，且不得大于 5mm	钢针插入和尺量检查
	3	屋面热桥部位处理应符合设计要求	观察检查
一般项目	1	现浇泡沫混凝土应分层，粘贴应牢固，表面应平整，找坡应正确	观察检查
	2	现浇泡沫混凝土不得有贯通型裂缝，以及疏松、起砂、起皮现象	观察检查
	3	现浇泡沫混凝土保温层表面平整度的允许偏差为 5mm	2m 靠尺和塞尺检查

过程 7.3　屋面找平层施工

7.3.1　材料要求

屋面找平层材料，包括水泥砂浆、细石混凝土等。所用材料的质量、技术性能、配合比必须符合设计要求和施工规范的规定。

卷材、涂膜的基层宜设找平层。找平层厚度和技术要求应符合表7-9的规定。

找平层厚度和技术要求 **表7-9**

找平层分类	适用的基层	厚度（mm）	技术要求
水泥砂浆	整体现浇混凝土板	15～20	1∶2.5水泥砂浆
	整体材料保温层	20～25	
细石混凝土	装配式混凝土板	30～35	C20混凝土，宜加钢筋网片
	板状材料保温层		C20混凝土

7.3.2 找平层施工

1. 主要机具

根据找平层材料选用砂浆搅拌机或混凝土搅拌机、手推车、铁锹、铁抹子、刮杠、水平尺等。

2. 施工工艺

找平层施工工艺流程一般为：

基层清理→管根封堵→坡度、分格缝弹线→洒水湿润→找平层施工→养护。

（1）基层清理：将屋面结构层、保温层上面的松散杂物清扫干净，凸出基层上的砂浆、灰渣剔平扫净，基层要求平整、密实、干净、干燥，不得有起砂、起皮、松动现象。

（2）管根封堵：大面积找平层施工前，应先将出屋面的管道、变形缝等根部按设计或规范要求进行封堵处理。

（3）坡度、分格缝弹线：根据设计坡度要求，在墙边引测标高点并弹好控制线。再根据设计要求，弹出分格缝位置，分格缝宽度宜为20mm。水泥砂浆或细石混凝土找平层，分格缝间距不宜大于6m。当利用分格缝兼作排汽屋面的排汽道时，细石混凝土找平层，分格缝间距不宜大于6m；沥青砂浆找平层，分格缝间距不宜大于4m。当利用分格缝兼作排气屋面的排气道时，缝应适当加宽，并应与保温层连通。

（4）洒水湿润：抹找平层之前，基层表面应适当洒水湿润，但不可过量，以免影响找平层表面干燥，使防水层产生空鼓。对不易与找平材料结合的基层应做界面处理。

（5）找平层施工

1）冲筋、贴灰饼：根据坡度要求拉线找坡贴灰饼，顺排水方向和分水线方向冲筋，冲筋的间距为1.5m左右；在分格缝位置处安装好已刨光并充分湿润及涂刷隔离剂的木条；在排水沟、雨水口处找出泛水。

2）铺浆：在湿润过的基层上分仓均匀地扫素水泥浆一遍，随扫随铺水泥砂浆，用木杠沿两边冲筋的标高刮平，用木抹子搓平，搓出水泥浆。砂浆铺设应按由远到近、由高到低的顺序进行，在每分格板块内应一次连续铺抹，严格掌握坡度。

3）压实：砂浆铺抹稍干后，用抹子压实两遍成活。头遍拉平、压实，使砂浆均匀密实；待浮水沉失，人踩上去有脚印但不下陷时，再用抹子压第二遍，将表面压实。

（6）养护

找平层在终凝后进行养护，可覆盖草袋浇水养护，养护时间一般不少于 7d。

7.3.3 质量标准

找平层质量检验标准应符合表 7-10 的规定。

找平层质量检验标准　　表 7-10

项目	序号	检查项目	检验方法
主控项目	1	找平层的材料质量及配合比，必须符合设计要求	检查出厂合格证、质量检验报告和计量措施
	2	找平层的排水坡度，必须符合设计要求	坡度尺检查
一般项目	1	找平层应抹平、压光，不得有酥松、起砂、起皮现象	观察检查
	2	卷材防水层的基层与突出屋面结构的交接处和基层的转角处，找平层应做出圆弧形，且整齐平顺	观察检查
	3	找平层分格缝的宽度和间距应符合设计要求	观察和尺量检查
	4	找平层表面平整度的允许偏差为 5mm	2m 靠尺和塞尺检查

过程 7.4　屋面防水工程施工

防水工程在建筑工程中主要起到保证工程结构不受水侵蚀的作用。防水工程一般可以从以下几方面进行分类和归纳。

防水工程按构造做法可分为结构自防水和防水层防水。结构自防水主要是依靠建筑物构件（如屋面板、底板、墙体等）材料自身的密实性及某些构造措施（如坡度、埋设止水带等），起到构件自身防水的作用；防水层防水是在建筑物构件上使用防水材料作为防水层起到防水的作用。

防水工程按材料可分为：卷材防水、涂膜防水、复合防水等。

防水工程按工程部位可分为：屋面防水工程、卫生间防水工程、地下防水工程。

屋面防水是屋面工程中的一项重要内容，防水质量的优劣，直接关系建筑物的使用寿命。

屋面防水工程根据建筑物的类别、重要程度、使用功能要求确定防水等级，并应按相应等级进行防水设防；对防水有特殊要求的建筑屋面，应进行专门防水设计。屋面防水等级、设防要求、防水做法应符合表表 7-11 的规定。

屋面防水等级、设防要求、防水做法　　表 7-11

防水等级	建筑类别	设防要求	防水做法
Ⅰ级	重要建筑和高层建筑	两道防水设防	卷材防水层和卷材防水层、卷材防水层和涂膜防水层、复合防水层
Ⅱ级	一般建筑	一道防水设防	卷材防水层、涂膜防水层、复合防水层

注：在Ⅰ级屋面防水做法中，防水层仅作单层卷材时，应符合有关单层防水卷材屋面技术的规定。

下列情况不得作为屋面的一道防水设防：

（1）混凝土结构层；

（2）装饰瓦及不搭接瓦；

（3）隔汽层；

（4）细石混凝土层；

（5）卷材或涂膜厚度不符合本规范规定的防水层。

7.4.1　卷材防水屋面

卷材防水屋面是指采用胶粘剂粘贴材料或采用自粘防水卷材贴于屋面基层进行防水的屋面。卷材防水屋面一般构造层次如图 7-3 所示，具体构造层次根据设计要求而定。

每道卷材防水层最小厚度应符合表 7-12 的规定。

每道卷材防水层最小厚度（mm）　　表 7-12

防水等级	合成高分子防水卷材	高聚物改性沥青防水卷材		
		聚酯胎、玻纤胎、聚乙烯胎	自粘聚酯胎	自粘无胎
Ⅰ级	1.2	3.0	2.0	1.5
Ⅱ级	1.5	4.0	3.0	2.0

1. 材料要求

（1）卷材

防水卷材是建筑工程防水材料的重要品种之一，目前主要包括高聚物改性沥青防水卷材、合成高分子防水卷材。

1）卷材的贮运、保管

①不同品种、型号和规格的卷材应分别堆放；

②卷材应贮存在阴凉通风的室内，避免雨淋、日晒和受潮，严禁接近火源。

③卷材应避免与化学介质及有机溶剂等有害物质接触。

2）进场的防水卷材检验项目

①除应进行外观检查外，高聚物改性沥青防水卷材还应检查其可溶物含量、拉力、最大拉力时延

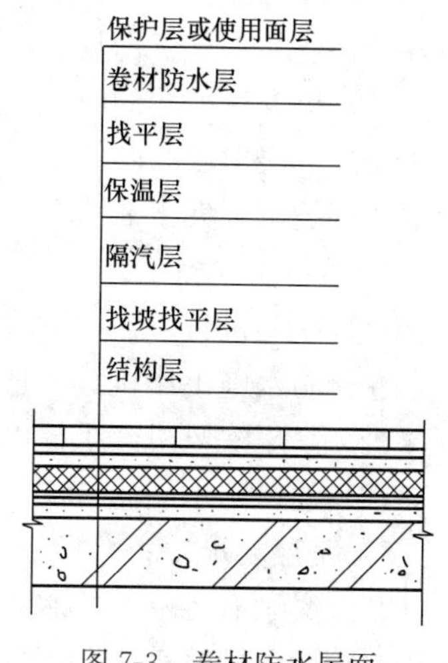

图 7-3　卷材防水屋面构造层次示意图

伸率、耐热度、低温柔性、不透水性。

②合成高分子防水卷材应检查断裂拉伸强度、扯断伸长率、低温弯折性、不透水性。

(2) 胶粘剂

胶粘剂主要用于卷材与基层之间的粘结，也可用于卷材接缝口、卷材终端收头及边缘的密封处理等。胶粘剂一般使用橡胶或再生橡胶，用汽油、甲苯等溶剂溶解而成，要求与铺贴的卷材材性相容。目前常用的胶粘剂有天然橡胶系胶粘剂、再生橡胶系胶粘剂、氯丁橡胶系胶粘剂等。

卷材胶粘剂和胶粘带的贮运、保管应符合下列规定：

1) 不同品种、规格的卷材胶粘剂和胶粘带，应分别用密封桶或纸箱包装。

2) 卷材胶粘剂和胶粘带应贮存在阴凉通风的室内，严禁接近火源和热源。

(3) 基层处理剂

基层处理剂是指在防水层施工前，为了增强防水材料与基层之间的粘结力，预先在基层上涂刷的稀质涂料。常用的基层处理剂有冷底子油、与高聚物改性沥青卷材和合成高分子防水卷材配套的底胶，要求其与卷材的材性相容，以免与卷材发生腐蚀或粘结不良。

2. 施工前准备工作

(1) 施工前，应进行图纸会审。对施工图中的细部构造及有关技术要求，编制防水施工方案或技术措施。

(2) 施工负责人应向班组进行技术交底。内容包括：施工部位、施工顺序、施工工艺、构造层次、增强部位及做法，工程质量标准，保证质量的技术措施，成品保护措施及安全注意事项。

(3) 防水层所用的材料应有材料质量证明文件，确保其质量符合要求。进场材料应按规定抽样复验。

(4) 准备好胶粘剂、密封材料、嵌缝材料、铺贴卷材、清扫基层等施工操作中各种必需的工具、用具、机械等。

(5) 检查找平层的施工质量及含水率是否符合要求。

当找平层出现凹凸不平、起砂、裂缝等现象时，应按要求进行修补。找平层含水率一般不宜大于9%。

3. 卷材防水施工

(1) 主要机具

卷材防水施工用机具一般有火焰加热器、剪刀、长把刷、滚动刷、自动热风焊接机、高压吹风机、手提电动搅拌器、钢卷尺、铁抹子、扫帚、小白线等。

(2) 卷材防水层施工工艺

1) 基层要求

基层必须有足够的排水坡度，并且干净、干燥。基层的干燥程度可用简易方法进行检验。即将1m²卷材平坦地干铺在找平层上，静置3～4h后掀开检查，找平层覆盖部位与卷材表面未见水印，方可铺设防水层。

2）涂刷基层处理剂

基层处理剂应配比准确，并应搅拌均匀。基层处理剂为汽油稀释的胶粘剂，在大面积涂刷前，应对屋面节点、周边、拐角等部位先行处理，涂刷要薄而均匀，切忌反复涂刷。

3）卷材铺贴方向

卷材宜平行于屋脊方向铺贴，上下层卷材不得相互垂直铺贴。檐沟、天沟卷材施工时，宜顺檐沟、天沟方向铺贴，搭接缝应顺流水方向。坡度大于25%时，卷材应采取满粘和钉压固定措施。

4）卷材铺贴顺序

铺贴多跨和有高低跨的屋面时，应按先高跨后低跨；同等高度先远后近；同一平面从低处开始铺贴的顺序。施工时，应先做好节点、附加层和屋面排水比较集中部位的处理。大面积屋面施工时，可根据面积大小、屋面形状、施工工艺顺序等划分流水施工段，施工段的界线宜设在屋脊、天沟、变形缝等处。

5）搭接处理

卷材铺贴应采用搭接法，同一层及相邻两幅卷材应错开搭接。卷材搭接宽度见表7-13所列。上下两层卷材长边搭接缝可错开1/3或1/2幅宽，且不应小于幅宽的1/3，如图7-4所示。为保证卷材搭接宽度和铺贴顺直，铺贴时应弹出标线并试铺。

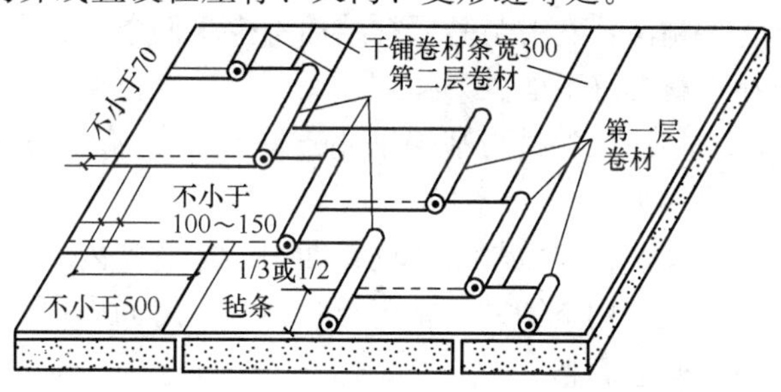

图7-4　水平铺贴卷材搭接示意图

平行于屋脊方向的搭接缝应顺流水方向搭接；垂直于屋脊的搭接缝应顺年最大主导风向搭接，如图7-5所示。

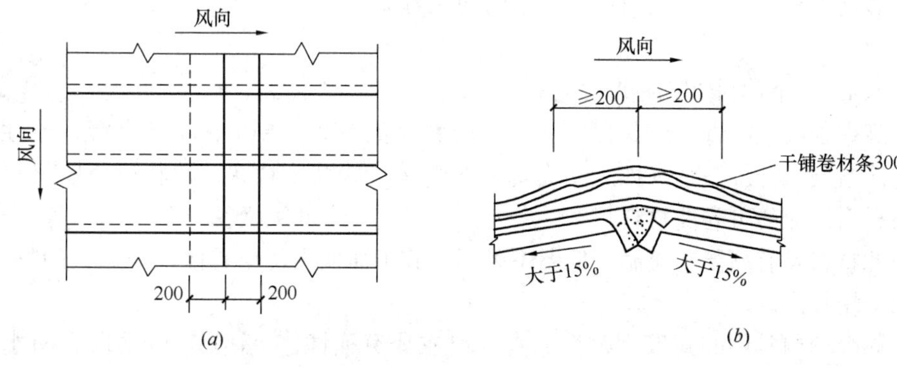

图7-5　垂直铺贴卷材搭接示意图

（a）平面；（b）屋脊处剖面

叠层铺设的各层卷材，在天沟与屋面的交接处，应采用叉接法搭接，搭接缝宜留在屋面或天沟侧面，不宜留在沟底。

卷材搭接宽度（mm）　　表 7-13

卷材类别		搭接宽度
合成高分子防水卷材	胶粘剂	80
	胶粘带	50
	单缝焊	60，有效焊接宽度不小于 25
	双缝焊	80，有效焊接宽度 10×2＋空腔宽
高聚物改性沥青防水卷材	胶粘剂	100
	自粘	80

6）铺贴方法

卷材的铺贴方法可分为满粘法、条粘法、点粘法、空铺法等，如设计无特殊规定，通常都采用满粘法。

满粘法：卷材与基层全部粘结在一起的施工方法。

条粘法：卷材与基层粘结面不少于两条，每条宽度不小于 150mm，粘结部位设在卷材接缝下面。

点粘法：卷材与基层采用点状粘结的施工方法，每平方米粘结不少于 5 点，每点尺寸为 100mm×100mm。

空铺法：卷材与基层仅在四周一定宽度内粘结，其余部分不粘结。

无论采用空铺、条粘还是点粘法，屋面周边 800mm 内的防水层应满粘，卷材与卷材间应满粘。

7）附加层

对于排水口、管子根部、天沟、檐沟等容易发生渗漏的部位应做附加层。

8）检查验收

施工完毕后应进行彻底检查，确保防水层无鼓泡、折皱、脱落和大的空鼓现象，做到平整、美观，从而保证防水的使用寿命。

7.4.2 高聚物改性沥青卷材防水

高聚物改性沥青卷材是以高分子聚合物（如 SBS、APP、APAO 等）改性沥青为涂盖层，纤维织物（如无纺布等）为胎体，粉状、粒状、片状或薄膜材料为覆盖材料制成的可卷曲材料。

此材料具有高温不流淌、低温不脆裂、施工简便无污染、使用寿命长的特点，目前应用较广。

如今国内常用的高聚物改性沥青卷材主要有弹性体（SBS）改性沥青防水卷材、塑性体（APP）改性沥青防水卷材、聚乙烯胎（PEE）改性沥青防水卷材等。

1. 材料要求

（1）卷材

高聚物改性沥青防水卷材外观质量、规格应符合表 7-14、表 7-15 的要求。

高聚物改性沥青防水卷材外观质量要求 **表 7-14**

项　　目	外观质量要求
孔洞、缺边、裂口	不允许
边缘不整齐	不超过 10mm
胎体露白、未浸透	不允许
撒布材料粒度、颜色	均匀
每卷卷材的接头	不超过 1 处，较短的一段不应小于 1000mm，接头处应加长 150mm

高聚物改性沥青防水卷材规格 **表 7-15**

厚度（mm）	宽度（mm）	每卷长度（m）
2.0	≥1000	15.0～20.0
3.0	≥1000	10.0
4.0	≥1000	7.5
5.0	≥1000	5.0

（2）胶粘剂

一般选用橡胶或再生橡胶的汽油溶液做胶粘剂。改性沥青胶粘剂的剥离强度不应小于 8N/mm。

（3）基层处理剂

一般都由厂家配套使用，按产品说明书的要求使用。

2. 高聚物改性沥青防水卷材施工

高聚物改性沥青防水卷材的工艺流程一般为：

基层清理→涂刷基层处理剂→附加层施工→铺贴卷材→蓄水试验→铺设保护层。

（1）基层清理

防水施工前，将基层表面杂物彻底清理干净。

（2）涂刷基层处理剂

可选用与防水卷材配套的基层处理剂，使用前在清理好的基层表面，用长把滚刷均匀涂布在基层上，要求不露底、不堆积。

（3）附加层施工

基层处理剂干燥后，可先对管子根部、排水口等特殊部位进行处理。处理的具体做法应符合各部位防水规范要求，详见细部构造做法。

（4）铺贴卷材

卷材铺贴方法可选用冷粘法、自粘法和热熔法等。

1）冷粘法

冷粘法是利用毛刷或橡皮刮板将胶粘剂均匀涂刷在基层表面，并控制厚度均匀，边铺卷材边用辊子推展卷材，以便排出空气至压实的施工方法。

铺贴卷材时，应根据卷材的铺贴方案，在流水坡度的下坡开始弹出基准线，根据基准线在基层上涂刷胶粘剂、铺贴卷材，铺贴时控制胶粘剂涂刷与粘合的间隔时间，间隔时间要根据试验、经验确定。卷材铺贴时应对准弹好的基准线，边铺边用辊子进行压实处理，排出空气或异物。

平面立面交接处，先粘贴好平面，经过转角，由下往上粘贴卷材，粘贴同时排出空气，最后从上往下滚压密实。

冷粘法施工环境温度不宜低于5℃。

2）自粘法

自粘法是在卷材底面涂上一层胶，并在表面敷上一层隔离纸，施工时剥去隔离纸，即可直接铺贴的一种施工方法。

自粘法铺贴卷材时应符合下列规定：

①铺贴卷材前基层表面应均匀涂刷基层处理剂，干燥后及时铺贴卷材。

②铺贴卷材时，应将自粘胶底面的隔离纸全部撕净，卷材下面的空气应排尽，并滚压粘结牢固。

③低温施工时，立面、大坡面及搭接处用热风枪加热，加热后随即粘贴牢固，至溢出自粘膏随即刮平封口。接缝口用密封材料封严，宽度不应小于10mm。

④铺贴的卷材应平整顺直，搭接尺寸准确，不得扭曲、皱折。

⑤自粘法施工环境温度不宜低于10℃。

3）热熔法

热熔法是用火焰喷枪或其他加热工具对准卷材底面和基层均匀加热，待表面沥青开始熔化并呈黑色光亮状态时，边烘烤边铺贴卷材，并用压辊压实的施工方法。

厚度小于3mm的高聚物改性沥青防水卷材，严禁采用热熔法施工。

热熔法施工工艺流程为：

基层清理→涂刷基层处理剂→铺贴卷材附加层→铺贴卷材→热熔封边→蓄水试验→保护层施工。

铺贴卷材前，将卷材剪成相应尺寸，用原卷心卷好备用；铺贴时随放卷随用火焰喷枪加热基层和卷材的交界处，喷枪距加热面300mm左右，经往返均匀加热，趁卷材的材面刚刚熔化时，将卷材向前滚铺、粘贴，搭接部位应满粘牢固。

熔化热熔型改性沥青胶结料时宜采用专用导热炉加热，加热温度不应高于200℃，使用温度不宜低于180℃，粘贴卷材的热熔型改性沥青胶结料厚度宜为1.0～1.5mm。施工完毕后，再用冷粘剂对搭接边进行密封处理。卷材的层数、厚度应符合设计要求，多层铺设时接缝应错开。

卷材搭接处用喷枪加热，趁热使二者粘结牢固，以边缘挤出改性沥青为度，溢出的改性沥青胶结料宽度宜为8mm，并均匀顺直为宜；末端收头用密封膏嵌填严密。

高聚物改性沥青防水卷材，严禁在雨天、雪天施工；五级风及其以上时不得施工；环境温度低于－10℃时不宜施工。施工中途下雨、下雪，应做好已铺卷材周边的防护工作。

（5）蓄水试验

检验屋面有无渗漏和积水、排水是否畅通，应在雨天或持续淋水 2h 以后进行检验。对有可能做蓄水检验的屋面、天沟、檐沟、水落口、泛水等部位，其蓄水时间不应少于 24h，再做观察检查。

7.4.3 合成高分子卷材防水

合成高分子卷材是以合成橡胶、合成树脂或两者共混为基料，加入适量的助剂和填充料，加工成卷曲片状材料后，与合成纤维等复合形成两层或两层以上可卷曲的片状防水材料。

此材料具有拉伸强度高、耐腐蚀、耐老化、低温柔性好、可冷加工等优点，由此而得到广泛应用。

目前国内常用的合成高分子防水卷材主要有三元乙丙橡胶防水卷材、聚氯乙烯防水卷材、氯化聚乙烯—橡胶共混防水卷材等。

1. 材料要求

（1）卷材

合成高分子防水卷材外观质量、规格应符合表 7-16、表 7-17 的要求。

合成高分子防水卷材外观质量要求　　表 7-16

项　目	外观质量要求
折痕	每卷不超过 2 处，总长度不超过 20mm
杂质	大于 0.5mm 颗粒不允许，每平方米不超过 9mm^2
胶块	每卷不超过 6 处，每处面积不大于 4mm^2
凹痕	每卷不超过 6 处，深度不超过本身厚度 30%；树脂类深度不超过 15%
每卷卷材的接头	橡胶类每 20m 不超过 1 处，较短的一段不应小于 3000mm，接头处应加长 150mm；树脂类 20m 长度内不允许有接头

合成高分子防水卷材规格　　表 7-17

厚度（mm）	宽度（mm）	每卷长度（m）
1.0	≥1000	20.0
1.2	≥1000	20.0
1.5	≥1000	20.0
2.0	≥1000	10.0

（2）胶粘剂

胶粘剂一般使用丁基橡胶、氯化丁基橡胶或氯丁橡胶和硫化剂、促进剂、填充剂、溶液剂等配制而成的双组分或单组分常温硫化型胶粘剂。单组分胶粘剂只需开桶搅拌均匀后即可使用；双组分胶粘剂则必须按厂家提供的配合比和配制方法进行计算、掺合、搅拌均匀后才能使用。基层胶粘剂和卷材接缝胶粘剂如为不同品种，使用时注意不得混用。搭接缝处如使用胶粘带时，胶粘带应与卷材匹配。

（3）辅助材料

1）稀释剂

采用二甲苯作为基层处理剂的稀释剂，其用量约为 0.25kg/m^2。

2）清洗剂

采用二甲苯作为施工机具的清洗剂；采用乙酸乙酯洗手及被胶粘剂污染的部位，其用量为 0.05kg/m^2 左右。

2. 合成高分子防水卷材施工

合成高分子卷材防水层可采用冷粘贴的施工方法。施工工艺流程如下：

基层清理→涂刷基层处理剂→附加层施工→卷材与基层表面涂胶→卷材铺贴→卷材接缝粘结→卷材收头处理→蓄水试验→做保护层。

（1）基层清理

施工防水层前将已验收合格的基层表面清扫干净，不得有浮尘、杂物等影响防水层质量的缺陷。

（2）涂刷基层处理剂

基层处理剂一般采用聚氨酯底胶。聚氨酯底胶应按一定比例进行配制，搅拌均匀即可进行涂布施工。在大面积涂刷前，用油漆刷蘸底胶在阴阳角、管根、水落口等细部复杂部位均匀涂刷一遍聚氨酯底胶，然后用长把滚刷在大面积部位涂刷。涂刷底胶（相当于冷底子油）厚薄应一致，不得有漏刷、花白等现象。

（3）附加层施工

对于阴阳角、管子根部、水落口等容易发生渗漏的部位应先做附加层，可采用自粘性密封胶或聚氨酯防水涂膜进行处理。

（4）卷材与基层表面涂胶

1）卷材表面的涂刷。卷材表面涂刷胶粘剂时，先将卷材展开摊铺在平整干净的基层上，用长柄滚刷蘸胶粘剂，均匀涂刷在卷材的背面，不得涂刷得太薄而露底，也不得涂刷得过多而聚胶，沿搭接缝部位宽 100mm 处不得涂胶。

2）基层表面的涂刷。涂刷要均匀，涂刷时，切忌在一处来回涂刷，以免将底胶“咬起”。

（5）卷材铺贴

1）卷材铺贴时，要控制好胶粘剂涂刷与卷材铺贴的间隔时间，一般要求基层及卷材上涂刷的胶粘剂达到表干程度，通常需要 10～30min，用指触不粘手时即可开始铺贴卷材。

2）根据卷材配置方案，从流水下坡开始，先弹出基准线，卷材铺贴时对准已弹好的准线，并且在铺贴好的卷材上弹出搭接宽度线，以便第二幅卷材铺贴时，能以此为准进行铺贴。

3）卷材铺贴可采用滚铺法，将涂布完胶粘剂的卷材圆筒，用一根 $\phi30\times1500$ 的钢管穿入中心的塑料管或筒芯内，由两人分别持钢管两端，将卷材的一端固定在预定的位置，再沿基准线铺展卷材。铺展时，两人同时匀速向前，将卷材铺贴平整，卷材不要拉得过紧，应尽量保持松弛，但不能有皱折，直到铺完一幅卷材。

4）每铺完一幅卷材，应立即用干净而松软的长柄压辊从卷材一端顺卷材横向滚压一遍，彻底排出卷材粘结层间的空气。

5）排除空气后，平面部位可用外包橡胶的重约 30～40kg 的大压辊滚压，使其粘结牢固。滚压应从中间向两边移动，做到排气彻底。

（6）卷材接缝粘结

卷材铺好并与基层压实后，应将搭接部位的结合面清除干净，然后用油漆刷均匀涂刷接缝胶粘剂，不得出现露底、堆积现象。卷材接缝宽度一般为 100mm，涂胶量可按产品说明书控制。涂胶后，从一端开始，用手持压辊滚压一遍，边压边排出空气。三层卷材重叠的接头部位，用填充密封材料封闭。

（7）卷材收头处理

为使防水卷材末端收头粘结牢固，防止翘曲和渗水漏水，应将卷材收头裁整齐后塞入预留凹槽，钉压固定后用聚氨酯密封膏等密封材料封闭严密，再涂刷一层聚氨酯涂膜防水材料。

合成高分子防水卷材，严禁在雨天、雪天施工；五级风及其以上时不得施工；环境气温低于 5℃时不宜施工。

7.4.4 卷材防水屋面质量标准

卷材防水屋面质量检验标准应符合表 7-18 的规定。

卷材防水屋面质量检验标准　　表 7-18

项目	序号	检查项目	检验方法
主控项目	1	卷材防水层所用卷材及其配套材料，必须符合设计要求	检查出厂合格证、质量检验报告和进场检验报告
	2	卷材防水层不得有渗漏或积水现象	雨后观察或淋水、蓄水试验
	3	卷材防水层在天沟、檐沟、檐口、水落口、泛水、变形缝和伸出屋面管道的防水构造，必须符合设计要求	观察检查
一般项目	1	卷材防水层的搭接缝应粘结牢固，密封严密，不得有扭曲、皱折、翘边	观察检查
	2	卷材防水层的收头应与基层粘结，钉压应牢固，密封应严密	观察检查
	3	卷材防水层的铺贴方向应正确，卷材搭接宽度的允许偏差为－10mm	观察和尺量检查
	4	屋面排汽构造的排汽道应纵横贯通，不得堵塞；排汽管应安装牢固，位置应正确，封闭应严密	观察检查

7.4.5 涂膜防水屋面

涂膜防水屋面是指在基层上涂刷防水涂料，经固化后形成一层有一定厚度和弹性的整体涂膜，从而达到防水目的的一种防水屋面形式。涂膜防水屋面一般构造层次如图 7-6 所示，具体施工构造层次，根据设计要求而定。

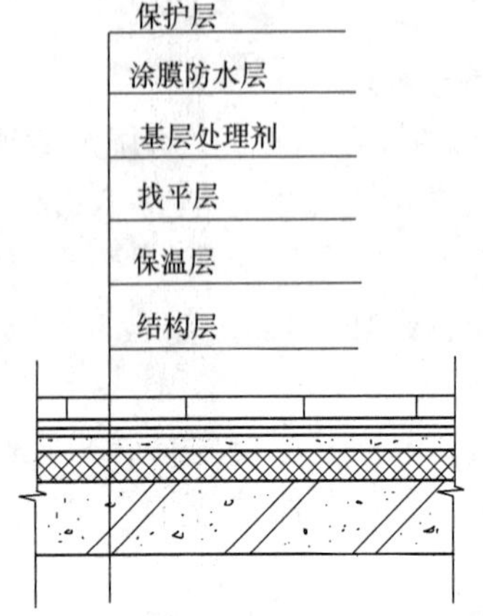

图 7-6 涂膜屋面构造层次示意图

涂膜防水屋面主要适用于防水等级为Ⅲ级、Ⅳ级的屋面防水，也可用于Ⅰ级、Ⅱ级屋面多道防水设防中的一道防水层。

防水涂料在常温下呈无定形液态，防水涂料一般按涂料的类型和涂料成膜物质的主要成分两种方法进行分类。按涂料类型可将涂料分为溶剂型、水乳型和反应型；按涂料成膜物质的主要成分可分为高聚物改性沥青防水涂料、合成高分子防水涂料、聚合物水泥防水涂料。

每道涂膜防水层最小厚度应符合表 7-19 的规定。

每道涂膜防水层最小厚度（mm） **表 7-19**

防水等级	合成高分子防水涂膜	聚合物水泥防水涂膜	高聚物改性沥青防水涂膜
Ⅰ级	1.5	1.5	2.0
Ⅱ级	2.0	2.0	3.0

1. 材料要求

(1) 防水材料、密封材料、胎体增强材料外观质量要求见表 7-20。

防水材料、密封材料、胎体增强材料外观质量要求 **表 7-20**

材料名称	外观质量要求
高聚物改性沥青防水涂料	包装完好无损，须标明涂料名称、生产日期、生产厂家，产品有效日期，无沉淀、凝胶、分层
合成高分子防水涂料 聚合物水泥防水涂料	包装完好无损，须标明涂料名称、生产日期、生产厂家，产品有效日期
胎体增强材料	均匀，无团状，平整，无折皱
改性石油沥青密封材料	黑色均匀膏状，无结块和未浸透的填料
合成高分子密封材料	均匀膏状物，无结皮、凝胶或不易分散的固体团状

(2) 抽检数量：同一规格、品种的防水涂料，每 10t 为一批，不足 10t 者按一批进行抽样。胎体增强材料，每 3000m^2 为一批，不足 3000m^2 者按一批进行抽样。密封材料，每 1t 产品为一批，不足 1t 的按一批进行抽样。

(3) 贮运、保管：防水涂料包装容器必须密封，容器表面应标明涂料名称、生产厂名、执行标准号、生产日期和产品有效期，并分类存放；反应型和水乳型涂料贮运和保管环境温度不宜低于5℃；溶剂型涂料贮运和保管环境温度不宜低于0℃，并不得日晒、碰撞和渗漏，保管环境应干燥、通风，并远离火源，仓库内应有消防设施；胎体增强材料的贮运、保管环境应干燥、通风，并远离火源。

2. 涂膜防水屋面施工

（1）主要机具

涂膜防水屋面施工所用主要机具一般有电动搅拌器、拌料筒、小型油漆筒、橡皮或塑料刮板、称量器、长柄滚刷、油漆刷、小抹子、小平铲、锤子、凿子、钢丝刷、扫帚、剪刀、钢卷尺等。

（2）涂膜防水层施工工艺

涂膜防水层施工工艺流程一般为：

基层清理→涂刷基层处理剂→铺设有胎体增强材料的附加层→涂刷防水层→铺设保护层。

1）基层清理

先以铲刀扫帚等工具将基层表面的突出物、砂浆疙瘩等异物铲除，并将尘土杂物彻底清扫干净。对阴阳角、管根、水落口等部位更应认真清理。基层的干燥程度应根据所选用的防水涂料特性确定。

2）涂刷基层处理剂

基层处理剂涂刷时，应用刷子用力薄涂，使基层处理剂尽量刷进基层表面的毛细孔中，也可用机械喷涂。涂刷均匀一致，不漏底，基层处理剂常用涂膜防水材料稀释后使用，其配合比应根据不同防水材料按产品说明书的要求配置。

3）铺设有胎体增强材料的附加层

在天沟、檐沟与屋面交接处、女儿墙、变形缝两侧墙体根部等易开裂部位，铺设一层或多层带有胎体增强材料的附加层。

4）涂刷防水层

①涂刷防水层必须由两层以上涂层组成，每一涂层应刷2～3遍，达到分层施工，多道薄涂，其总厚度必须达到设计要求。多遍涂刷时，应待涂层干燥成膜后，方可涂刷下一遍涂料，两涂层施工间隔时间不宜过长。

②涂布顺序：先做好细部处理，再进行大面积涂布。当遇有高低跨屋面时，一般先涂布高跨屋面，后涂布低跨屋面；在相同高度大面积屋面上施工，应合理划分施工段，在每一段中应先涂布较远的部位，后涂布较近的部位；先涂布立面，后涂布平面；先涂布排水比较集中的水落口、天沟、檐口，再往上涂布屋脊等。

③纯涂层涂布一般应由屋面标高最低处顺屋脊方向施工，并根据设计厚度，分层分遍涂布。

用刷子涂刷一般采用蘸刷法，也可边倒涂料边用刷子刷匀。涂布立面最好采用蘸涂法，涂刷应均匀一致、表面平整，不得有流淌堆积现象。

屋面大面积涂布施工时，可用毛刷、长柄棕刷、胶皮刮板刮刷涂布，每一涂层宜分两遍涂刷，每遍的厚度应按试验确定的1m^2涂料用量控制。涂膜厚度应均匀一致，不起泡，无针孔。当第一遍涂膜干燥后，经专人检查合格，清扫干净后，可涂刷第二遍，第二遍应与第一遍涂料涂刷方向相垂直，以提高防水层的整体性与均匀性。

④涂布时，应注意每遍涂层之间的接槎，在每遍涂刷时，应退槎 50～100mm，接槎时应超过 50～100mm，避免搭接处发生渗漏。

⑤涂膜间夹铺胎体增强材料时，宜边涂布边铺胎体；胎体应铺贴平整，排出气泡，并与涂料粘结牢固。在胎体上涂布涂料时，应使涂料浸透胎体，并覆盖完全，不得有胎体外露现象。最上面的涂膜厚度不应小于 1.0mm。

⑥双组分或多组分防水涂料应按配合比准确计量，应采用电动机具搅拌均匀，已配制的涂料应及时使用。配料时，可加入适量的缓凝剂或促凝剂调节固化时间，但不得混合已固化的涂料。

3. 涂膜防水屋面质量标准

涂膜防水屋面质量检验标准应符合表 7-21 的规定。

涂膜防水屋面质量检验标准 **表 7-21**

项目	序号	检查项目	检验方法
主控项目	1	防水涂料和胎体增强材料的质量，必须符合设计要求	检查出厂合格证、质量检验报告和进场检验报告
	2	涂膜防水层不得有渗漏和积水现象	雨后观察或淋水、蓄水试验
	3	涂膜防水层在天沟、檐沟、檐口、水落口、泛水、变形缝和伸出屋面管道的防水构造，必须符合设计要求	观察检查
	4	涂膜防水层的平均厚度应符合设计要求，且最小厚度不得小于设计厚度的 80%	针测法或取样量测
一般项目	1	涂膜防水层与基层应粘结牢固，表面应平整，涂布应均匀，无流淌、皱折、起泡、露胎体等缺陷	观察检查
	2	涂膜防水层的收头应用防水涂料多遍涂刷	观察检查
	3	铺贴胎体增强材料应平整顺直，搭接尺寸应准确，应排出气泡，并应与涂料粘结牢固；胎体增强材料搭接宽度的允许偏差为－10mm	观察和尺量检查

7.4.6 复合防水屋面

复合防水层是指由彼此相容的卷材和涂料组合而成的防水层。

复合防水层最小厚度应符合表 7-22 的规定。

复合防水层最小厚度（mm） **表 7-22**

防水等级	合成高分子防水卷材＋合成高分子防水涂膜	自粘聚合物改性沥青防水卷材（无胎）＋合成高分子防水涂膜	高聚物改性沥青防水卷材＋高聚物改性沥青防水涂膜	聚乙烯丙纶卷材＋聚合物水泥防水胶结材料
Ⅰ级	1.2＋1.5	1.5＋1.5	3.0＋2.0	(0.7＋1.3) ×2
Ⅱ级	1.0＋1.0	1.2＋1.0	3.0＋1.2	0.7＋1.3

1. 复合防水层相关规定

（1）选用的防水卷材与防水涂料应相容；

（2）防水涂膜宜设置在防水卷材的下面；

（3）挥发固化型防水涂料不得作为防水卷材粘结材料使用；

（4）水乳型或合成高分子类防水涂膜上面，不得采用热熔型防水卷材；

（5）水乳型或水泥基类防水涂料，应待涂膜实干后再采用冷粘铺贴卷材。

2. 质量标准

复合防水层质量检验标准应符合表 7-23 的规定。

复合防水层质量检验标准　　表 7-23

项目	序号	检查项目	检验方法
主控项目	1	复合防水层所用防水材料及其配套材料的质量，应符合设计要求	检查出厂合格证、质量检验报告和进场检验报告
	2	复合防水层不得有渗漏和积水现象	雨后观察或淋水、蓄水试验
	3	复合防水层在天沟、檐沟、檐口、水落口、泛水、变形缝和伸出屋面管道的防水构造，应符合设计要求	观察检查
一般项目	1	卷材与涂膜应粘贴牢固，不得有空鼓和分层现象	观察检查
	2	复合防水层的总厚度应符合设计要求	针测法或取样量测

7.4.7 平屋顶防水细部构造

屋面细部构造应包括檐口、檐沟和天沟、女儿墙和山墙、水落口、变形缝、伸出屋面管道、屋面出入口、反梁过水孔、设施基座、屋脊、屋顶窗等部位。细部构造设计应做到多道设防、复合用材、连续密封、局部增强，并应满足使用功能、温差变形、施工环境条件和可操作性等要求。细部构造中容易形成热桥的部位均应进行保温处理。

檐口、檐沟外侧下端及女儿墙压顶内侧下端等部位均应作滴水处理，滴水槽宽度和深度不宜小于 10mm。

大面积防水施工前，应先对节点进行密封材料嵌填、附加层铺设等处理。这有利于大面积防水层施工质量和整体质量的提高，对节点处防水密封性、防水层的适应变形能力是非常有利的。

附加层应符合下列规定：

（1）檐沟、天沟与屋面交接处、屋面平面与立面交接处，以及水落口、伸出屋面管道根部等部位，应设置卷材或涂膜附加层；

（2）屋面找平层分格缝等部位，宜设置卷材空铺附加层，其空铺宽度不宜小于 100mm；

（3）附加层最小厚度应符合表 7-24 的规定。

附加层最小厚度（mm）　　表 7-24

附加层材料	最小厚度	附加层材料	最小厚度
合成高分子防水卷材	1.2	合成高分子防水涂料、聚合物水泥防水涂料	1.5
高聚物改性沥青防水卷材（聚酯胎）	3.0	高聚物改性沥青防水涂料	2.0

注：涂膜附加层应夹铺胎体增强材料。

胎体增强材料应符合下列规定：

（1）胎体增强材料宜采用聚酯无纺布或化纤无纺布；

（2）胎体增强材料长边搭接宽度不应小于 50mm，短边搭接宽度不应小于 70mm；

（3）上下层胎体增强材料的长边搭接缝应错开，且不得小于幅宽的 1/3；

（4）上下层胎体增强材料不得相互垂直铺设。

1. 檐口

（1）卷材和涂膜的檐口防水构造

1）卷材防水屋面檐口 800mm 范围内的卷材应满粘，卷材收头应采用金属压条钉压，并应用密封材料封严。檐口下端应做鹰嘴和滴水槽（图 7-7）。

2）涂膜防水屋面檐口的涂膜收头，应用防水涂料多遍涂刷。檐口下端应做鹰嘴和滴水槽（图 7-8）。

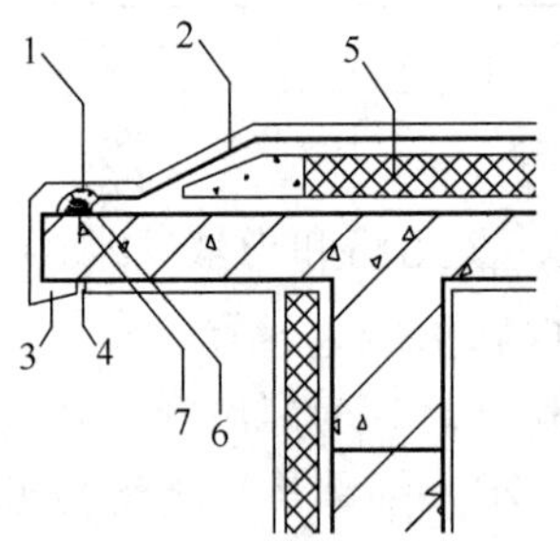

图 7-7　卷材防水屋面檐口
1—密封材料；2—卷材防水层；3—鹰嘴；4—滴水槽；5—保温层；6—金属压条；7—水泥钉

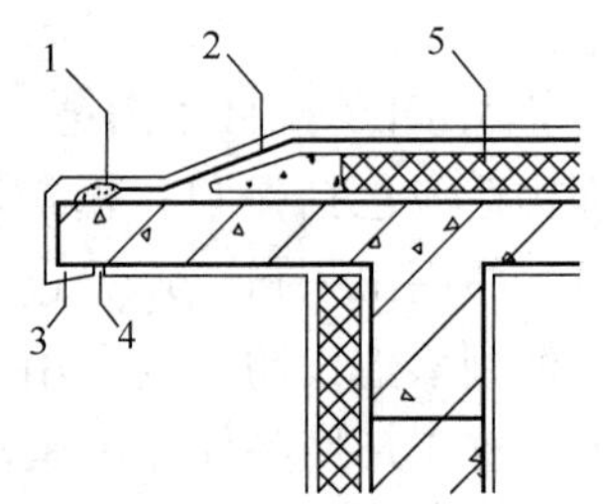

图 7-8　涂膜防水屋面檐口
1—涂料多遍涂刷；2—涂膜防水层；3—鹰嘴；4—滴水槽；5—保温层

（2）质量标准

檐口处防水质量检验标准应符合表 7-25 的规定。

檐口处防水质量检验标准　　表 7-25

项目	序号	检查项目	检验方法
主控项目	1	檐口防水构造应符合设计要求	观察检查
	2	檐口的排水坡度应符合设计要求；檐口部位不得有渗漏和积水现象	坡度尺检查和雨后观察或淋水试验

续表

项目	序号	检查项目	检验方法
一般项目	1	檐口800mm范围内的卷材应满粘	观察检查
	2	卷材收头应在找平层的凹槽内用金属压条钉压固定，并应用密封材料封严	观察检查
	3	涂膜收头应用防水涂料多遍涂刷	观察检查
	4	檐口端部应抹聚合物水泥砂浆，其下端应做成鹰嘴和滴水槽	观察检查

2. 檐沟和天沟

（1）卷材或涂膜防水屋面檐沟（图7-9）和天沟的防水构造，应符合下列规定：

1）檐沟和天沟的防水层下应增设附加层，附加层伸入屋面的宽度不应小于250mm；

2）檐沟防水层和附加层应由沟底翻上至外侧顶部，卷材收头应用金属压条钉压，并应用密封材料封严，涂膜收头应用防水涂料多遍涂刷；

3）檐沟外侧下端应做鹰嘴或滴水槽；

4）檐沟外侧高于屋面结构板时，应设置溢水口。

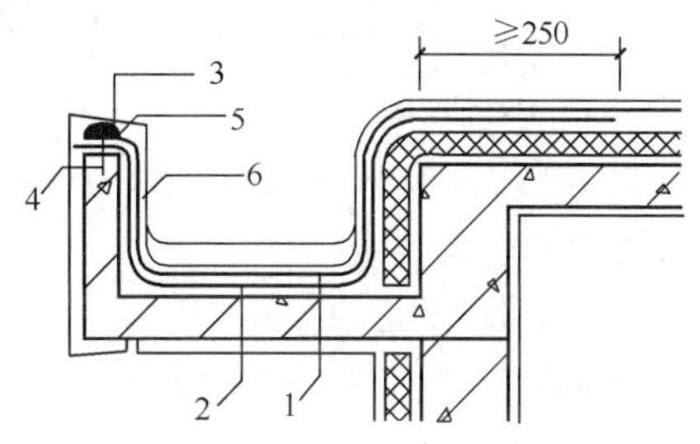

图7-9　卷材、涂膜防水屋面檐沟
1—防水层；2—附加层；3—密封材料；4—水泥钉；5—金属压条；6—保护层

檐沟、天沟的过水断面，应根据屋面汇水面积的雨水流量经计算确定。钢筋混凝土檐沟、天沟净宽不应小于300mm，分水线处最小深度不应小于100mm；沟内纵向坡度不应小于1%，沟底水落差不得超过200mm；檐沟、天沟排水不得流经变形缝和防火墙。

檐沟、天沟附加层，当采用高聚物改性沥青防水卷材或合成高分子防水卷材时，应设置防水涂膜附加层。一般应先安装水落口，后浇结构混凝土。如遇特殊原因须后安装时，后浇的细石混凝土必须掺膨胀剂，以减少收缩裂缝，保证安装牢固。

檐沟、天沟必须按设计要求找坡，转角处应抹成规定的圆角。檐沟或天沟铺贴卷材应从沟底开始，顺天沟从水落口向分水岭方向铺贴。

（2）质量标准

檐沟和天沟防水质量检验标准应符合表7-26的规定。

檐沟和天沟防水质量检验标准　　表7-26

项目	序号	检查项目	检验方法
主控项目	1	檐沟、天沟的防水构造应符合设计要求	观察检查
	2	檐沟、天沟的排水坡度应符合设计要求；沟内不得有渗漏和积水现象	坡度尺检查和雨后观察或淋水试验

续表

项目	序号	检查项目	检验方法
一般项目	1	檐沟、天沟附加层应符合设计要求	观察和尺量检查
	2	檐沟防水层应由沟底翻上至外侧顶部，卷材收头应用金属压条钉压，并应用密封材料封严，涂膜收头应用防水涂料多遍涂刷	观察检查
	3	檐沟外侧顶部及侧面均应抹聚合物水泥砂浆，其下端应做鹰嘴或滴水槽	观察检查

3. 女儿墙和山墙

（1）女儿墙的防水构造

1）女儿墙压顶可采用混凝土或金属制品。压顶向内排水坡度不应小于5%，压顶内侧下端应做滴水处理。

2）女儿墙泛水处的防水层下应增设附加层，附加层在平面和立面的宽度均不应小于250mm。

3）女儿墙泛水处的防水层可直接铺贴或涂刷至压顶下，卷材收头应用金属压条钉压固定，并应用密封材料封严；涂膜收头应用防水涂料多遍涂刷（图7-10）。

4）高女儿墙泛水处的防水层泛水高度不应小于250mm，防水层收头应符合本条第3款的规定；泛水上部的墙体应作防水处理（图7-11）。

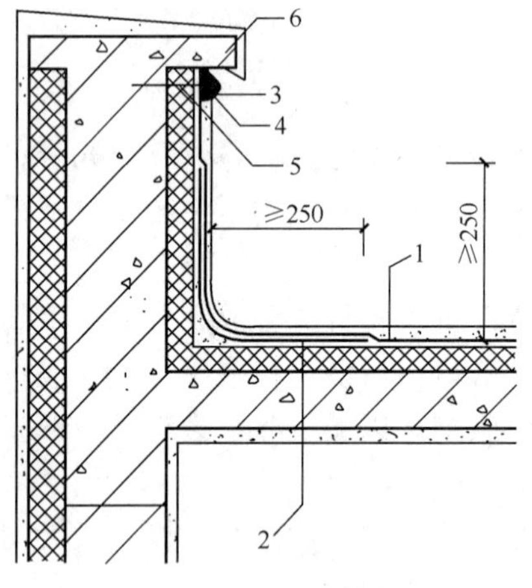

图7-10　低女儿墙

1—防水层；2—附加层；3—密封材料；4—金属压条；5—水泥钉；6—压顶

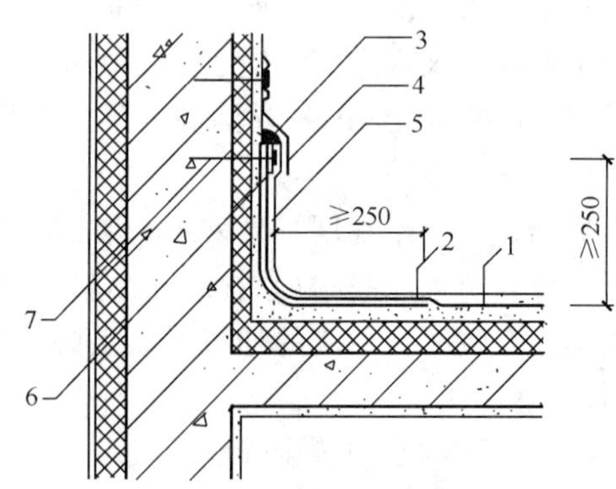

图7-11　高女儿墙

1—防水层；2—附加层；3—密封材料；4—金属盖板；5—保护层；6—金属压条；7—水泥钉

5）女儿墙泛水处的防水层表面，宜涂刷浅色涂料或浇筑细石混凝土保护。

（2）山墙的防水构造

1）山墙压顶可采用混凝土或金属制品。压顶应向内排水，坡度不应小于5%，压顶内侧下端应做滴水处理。

2）山墙泛水处的防水层下应增设附加层，附加层在平面和立面的宽度均不应小于 250mm。

（3）质量标准

女儿墙和山墙防水质量检验标准应符合表 7-27 的规定。

女儿墙和山墙防水质量检验标准　　表 7-27

项目	序号	检查项目	检验方法
主控项目	1	女儿墙和山墙的防水构造应符合设计要求	观察检查
	2	女儿墙和山墙的压顶向内排水坡度不应小于 5%，压顶内侧下端做成鹰嘴或滴水槽	观察和坡度尺检查
	3	女儿墙和山墙的根部不得有渗漏和积水现象	雨后观察或淋水试验
一般项目	1	女儿墙和山墙的泛水高度及附加层铺设应符合设计要求	观察和尺量检查
	2	女儿墙和山墙的卷材满粘，卷材收头应用金属压条钉压，并应用密封材料封严	观察检查
	3	女儿墙和山墙的涂膜应直接涂刷至压顶下，涂膜收头应用防水涂料多遍涂刷	观察检查

4. 水落口

（1）重力式排水的水落口（图 7-12、图 7-13）防水构造

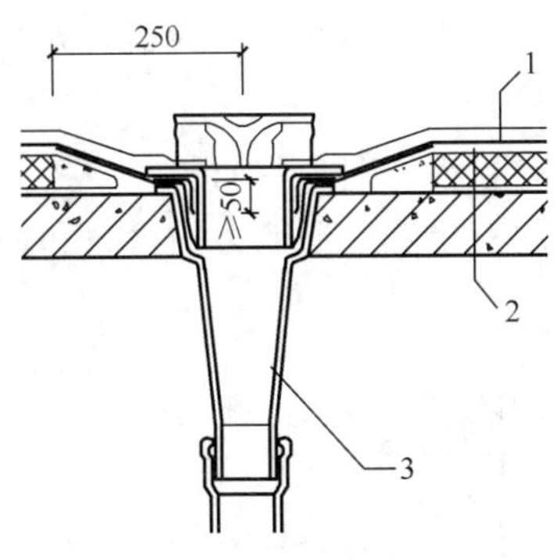

图 7-12　直式水落口

1—防水层；2—附加层；3—水落斗

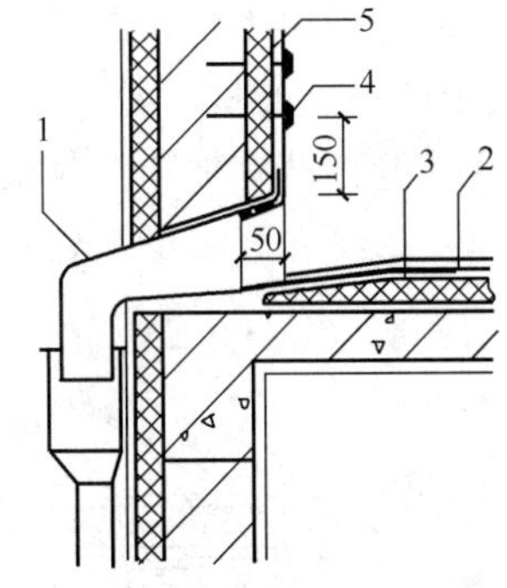

图 7-13　横式水落口

1—水落斗；2—防水层；3—附加层；4—密封材料；5—水泥钉

1）水落口可采用塑料或金属制品，水落口的金属配件均应做防锈处理；

2）水落口杯应牢固地固定在承重结构上，其埋设标高应根据附加层的厚度及排水坡度加大的尺寸确定；

3）落口周围直径 500mm 范围内坡度不应小于 5%，防水层下应增设涂膜附加层；

4）防水层和附加层伸入水落口杯内不应小于 50mm，并应粘结牢固。

（2）虹吸式排水的水落口防水构造应进行专项设计

（3）质量标准

水落口处防水质量检验标准应符合表 7-28 的规定。

水落口处防水质量检验标准　　　　表 7-28

项目	序号	检查项目	检验方法
主控项目	1	水落口处的防水构造应符合设计要求	观察检查
	2	水落口杯上口应设在沟底的最低处；水落口处不得有渗漏和积水现象	雨后观察或淋水、蓄水试验
一般项目	1	水落口的数量和位置应符合设计要求；水落口杯应安装牢固	观察和手扳检查
	2	水落口周围直径 500mm 范围内坡度不应小于 5%，水落口周围的附加层铺设应符合设计要求	观察和尺量检查
	3	防水层及附加层伸入水落口杯内不应小于 50mm，并应粘结牢固	观察和尺量检查

5. 变形缝

（1）变形缝防水构造

1）变形缝泛水处的防水层下应增设附加层，附加层在平面和立面的宽度不应小于 250mm；防水层应铺贴或涂刷至泛水墙的顶部；

2）变形缝内应预填不燃保温材料，上部应采用防水卷材封盖，并放置衬垫材料，再在其上干铺一层卷材；

3）等高变形缝顶部宜加扣混凝土或金属盖板（图 7-14）；

4）高低跨变形缝在立墙泛水处，应采用有足够变形能力的材料和构造作密封处理（图 7-15）。

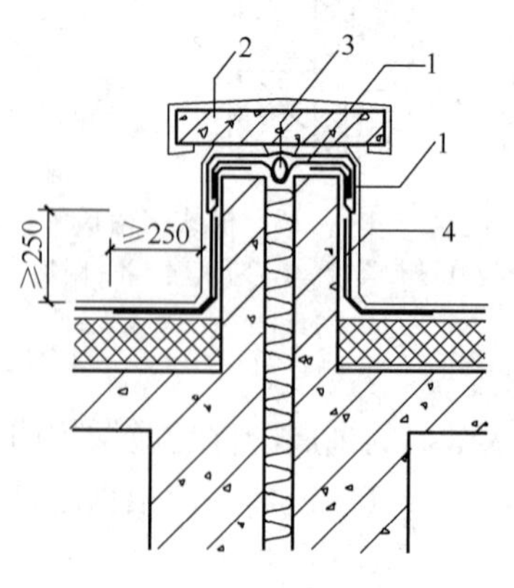

图 7-14　等高变形缝

1—卷材封盖；2—混凝土盖板；3—衬垫材料；4—附加层

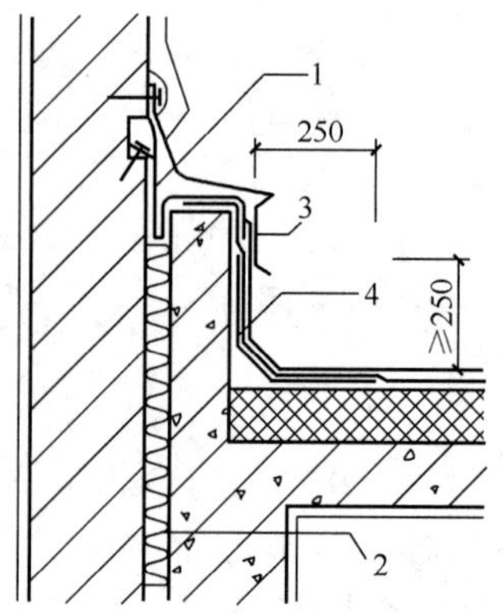

图 7-15　高低跨变形缝

1—卷材封盖；2—不燃保温材料；3—金属盖板；4—附加层

（2）质量标准

变形缝防水质量检验标准应符合表 7-29 的规定。

变形缝防水质量检验标准 **表 7-29**

项目	序号	检查项目	检验方法
主控项目	1	变形缝的防水构造应符合设计要求	观察检查
	2	变形缝处不得有渗漏和积水现象	雨后观察或淋水试验
一般项目	1	变形缝的泛水高度及附加层铺设应符合设计要求	观察和尺量检查
	2	防水层应铺贴或涂刷至泛水墙的顶部	观察检查
	3	等高变形缝顶部宜加扣混凝土或金属盖板。混凝土盖板的接缝应用密封材料封严；金属盖板应铺钉牢固，搭接缝应顺流水方向，并应做好防锈处理	观察检查
	4	高低跨变形缝在高跨墙面上的防水卷材封盖和金属盖板，应用金属压条钉压固定，并应用密封材料封严	观察检查

6. 伸出屋面管道

（1）伸出屋面管道（图 7-16）的防水构造

1）管道周围的找平层应抹出高度不小于30mm 的排水坡；

2）管道泛水处的防水层下应增设附加层，附加层在平面和立面的宽度均不应小于 250mm；

3）管道泛水处的防水层泛水高度不应小于 250mm；

4）卷材收头应用金属箍紧固和密封材料封严，涂膜收头应用防水涂料多遍涂刷。

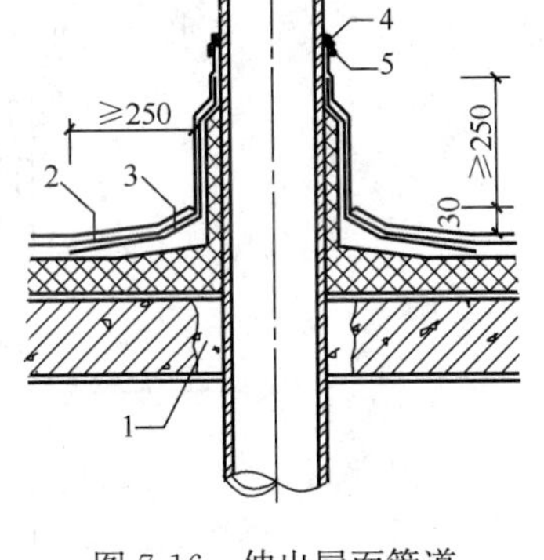

图 7-16　伸出屋面管道

1—细石混凝土；2—卷材防水层；3—附加层；4—密封材料；5—金属箍

（2）质量标准

伸出屋面管道防水质量检验标准应符合表 7-30 的规定。

伸出屋面管道防水质量检验标准 **表 7-30**

项目	序号	检查项目	检验方法
主控项目	1	伸出屋面管道的防水构造应符合设计要求	观察检查
	2	伸出屋面管道根部不得有渗漏和积水现象	雨后观察或淋水试验
一般项目	1	伸出屋面管道的泛水高度及附加层铺设应符合设计要求	观察和尺量检查
	2	伸出屋面管道周围的找平层应抹出高度不小于 30mm 的排水坡	观察和尺量检查
	3	卷材防水层收头应用金属箍紧固，并应用密封材料封严；涂膜防水层收头应用防水涂料多遍涂刷	观察检查

7. 屋面出入口

（1）屋面垂直出入口泛水处应增设附加层，附加层在平面和立面的宽度均不应小于 250mm；防水层收头应在混凝土压顶圈下（图 7-17）。

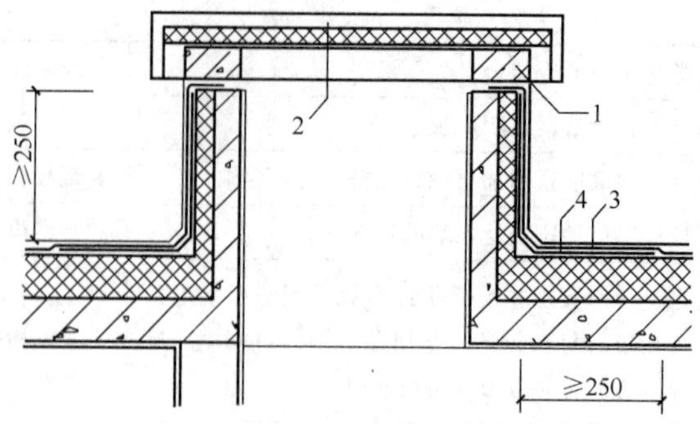

图 7-17　垂直出入口

1—混凝土压顶圈；2—上人孔盖；3—防水层；4—附加层

（2）屋面水平出入口泛水处应增设附加层和护墙，附加层在平面上的宽度不应小于 250mm；防水层收头应压在混凝土踏步下（图 7-18）。

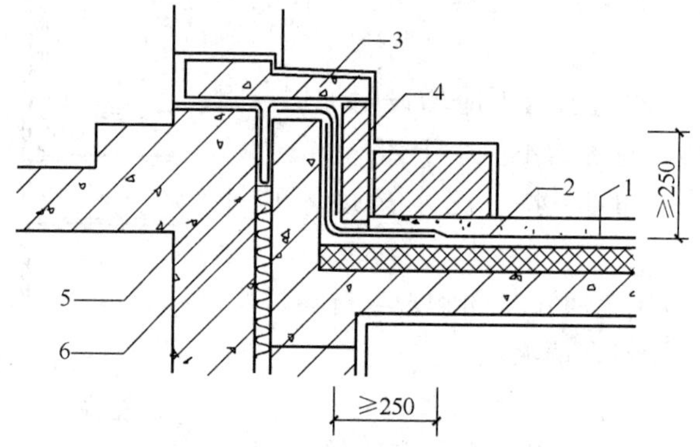

图 7-18　水平出入口

1—防水层；2—附加层；3—踏步；4—护墙；5—防水卷材封盖；6—不燃保温材料

（3）质量标准

伸出屋面管道质量防水检验标准应符合表 7-31 的规定。

伸出屋面管道防水质量检验标准　　**表 7-31**

项目	序号	检查项目	检验方法
主控项目	1	屋面出入口的防水构造应符合设计要求	观察检查
	2	屋面出入口处不得有渗漏和积水现象	雨后观察或淋水试验
一般项目	1	屋面垂直出入口防水层收头应在压顶圈下，附加层铺设应符合设计要求	观察检查
	2	屋面水平出入口防水层收头应压在混凝土踏步下，附加层铺设和护墙应符合设计要求	观察检查
	3	屋面出入口的泛水高度不应小于 250mm	观察和尺量检查

8. 反梁过水孔

（1）反梁过水孔构造

1）应根据排水坡度留设反梁过水孔，图纸应注明孔底标高；

2）反梁过水孔宜采用预埋管道，其管径不得小于 75mm；

3）过水孔可采用防水涂料、密封材料防水。预埋管道两端周围与混凝土接触处应留凹槽，并应用密封材料封严。

（2）质量标准

反梁过水孔防水质量检验标准应符合表 7-32 的规定。

反梁过水孔防水质量检验标准　　表 7-32

项目	序号	检查项目	检验方法
主控项目	1	反梁过水孔的防水构造应符合设计要求	观察检查
	2	反梁过水孔处不得有渗漏和积水现象	雨后观察或淋水试验
一般项目	1	反梁过水孔的孔底标高、孔洞尺寸或预埋管管径，均应符合设计要求	尺量检查
	2	反梁过水孔的孔洞四周应涂刷防水涂料；预埋管道两端周围与混凝土接触处应留凹槽，并应用密封材料封严	观察检查

9. 设施基座

（1）设施基座与结构层相连时，防水层应包裹设施基座的上部，并应在地脚螺栓周围作密封处理。

（2）在防水层上放置设施时，防水层下应增设卷材附加层，必要时应在其上浇筑细石混凝土，其厚度不应小于 50mm。

（3）质量检验标准

设施基座防水质量检验标准应符合表 7-33 的规定。

设施基座防水质量检验标准　　表 7-33

项目	序号	检查项目	检验方法
主控项目	1	设施基座的防水构造应符合设计要求	观察检查
	2	设施基座处不得有渗漏和积水现象	雨后观察或淋水试验
一般项目	1	设施基座与结构层相连时，防水层应包裹设施基座的上部，并应在地脚螺栓周围作密封处理	观察检查
	2	设施基座直接放置在防水层上时，设施基座防水层下应增设附加层，必要时应在其上浇筑细石混凝土，其厚度不应小于 50mm	观察检查
	3	需经常维护的设施基座周围和屋面出入口至设施之间的人行道，应铺设块体材料或细石混凝土保护层	观察检查

过程 7.5　屋面防水保护层施工

屋面防水施工完毕，经检查合格后，应立即进行保护层的施工。屋面防水层的成品保护是一个非常重要的环节，屋面防水层施工完成后，往往在后续工序作业时会造成防水层的局部破坏，所以必须做好防水层的保护工作。屋面防水层完工后，严禁在其上凿孔、打洞，破坏防水层的整体性，以避免屋面渗漏。目前许多防水材料都自带了保护层，使施工更加方便。如不带保护层，可在现场进行施工。

1. 浅色涂料保护层

浅色涂料保护层应在防水层养护完毕后进行，一般卷材防水养护 2d 以下，涂膜防水养护一周以上。涂刷前，应清除防水层表面的浮灰。材料用量应根据材料说明书的规定使用，施工方法和要求与防水涂料相同。

浅色涂料可在现场就地配制，涂刷浅色涂料后，能与防水层粘结成一个整体，可起到反射阳光、降低卷材表面温度的作用。

2. 块体材料保护层

块体材料表面应洁净、色泽一致，应无裂纹、掉角和缺楞等缺陷。

在砂浆结合层上铺设块体时，砂浆结合层应平整，块体间应预留 10mm 的缝隙，缝内应填砂，并应用 1∶2 水泥砂浆勾缝。

在水泥砂浆结合层上铺设块体时，应先在防水层上做隔离层，块体间应预留 10mm 的缝隙，缝内用 1∶2 水泥砂浆勾缝。

3. 水泥砂浆或细石混凝土保护层

防水屋面采用水泥砂浆或现浇细石混凝土做保护层时，在卷材与保护层之间必须做隔离层。

水泥砂浆或细石混凝土强度等级应由设计确定，设计无要求时，细石混凝土强度等级不低于 C20。

细石混凝土铺设不宜留施工缝，当施工间隙超过时间规定时，应对接槎进行处理。

水泥砂浆表面应抹平压光，并设表面分格缝，分格面积宜为 $1m^2$。细石混凝土表面分格面积不大于 $36m^2$，分格缝木条应在水中浸泡至基本饱和状态，并刷脱模剂后再使用。

过程 7.6　屋面工程施工案例

1. 某五层框架结构教学楼的屋面构造层次

(1) 高聚物改性沥青防水卷材一道，自带保护层。

(2) 20mm 厚 1∶3 水泥砂浆，砂浆中掺聚丙烯或锦纶－6 纤维 0.75～

0.90kg/m^3。

(3) 55mm 厚挤塑聚苯乙烯泡沫塑料板保温层。

(4) 1∶8 水泥膨胀珍珠岩找坡 2%。

(5) 现浇钢筋混凝土屋面板。

2. 屋面施工

(1) 施工工艺流程

基层处理→找坡层施工→保温层施工→找平层施工→铺贴卷材附加层→铺贴卷材→封边处理→施工保护层→蓄水试验。

(2) 施工要点

1) 基层处理：在进行水泥膨胀珍珠岩找坡层施工之前，将混凝土屋面板基层进行处理，把粘结在基层上的松动混凝土、砂浆等用錾子剔掉，用钢丝刷刷掉水泥浆皮，然后用扫帚扫净。

2) 找坡层施工

①主体结构工程质量已办完验收手续，在屋面女儿墙四周弹好屋面找坡标高线，在屋面上按 2%坡度找出最高点和最低点后，拉小线每隔 2m 左右抹细石混凝土找坡墩，以便控制水泥膨胀珍珠岩找坡层的表面标高。

②将穿过屋面楼板的排气通风管和屋面水落管安装完毕，管洞已浇筑细石混凝土并填塞密实。

③搅拌：找坡层采用 1∶8 水泥、膨胀珍珠岩（体积比）混合物用搅拌机搅拌均匀后铺设，注意搅拌时可适当加水，但不得加太多，搅拌完搅拌物呈干硬性为宜。事先用固定的手推车测定每车的体积，确定每包水泥所掺用的膨胀珍珠岩量。

④膨胀珍珠岩的铺设：在已清理干净的基层上洒水湿润，找坡层的铺设从最远端开始，用铁锹将混合料铺在基层上，以已做好的找平墩为标准将灰铺平，比找平墩高出 3mm，然后振实找平或用自制铁滚轮进行压实。并随即用大杠找平，在水泥膨胀珍珠岩上表面洒少许 1∶3 水泥砂浆，用木抹子搓平搓实，再用铁抹子收光作为防水基层。水泥膨胀珍珠岩找坡层浇筑完 24h 内进行浇水养护，注意检查屋面找坡层不得有积水现象，如有积水，用 1∶3 水泥砂浆局部修补找平。基层与突出屋面结构（女儿墙、山墙、天窗壁、变形缝等）的交接处和基层的转角处，找平层均应做成半径不小于 50mm 的圆弧形，在水落口周围直径 500mm 范围内的坡度不应小于 5%。

3) 贴卷材附加层：对于阴、阳角、管道根部以及变形缝等部位应做增强处理。

4) 铺贴卷材

弹线试铺：先在已经处理好并干燥的基层表面，按照卷材的宽度留出搭接缝尺寸并弹好基准线。两幅卷材搭接长度，长边不应小于 100mm，短边不应小于 150mm，上下两层相邻两幅卷材接缝应错开宽度的 1/3，上下层卷材不得相互垂直铺贴，在底板上卷材接缝距墙根应大于 600mm。

5) 成品保护

①屋面的预埋管道，在施工中不得碰损和堵塞杂物。

②卷材防水层铺贴完成后，及时做好保护层。

③屋面防水层施工完毕后，保护层养护强度未达要求时严禁上人。

6）应注意的质量问题

①卷材搭接不良：接头搭接形式以及长边、短边的搭接宽度偏小，接头处的粘结不密实，接槎损坏、空鼓；施工操作中应按程序弹标准线，使与卷材规格相符，操作中齐线铺贴，使卷材接搭长边不小于100mm，短边不小于150mm。

②空鼓：铺贴卷材的基层潮湿，不平整、不洁净，基层与卷材间窝气、空鼓；铺设时排气不彻底，窝住空气，也可使卷材间空鼓；施工时基层应充分干燥，卷材铺设应均匀压实。

③管根处防水层粘贴不良：裁剪卷材与根部形状不符、压边不实等造成粘贴不良；施工时清理应彻底干净，注意操作，将卷材压实，不得有翘边、折皱等现象。

④渗漏：转角、管根处不易操作而渗漏。施工时附加层应仔细操作；保护好接槎卷材，搭接应满足宽度的要求，保证特殊部位的施工质量。

⑤屋面卷材防水层施工完毕，经蓄水试验合格后，及时做好保护层。

7）节点处理

大面积防水施工前，应先对节点进行处理，进行密封材料嵌填、附加层铺设等。这有利于大面积防水层施工质量和整体质量的提高，对提高节点处防水密封性、防水层的适应变形能力是非常有利的。

①檐口：将铺贴到檐口端头的卷材裁齐后压入凹槽内，然后将凹槽用密封材料嵌填密实。

②水落口：水落口周围直径500mm范围内用防水涂料或密封材料涂封作为附加层，厚度不小于2mm。水落口杯与基层接触处应留宽20mm、深20mm的凹槽，嵌填密封材料。铺至水落口的各层卷材和附加层，均应粘贴在杯口上，用雨水罩的底盘将其压紧，底盘与卷材间应满涂胶结材料予以粘结，底盘周围用密封材料填封。

③泛水与压顶：这些部位结构变化大，容易受太阳暴晒，因此为了增强接头部位防水层的耐久性，需在这些部位加铺一层卷材作为附加层。卷材铺贴前，应先进行试铺，将立面卷材长度留足，先铺贴平面卷材至转角处，然后从下向上铺贴立面卷材。卷材铺贴完成后采用预留凹槽收头，将端头全部压入凹槽内，用压条钉压平，再用密封材料封严，最后用水泥砂浆抹封凹槽。

④伸出屋面管道：伸出屋面管道卷材铺贴应加铺两层附加层，并采用密封材料密封。直接穿过防水层的管道四周找平层按设计要求放坡，与基层交接处必须预留20mm×20mm的槽，嵌填密封材料，再将管道四周除锈打光，然后加铺附加增强层。用套管穿过防水层时，套管与基层间的做法同直接穿管的做法，穿管与套管之间先填弹性材料如沥青麻丝、泡沫塑料，每端留深20mm以上凹槽嵌密封防水材料，然后再做防水层。

⑤阴阳角：阴阳角处的基层涂胶后要用密封膏涂封，距角每边 100mm，再铺一层卷材附加层，铺贴后剪缝处用密封膏封固。

⑥分格缝：应按设计要求嵌填密封材料。分格缝位置要准确。先弹线后嵌分格木条，待砂浆或混凝土终凝后立即取出。分格缝两侧应做到顺直、平整、密实，否则应及时修补，以保证嵌缝材料粘结牢固。

复习思考题

1. 选择题

(1) 屋面保温层按形式可分为(　　)。

A. 松散材料保温层　　B. 纤维材料保温层

C. 板状材料保温层　　D. 整体材料保温层

(2) 硬泡聚氨酯保温层应分遍喷涂完成，每遍喷涂厚度不宜大于(　　)mm。

A. 10　　B. 15

C. 20　　D. 25

(3) 屋面水泥砂浆或细石混凝土找平层，应设置分格缝，分格缝间距不宜大于(　　)m。

A. 4　　B. 5

C. 6　　D. 7

(4) 屋面防水工程按材料可分为(　　)。

A. 涂膜防水　　B. 结构防水

C. 卷材防水　　D. 防水砂浆防水

(5) 卷材的铺贴方法可分为(　　)。

A. 满粘法　　B. 条粘法

C. 点粘法　　D. 空铺法

(6) 屋面防水应进行蓄水试验，其蓄水时间不应少于(　　)h。

A. 12　　B. 24

C. 36　　D. 48

(7) 高聚物改性沥青卷材铺贴方法可选用(　　)。

A. 冷粘法　　B. 自粘法

C. 热熔法　　D. 涂刷法

(8) 常用的合成高分子防水卷材材料主要有(　　)。

A. 三元乙丙橡胶　　B. 聚氯乙烯

C. 聚氨酯　　D. 氯化聚乙烯—橡胶共混

(9) 防水涂料按涂料类型可分为(　　)。

A. 聚氯乙烯　　B. 溶剂型

C. 水乳型　　D. 反应型

(10) 涂膜防水的涂布顺序为(　　)。

A. 当遇有高低跨屋面时，一般先涂布高跨屋面，后涂布低跨屋面

B. 在每一施工段中应先涂布较远的部位，后涂布较近的部位

C. 先涂布立面，后涂布平面

D. 先涂布大面，再涂布排水比较集中的水落口、天沟、檐口

(11) 防水保护层的材料可为(　　)。

A. 浅色涂料保护层　　B. 细石混凝土

C. 水泥砂浆　　D. 砂子

2. 简答题

(1) 屋面主要应符合哪些基本要求?

(2) 纤维材料屋面保温层如何施工?

(3) 简述板状材料保温层施工工艺流程。

(4) 水泥砂浆找平层如何施工?

(5) 常用的屋面防水材料如何分类?

(6) 卷材防水屋面的铺贴方向和铺贴顺序是什么? 搭接处如何处理?

(7) 高聚物改性沥青可选用哪几种铺贴方法?

(8) 简述自粘法施工工艺流程。

(9) 简述热熔法施工要点。

(10) 合成高分子卷材如何铺贴?

(11) 涂膜防水层施工工艺流程是什么?

(12) 浅色涂料保护层如何进行施工?

任务 8
保温工程施工

【任务目标】

（1）掌握地下室顶板胶粘法保温层的施工方法；

（2）掌握板类材料外墙外保温的施工方法；

（3）掌握涂饰类材料外墙外保温的施工方法。

过程 8.1　顶棚保温施工

目前，住宅楼内外墙及屋面保温已有许多成熟的经验及做法，而作为保温薄弱部位——底层楼地面，尚未有很成功的系统做法。随着住宅供暖费用的大幅提高，该部位保温隔热是亟待解决的问题。本过程主要介绍地下室顶板胶粘法保温施工方法，采用聚合物胶粘剂将聚苯板粘结于顶板，以形成保温体系，在其外表面进行抹灰等饰面施工的方法。

本方法的使用范围主要为：①新建有地下室建筑的顶板有保温要求，但在主体施工时未设置，或无法设置。②旧式建筑，为了节能，需在原地下室顶板上做保温。

8.1.1　材料要求

地下室顶板胶粘法保温所用材料主要有聚苯板、聚合物干粉、耐碱网格布（图 8-1）等。

（1）顶板保温系统经耐候性试验后，表面不得出现裂纹、起鼓、剥离等现象，

图 8-1　耐碱网格布

不得产生渗水裂缝。

（2）聚苯板顶板保温系统现场粘结强度不得小于 0.1MPa，并且破坏部位应位于保温层内。

（3）胶粘剂与水泥砂浆的拉伸粘结强度在干燥状态下不得小于 0.6MPa，浸水 48h 后不得小于 0.4MPa；聚合物干粉与聚苯板的拉伸粘结强度在干燥状态和浸水 48h 后均不得小于 0.1MPa，并且破坏部位应位于聚苯板内。

（4）玻纤网经向和纬向耐碱拉伸断裂强度均不得小于 750N/50mm，耐碱拉伸断裂强度保留率均不得小于 50%。

（5）聚苯板厚度必须符合设计要求，密度一般为 18～22kg/m^3。

（6）聚合物干粉：宜采用袋装、专用保温胶粉。

（7）玻纤网格布：宜采用耐碱或中碱网格布，每平方米不少于 100g。

8.1.2　准备工作

（1）条件准备：应备好脚手架，必要时应配备好安全带等。

（2）技术准备

1）施工前认真熟悉图纸，确定施工工艺及操作要点。

2）对施工人员进行详细的技术交底。

3）对材料做好检查与验收工作。如材料的产品合格证书、性能检测报告、进场验收记录、复验报告、材料试配等的检查和验收工作。

4）对保温板进行排板分格、布置，并绘制大样图。

（3）材料准备：根据设计要求及现场实际情况，编制详细的材料计划，并组织进场。

8.1.3　地下室顶板胶粘法保温施工

1. 主要机具

地下室顶板胶粘法保温施工用主要机具一般有手提式电动搅拌机、角磨机（图 8-2）、密齿手锯、滚刷（或喷枪）、墨斗、抹子、壁纸刀、腻子刀、灰斗、托灰板、靠尺、托线板等。

图 8-2　角磨机

2. 施工工艺

其施工工艺流程一般为：

基层处理→布设控制线→抹基层胶粘剂→粘贴聚苯板及铺设耐碱布抹灰→

检查验收。

(1) 基层处理

顶板应清理干净、清洗油渍、清扫浮灰等。表面凸起物不小于 10mm 时应剔除。对要求做界面处理的基层，应用滚刷或喷枪将界面砂浆均匀涂刷，保证所有表面做到毛面处理。

(2) 布设控制线

在粘贴聚苯板前，根据开间、进深及保温板实际规格，预排保温板，并对保温板进行下料。沿顶板面长方向或短方向，在粘贴板四周拉控制线（可用 22 号钢丝），以控制粘贴板的表面平整度。

(3) 抹基层粘结胶浆

在粘贴保温板前半小时配制胶粘剂，要求在干净容器内将聚合物干粉与净水按 4∶1 的比例进行混合，用低速搅拌器搅拌成稠度适中的浆体，静置 5min 后即可使用。要求必须在配制后 2h 内使用完毕，严禁二次加胶加水，应根据施工需要，随配随用。

(4) 粘贴聚苯板

用抹刀将胶粘剂按点框法抹于保温板上，涂胶面积应大于 40%，胶粘剂厚度约为 20mm。及时将保温板粘贴于基层上，应先根据控制线，放正待贴保温板，开始粘贴，随贴随用靠尺拍压，并均匀轻轻挤压聚苯板，保证保温板与基层粘贴牢固，同时应注意随时清理板间溢出的胶浆，使板间无碰头胶粘剂，板缝大于 2mm 时，应用聚苯板条将缝塞满，板条不得粘结。

排板时应按水平顺序排列，上下错缝粘贴，错缝长度一般为 1/2 板长。

(5) 铺设耐碱布抹灰（图 8-3）

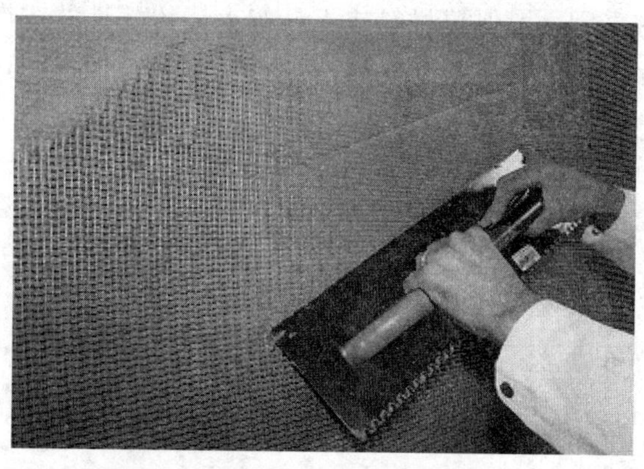

图 8-3　铺设耐碱布抹灰

1) 检查保温板表面是否干燥、平整，清除保温板表面碎屑、杂质。

2) 将耐碱布裁好，在保温层上抹一层抗裂砂浆，一般厚度控制在 3mm（耐碱布搭接处可加厚），然后用抹子将耐碱布压入砂浆内，砂浆饱满度应为 100%，耐碱布搭接宽度不应小于 50mm，边缘处严禁干搭，必须嵌在砂浆中。阴角处耐碱布要压茬搭接，其宽度不应小于50mm，阳角处压茬搭接宽度不应小于200mm，搭接处砂浆饱满度都应为100%，同时要抹平、找直，保持阴阳角处的方正和垂直度。

过程8.2 墙体保温施工

墙体保温主要指外墙保温，外墙保温在做法上一般分为外墙内保温和外墙外保温。内保温是把保温层做在结构层内侧，外保温则把保温层做在结构层外侧，外墙外保温技术是目前外墙保温技术的发展方向。外墙外保温主要有板类保温系统和涂饰类保温系统两种。

外墙外保温系统是由保温层、抹面层、固定材料（胶粘剂、锚固件等）和饰面层构成，并固定在外墙外表面的非承重保温构造的总称，简称外保温系统。

外墙外保温工程的热工和节能设计，应符合以下规定：

（1）保温层内表面温度应高于0℃；

（2）外保温系统应包覆门窗框外侧洞口、女儿墙、封闭阳台以及出挑构件等热桥部位；

（3）外保温系统应考虑金属固定件、承托件的热桥影响。

外墙外保温工程应做好密封和防水工作，确保水不会渗入保温层及基层，重要部位应有详图。水平或倾斜的出挑部位以及延伸至地面以下的部位应做防水处理。

外墙外保温工程的饰面层宜优先采用涂料、饰面砂浆等轻质材料。

外保温系统宜采用不燃保温材料或不具有火焰传播性的难燃保温材料；对于采用可燃材料作保温层的薄抹灰外保温系统和保温装饰板系统，应采用下列防火构造措施：

（1）建筑物首层抹面层的厚度应不小于8mm。

（2）抹面层增强网应加设金属锚栓与基层墙体固定，且每平方米应不少于2个。

（3）抹面层厚度小于5mm时，宜使用不燃材料在窗口上沿设置挡火梁（防火构造）。

（4）建筑物高度在24m以上时，首层与二层或二层与三层之间应设置防火隔离带；24m以上宜使用不燃材料在窗口上沿设置挡火梁，并每隔2层设置防火隔离带。

外保温工程施工期间以及完工后24h内，基层及环境空气温度应不低于5℃。夏季应避免阳光曝晒。在5级以上大风天气和雨天不得施工。

8.2.1 板类保温材料施工

板类保温材料主要有粘贴泡沫塑料保温板（图8-4）、EPS板现浇混凝土、EPS钢丝网架板现浇混凝土、保温装饰板等外墙外保温系统。

图 8-4　泡沫塑料保温板外墙保温

1. 材料要求

外墙外保温材料要求同地下室顶棚保温材料要求。

2. 准备工作

（1）技术准备

同地下室顶棚要求。

（2）材料准备

外墙保温板、胶粘剂、玻纤网、锚栓（图 8-5）、钢筋、外加剂、界面剂、水泥、砂浆等。

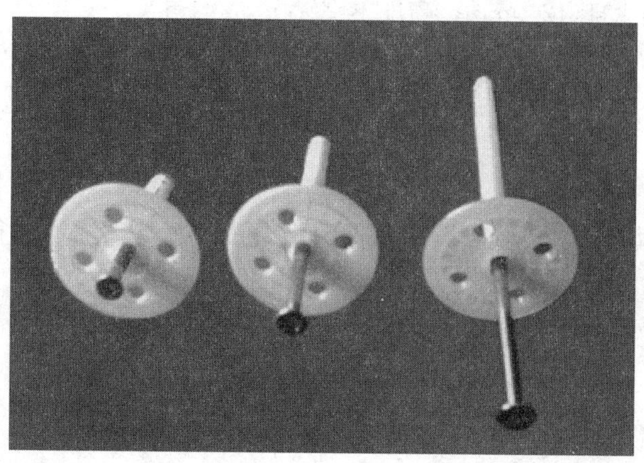

图 8-5　锚栓

3. 板类材料外墙外保温施工

（1）主要机具

外墙外保温施工用主要机具一般有壁纸刀、螺丝刀、剪刀、钢丝刷、棕刷、粗砂纸、电动搅拌器、冲击钻、抹子、托线板、2m 靠尺、钢卷尺、扫帚等。

（2）施工工艺

其施工工艺流程一般为：

基层处理→保温层施工→抹抗裂砂浆面层及细部处理→饰面层施工→包边、清理→检查验收。

1）基层处理

①清理主体施工时墙面遗留的钢筋头、废模板，填堵施工孔洞。

②清扫墙面的浮灰，清洗油污、隔离剂。

③墙面松动、风化部分应剔除干净并找平。

④墙表面突起物不小于 10mm 时找平层应剔除。

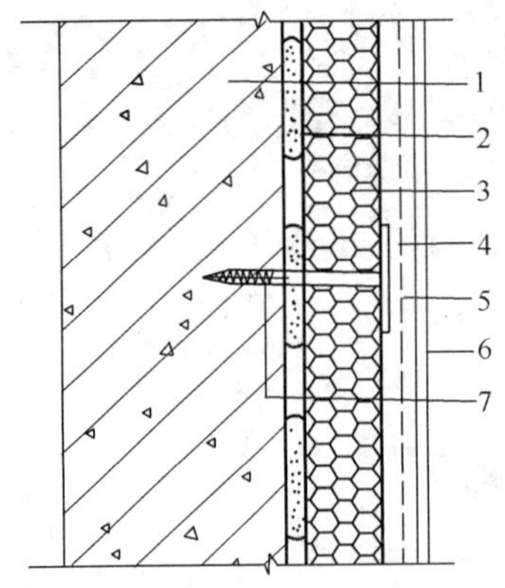

图 8-6　EPS 板薄抹灰系统

1—基层；2—胶粘剂；3—保温板；4—玻纤网；5—抹面层；6—涂料饰面；7—锚栓

2）保温层施工

①粘贴泡沫塑料保温板外保温系统

粘贴泡沫塑料保温板外保温系统（粘贴保温板系统）由粘结层、保温层、抹面层和饰面层构成。粘结层材料为胶粘剂，保温层材料可为 EPS 板、PU 板和 XPS 板，抹面层材料为抹面胶浆，抹面胶浆中满铺增强网；饰面层材料可为涂料或饰面砂浆。保温板主要依靠胶粘剂固定在基层上，必要时可使用锚栓辅助固定，如图 8-6 所示。

A. 粘贴保温板前，校核进场保温板尺寸，保温板宽度不宜大于 1200mm，高度不宜大于 600mm。

B. 弹出保温板位置线：根据开间、进深及保温板实际规格，预排保温板。排板应从门窗口开始，破活甩在阴角，据此弹出保温板位置线。阴阳角处吊垂直线，门窗弹中心线。

C. 粘贴保温板（图 8-7）

粘贴保温板时，应将胶粘剂涂在保温板背面，总粘剂面积不得小于保温板面积的 40%。

保温板应按顺砌方式粘贴，竖缝应逐行错缝。保温板应粘贴牢固，不得有松动和空鼓。

EPS 板应按顺砌方式粘贴，竖缝应逐行错缝。EPS 板应粘贴牢固，不得有松动和空鼓。

墙角处保温板应交错互锁，如图 8-8 所示。门窗洞口四角处保温板不得拼接，应采用整块保温板切割成型，保温板接缝应离开角部至少 200mm，如图 8-9 所示。

(a)

(b)

图 8-7　粘贴保温板
(a) 整面粘贴；(b) 点边粘贴

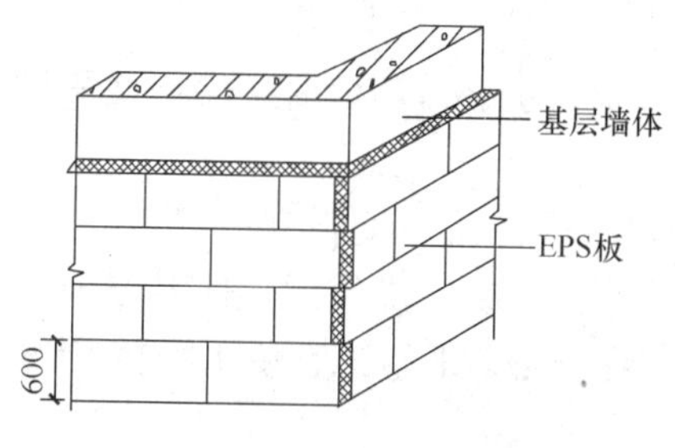

图 8-8　EPS 板排板图

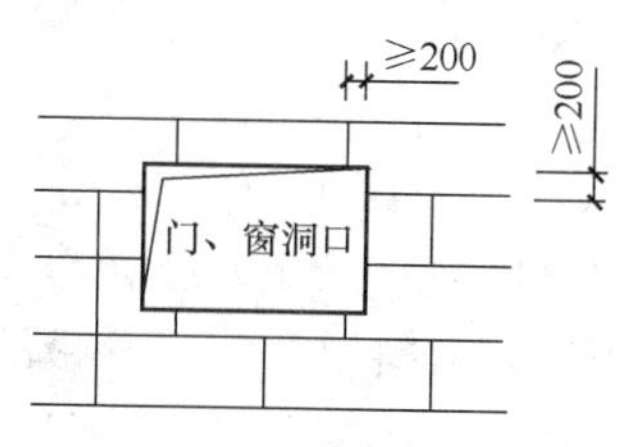

图 8-9　门窗洞口 EPS 板排列

抹胶后，立即将板立起就位粘贴，粘贴时应轻揉，均匀挤压，对准厚度线，随时用托线板检查垂直度及平整度，板之间错缝粘贴。

粘完板后，板缝交接处或大面上局部有不平整处可用带有木板背衬的粗砂纸打磨，打磨后清理表面。

D. 建筑物高度在 20m 以上时，在受负风压作用较大的部位宜使用锚栓辅助固定。

E. 必要时应设置抗裂分隔缝。

②EPS 板现浇混凝土外墙外保温系统

EPS 板现浇混凝土外墙外保温系统（无网现浇系统）以现浇混凝土外墙作为基层，EPS 板为保温层。EPS 板内表面（与现浇混凝土接触的表面）沿水平方向开有矩形齿槽，内、外表面均满涂界面砂浆。在施工时将 EPS 板置于外模板内侧，并安装锚栓作为辅助固定件。浇灌混凝土后，墙体与 EPS 板以及锚栓结合为一体。EPS 板表面抹抗裂砂浆薄抹面层，外表以涂料为饰面层，薄抹面层中满铺玻纤网，如图 8-10 所示。

A. 无网现浇系统 EPS 板两面必须预喷刷界面砂浆。

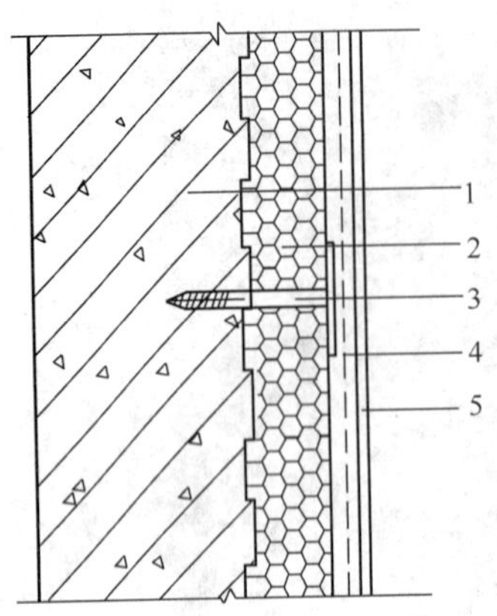

图 8-10　无网现浇系统

1—现浇混凝土外墙；2—EPS 板；3—锚栓；4—抗裂砂浆薄抹面层；5—饰面层

B. 保温板安装

绑扎完墙体钢筋后，在外墙钢筋外侧绑扎水泥垫块，每块 EPS 板不少于 6 块。

安装顺序：安装 EPS 板时，先安装阴阳角，再安装角板之间 EPS 板。如施工段较大时，可在两处或两处以上同时安装。

安装前先在 EPS 板及对应墙的高低槽口处均匀涂刷一层胶粘剂，然后进行拼装，使相邻 EPS 板相互紧密粘结。

C. 在安装好的 EPS 板面上弹线，标出锚栓的位置，使锚栓呈梅花形分布，每平方米宜设 2～3 个锚栓。EPS 板拼缝处需布置锚栓，门窗洞口过梁上设一个或多个锚栓。

D. 安装锚栓前，在 EPS 板上预先穿孔，然后将锚栓与墙体钢筋绑扎做临时固定。

E. 水平抗裂分隔缝宜按楼层设置。垂直抗裂分隔缝宜按墙面面积设置，在板式建筑中不宜大于 30m^2，在塔式建筑中可视具体情况而定，宜留在阴角部位。

F. 混凝土应采用钢制大模板施工，一次浇筑高度不宜大于 1m，混凝土需振捣密实均匀，墙面及接茬处应光滑、平整。混凝土浇筑后，保温层中的穿墙螺栓孔洞应使用保温材料填塞，EPS 板缺损或表面不平整处宜使用胶粉 EPS 颗粒保温浆料加以修补。

③EPS 钢丝网架板现浇混凝土外墙外保温系统

EPS 钢丝网架板现浇混凝土外墙外保温系统（有网现浇系统），以现浇混凝土为基层，EPS 单面钢丝网架板为保温层。钢丝网架板中的 EPS 板外侧开有凹凸槽。施工时将钢丝网架板置于外墙外模板内侧，并在 EPS 板上穿插 ϕ6L 形钢筋或尼龙锚栓作为辅助固定件。浇灌混凝土后，钢丝网架板腹丝和辅助固定件与混凝土结合为一体。钢丝网架板表面采用掺外加剂的水泥砂浆厚抹面层，外表做面砖饰面层，如图 8-11 所示。以涂料做饰面层时，应加抹玻纤网抗裂砂浆薄抹面层。

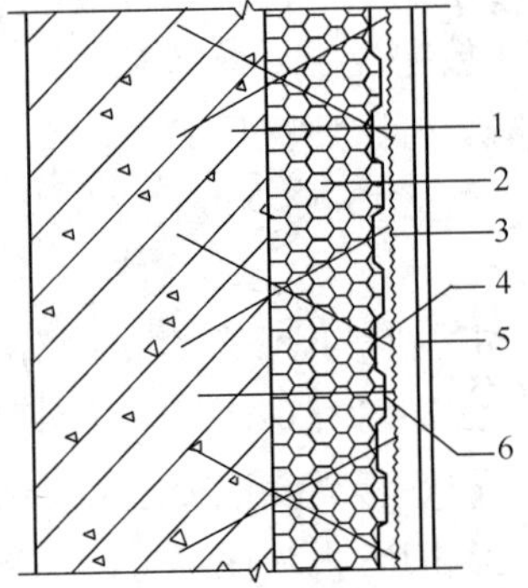

图 8-11　有网现浇系统

1—现浇混凝土外墙；2—EPS 单面钢丝网架板；3—掺外加剂的水泥砂浆厚抹面层；4—钢丝网架；5—饰面层；6—ϕ6 钢筋

A. EPS 单面钢丝网架板每平方米斜插腹丝不得超过 200 根，斜插腹丝应为镀锌钢丝，板两面应预喷刷界面砂浆，界面砂浆应涂敷均匀，与钢丝和 EPS 板附着牢固。

B. 有网现浇系统 EPS 钢丝网架板厚度、每平方米腹丝数量和表面荷载值应通过试验确定。EPS 钢丝网架板构造设计和施工安装，应考虑现浇混凝土侧压力影响，抹面层厚度应均匀平整且宜不大于 25mm（从凹槽底算起），钢丝网应完全包裹于找平层中，并应采取可靠措施确保抹面层不开裂。

C. 钢筋每平方米宜设 4 根，锚固深度不得小于 100mm。如用锚栓每平方米应设 4 个，锚固深度不得小于 50mm。

D. 在每层层间宜留水平分隔缝，分隔缝宽度为 15～20mm。分隔缝处的钢丝网和 EPS 板应全部去除，抹灰前嵌入塑料分隔条或泡沫塑料棒，外表用建筑密封膏嵌缝。垂直分隔缝宜按墙面面积设置，在板式建筑中不宜大于 $30m^2$，在塔式建筑中可视具体情况而定，宜留在阴角部位。

E. EPS 钢丝网架板接缝处应附加钢丝网片，阳角及门窗洞口等处应附加钢丝角网。附加网片应与原钢丝网架绑扎牢固。

F. 混凝土一次浇筑高度不宜大于 1m，混凝土需振捣密实均匀，墙面及接槎处应光滑、平整。

3）抹面层及细部处理

①抹底层砂浆

EPS 板安装完毕并检查验收后，将搅拌好的抗裂砂浆均匀地抹在板表面，厚度 2～3mm，同时将翻包玻纤网压入砂浆中。抗裂砂浆必须在 2h 内用完。

②将玻纤网绷紧后贴于底层罩面砂浆上，用抹子由中间向四周把玻纤网压入砂浆的表层，要平整压实，严禁玻纤网折皱。玻纤网不得压入过深，表面必须暴露在底层砂浆之外。铺贴遇有搭接时，必须满足横向 100mm、纵向 80mm 的搭接长度要求。

③在门窗洞口的四角处必须沿 45°加贴一道玻纤网格布，洞口四个阴角必须加铺一道网格布，网格布严禁干搭。

④抹面层罩面砂浆

在底层砂浆凝结前再抹一道罩面砂浆，厚度 1～2mm，使玻纤网露纹不露网。面层砂浆切忌不停揉搓，以免形成空鼓。砂浆抹灰施工间歇应留在伸缩缝、阴阳角等部位。在连续墙面上如需停顿，面层砂浆不应完全覆盖已铺好的网格布，需与网格布、底层砂浆呈台阶形坡槎，留槎间距不小于 150mm，以免网格布搭接处平整度超出偏差。

⑤伸缩缝和装饰分格缝的处理

留设伸缩缝时，分格条应在进行抹灰施工工序时放入，待砂浆初凝后起出，修整缝边。缝内填塞泡沫塑料棒作背衬，再分两次填建筑密封膏。沉降缝和温度缝根据缝宽和位置设置金属盖板，用射钉或螺钉紧固。装饰分格缝处的保温板不断开，在板上开槽嵌入塑料分格条。

4）饰面层施工

①饰面层施工的基层应无脱层、空鼓和裂缝，基层应平整、洁净，含水率应符合饰面层施工的要求。

②外墙外保温工程不宜采用粘贴饰面砖做饰面层；当采用时，其安全性与耐久性必须符合设计要求。饰面砖应做粘结强度拉拔试验，试验结果应符合设计和

有关标准的规定。

③外墙外保温工程的饰面层不得渗漏。

④外墙外保温层及饰面层与其他部位交接的收口处，应采取密封措施。

5）包边、清理

在檐口、勒脚处应做好系统的包边处理。装饰缝、门窗四角和阴阳角等处应做好局部加强网施工。变形缝处应做好防水和保温构造处理。

8.2.2 涂饰类保温材料施工

涂饰类主要指胶粉 EPS 颗粒保温浆料外墙外保温系统（保温浆料系统）。保温浆料系统应由界面层、保温层、抹面层和饰面层组成。界面层材料为界面砂浆；保温层材料为胶粉 EPS 颗粒保温浆料，经现场拌合后抹或喷涂在基层上；抹面层材料为抹面胶浆，抹面胶浆中满铺增强网；饰面层可为涂料和面砖。当采用涂料饰面时，抹面层中应满铺玻纤网（图 8-12）；当采用面砖饰面时，抹面层中应满铺热镀锌电焊网，并用锚栓与基层形成可靠固定（图 8-13）。

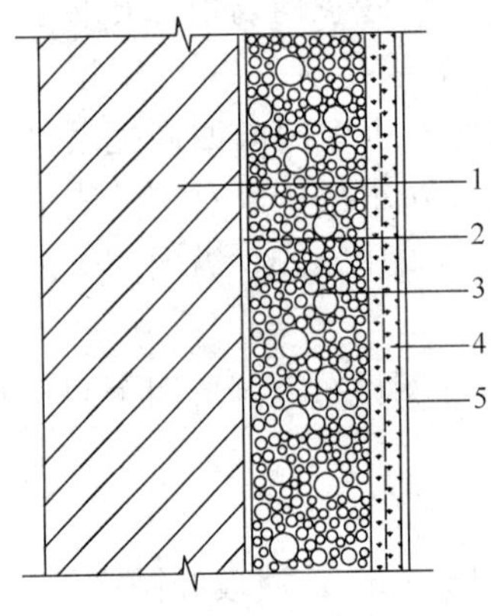

图 8-12

1—基层；2—界面砂浆；3—保温浆料；
4—抹面胶浆复合玻纤网；5—涂料饰面层

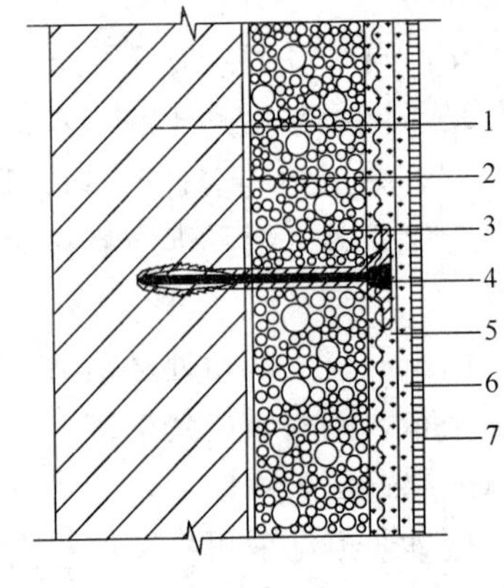

图 8-13

1—基层；2—界面砂浆；3—保温浆料；
4—锚栓；5—抹面胶浆复合热镀锌电焊网；
6—面砖粘结砂浆；7—面砖饰面层

1. 材料要求

（1）外墙外保温材料

1）外墙外保温系统经耐候性试验后，不得出现饰面层起泡或剥落、保护层空鼓或脱落等破坏，不得产生渗水裂缝。具有薄抹面层的外保温系统，抹面层与保温层的拉伸粘结强度不得小于 0.1MPa，并且破坏部位应位于保温层内。

2）玻纤网经向和纬向耐碱拉伸断裂强度均不得小于 15N/mm，耐碱拉伸断裂强度保留率均不得小于 50%。

（2）其他材料

聚苯颗粒：粒径 2～3mm，尺寸稳定，导热系数小。

（3）材料准备

聚苯颗粒、玻纤网、外加剂、水泥等。

2. 涂饰类材料外墙外保温施工

(1) 主要机具

外墙外保温施工用主要机具一般有砂浆搅拌机、铁锹、筛子、水桶、灰斗、灰勺、刮杠、线坠、托灰板、抹子、金属水平尺、喷壶、铁锤、钢丝刷、托线板、2m 靠尺、钢卷尺等。

(2) 施工工艺

其施工工艺流程一般为：

基层处理→保温层施工→抹抗裂砂浆面层→饰面层施工→检查验收。

1) 基层处理：同板类外墙外保温系统。

2) 保温层施工

①抹保温浆料前，在基层上抹一道界面砂浆，界面砂浆要粘结牢固。

②胶粉 EPS 颗粒保温浆料经现场拌合后喷涂或抹在基层上形成保温层。胶粉 EPS 颗粒保温浆料宜分遍抹灰，每遍间隔时间应在 24h 以上，每遍厚度不宜超过 20mm。第一遍抹灰应压实，最后一遍应找平，并用大杠搓平。

③胶粉 EPS 颗粒保温浆料保温层设计厚度不宜超过 100mm。现场检验人员保温层厚度应符合设计要求，不得有负偏差。

④保温层硬化后，应现场检验保温层厚度，并现场取样检验胶粉 EPS 颗粒保温浆料干密度。现场取样胶粉 EPS 颗粒保温浆料干密度不应大于 250kg/m^3，并且不应小于 180kg/m^3。

3) 抹面层

同板类保温砂浆施工方法。

4) 饰面层施工

在外墙做完防护层后，根据设计要求进行饰面层施工。

8.2.3 质量标准

1. 外墙外保温分项工程主要验收内容

外墙外保温工程为建筑节能工程的分项工程，其主要验收内容应符合表 8-1 的规定。

外墙外保温分项工程主要验收内容 **表 8-1**

外墙外保温分项工程	主要验收内容
粘贴泡沫塑料保温板系统外保温工程	基层处理，粘贴保温板，抹面层，变形缝，饰面层
保温浆料系统外保温工程	基层处理，抹胶粉 EPS 颗粒保温浆料，抹面层，变形缝，饰面层
贴砌 EPS 板系统外保温工程	基层处理，贴砌保温板，抹胶粉 EPS 颗粒保温浆料，抹面层，变形缝，饰面层
PU 喷涂系统外保温工程	基层处理，喷涂发泡保温材料，保温层局部处理，抹面层，饰面层

续表

外墙外保温分项工程	主要验收内容
无网现浇系统外保温工程	固定 EPS 板，现浇混凝土，EPS 板局部找平，抹面层，变形缝，饰面层
有网现浇系统外保温工程	固定 EPS 钢丝网架板，现浇混凝土，抹面层，变形缝，饰面层
装饰板系统外保温工程	找平层，固定保温装饰板，板缝和变形缝，饰面处理

2. 外保温系统主要组成材料应按表 8-2 规定进行现场抽样复验，抽样数量应符合《建筑节能工程施工质量验收规范》GB 50411—2007 对于检查数量的规定。

外保温系统主要组成材料复验项目 **表 8-2**

材　料	复验项目
EPS 板、XPS 板、PU 板	密度，导热系数，抗拉强度，尺寸稳定性 用于无网现浇系统时，加验界面砂浆涂敷质量
胶粉 EPS 颗粒保温浆料	干密度，导热系数，抗拉强度
EPS 钢丝网架板	热阻，EPS 板密度
现场喷涂 PU 硬泡体	密度，导热系数，尺寸稳定性，断裂延伸率
保温装饰板	热阻
胶粘剂、抹面胶浆、界面砂浆、胶粉 EPS 颗粒粘结浆料	干燥状态和浸水 48h 拉伸粘结强度
XPS 板界面剂	外观，固含量，pH 值，破坏形式
玻纤网	耐碱拉伸断裂强力，耐碱拉伸断裂强力保留率
钢丝网、腹丝	镀锌层质量

注：胶粘剂、抹面胶浆、抗裂砂浆、界面砂浆制样后养护 7d 进行拉伸粘结强度检验。发生争议时，以养护 28d 为准。

3. 主控项目

(1) 外保温系统及主要组成材料性能应符合规定。

检查方法：检查检验报告和进场复验报告。

(2) 保温层厚度应符合设计要求。

检查方法：插针法检查。

(3) 粘贴泡沫塑料保温板系统保温板粘贴面积应符合规定。

检查方法：现场测量。

(4) 涂料饰面的粘贴泡沫塑料保温板外保温系统，现场检验保温板拉伸粘结强度应不小于 0.12MPa，并且应为 EPS 板破坏。

检查方法：按规定进行。

(5) 胶粉 EPS 颗粒保温浆料外保温系统，现场检验系统抗拉强度应不小于 0.1MPa，并且破坏部位不得位于各层界面。

检查方法：按规定进行。

(6) 胶粉 EPS 颗粒浆料贴砌保温板外保温系统、现场喷涂硬泡聚氨酯外保温系统，现场检验保温层与基层墙体的拉伸粘结强度应不小于 0.12MPa，抹面层与保温层的拉伸粘结强度应不小于 0.1MPa，并且破坏部位不得位于各层界面。

检查方法：按规定进行。

（7）EPS 板现浇混凝土外保温系统，现场检验 EPS 板拉伸粘结强度应不小于 0.12MPa，并且应为 EPS 板破坏。

检查方法：按规定进行。

（8）面砖饰面系统，现场检验粘结强度、锚栓锚固力和保温板粘贴面积应符合规定。

4. 一般项目

（1）粘贴泡沫塑料保温板外保温系统和胶粉 EPS 颗粒保温浆料外保温系统，保温层表面垂直度和尺寸允许偏差应符合现行国家标准《建筑装饰装修工程质量验收规范》GB 50210—2001 规定。

（2）现浇混凝土施工质量应符合现行国家标准《混凝土结构工程施工质量验收规范》GB 50204—2015 规定。

（3）EPS 板现浇混凝土外保温系统，EPS 板表面找平后，保温层表面垂直度和尺寸允许偏差应符合现行国家标准《建筑装饰装修工程质量验收规范》规定。

（4）EPS 钢丝网架板现浇混凝土外保温系统，抹面层厚度应符合规定。

检查方法：插针法检查。

（5）抹面层和饰面层施工质量应符合现行国家标准《建筑装饰装修工程质量验收规范》规定。

（6）系统抗冲击性应符合规定。

过程 8.3　外墙外保温施工案例

（1）某五层框架结构教学楼外墙粘贴聚苯板保温系统。

（2）其外墙保温系统施工可按以下方法：

1）施工准备

①材料进场必须严格进行验收并办理验收手续，先做样板墙，经验收合格后才能大面积展开施工；聚苯板粘贴必须先做拉拔实验，经甲方、监理验收合格后进行下道工序施工。每道工序必须严格检查，需做自检和验收记录并办理签字手续。

②外墙和外门窗口施工及验收完毕，基面洁净无突出部分。

③操作地点环境温度和基底温度不低于 5℃，风力不大于 5 级，雨天不能施工。

2）施工工艺

其工艺流程如下：

基层处理→粘贴聚苯板→聚苯板打磨→涂抹面胶浆→铺压玻纤网→涂抹面胶

浆→嵌密封膏→验收。

①基层处理

基层墙体必须清理干净，墙表面没有油、浮尘、污垢等污染物或其他妨碍粘结的材料，并剔除墙面的凸出物，凹陷部分用聚合物砂浆修补平整，外墙脚手眼封堵严密。

②粘贴聚苯板

A. 聚苯板切割：尽量使用 1200mm×600mm 标准尺寸的聚苯板。若使用非标准尺寸的聚苯板，应采用电热丝切割器或壁纸刀进行裁剪加工。

B. 粘结胶浆：使用袋装成品聚合物砂浆。

C. 粘结聚苯板

a. 在外墙阴阳角处挂垂直通线，并用水准仪找平，每面墙至少 2 根，注意使其距墙尺寸一致。当采用分段粘贴时，在首层上弹一道水平线，并用经纬仪在大角基层处测弹出垂直控制线，依垂直立线挂一道水平线，作为粘贴聚苯板的控制线。

b. 首层聚苯板满粘于外墙，其他楼层聚苯板在板面四周涂抹一圈聚合物砂浆，宽 50mm，厚 10mm，侧面留 30mm×50mm 宽排气孔，板心按梅花形布设粘结点，间距 200mm，直径 100mm。采用非标准尺寸板时，粘结胶浆的涂抹面积与聚苯板的面积之比不得少于 1/3。

c. 抹完聚合物砂浆后，立即将板立起就位粘贴，粘贴时应轻柔、均匀挤压，并随时用托线板检查垂直平整。板与板挤紧，碰头缝处不抹聚合砂浆。粘贴聚苯板应做到上下错缝，每贴完一块板，应及时清除挤出的砂浆，板间不留间隙，如果出现间隙，应用相应宽度的聚苯板填塞。阳角处相邻的两墙面所粘聚苯板应交错连接。

D. 安装固定件：在贴好的聚苯板上用冲击钻钻孔，孔洞深入墙基面不小于 30mm，数量为每平方米 4 个，但每一单块聚苯板不少于 2 个，塑料垫圈用以确保钢丝与聚苯板有一定距离，钢垫圈用以卡紧钢丝网。基层为混凝土构件的，使用尼龙塑料胀管；基层为陶粒空心砌块的，使用专用锚固件。

③聚苯板打磨

聚苯板接缝不平处，应用粗砂纸打磨并衬有平整板材。打磨动作宜为轻柔的圆周运动。磨平后应用刷子将碎屑清理干净。

④涂抹面胶浆

用不锈钢抹子在聚苯板表面均匀涂抹一层面积略大于一块玻纤网的抹面胶浆，厚度约为 2mm。

⑤铺压玻纤网

涂抹面胶浆后，随即将玻璃纤维网布沿水平方向绷紧，用抹子由中间向上、下两边将玻纤网抹平压入湿的抹面胶浆中；自上而下沿外墙一圈一圈铺设网布；遇到门窗洞口时，应在洞口四角沿 45°方向补贴一块玻纤网，以防止开裂。玻纤网格布左、右搭接宽度为 150mm，上、下搭接宽度为 100mm，在阳角处还需局部加铺 400mm 玻纤网一道。所有收口处的玻纤网必须翻过阳角压实。

⑥涂抹面胶浆

待首层胶浆稍干硬至可以碰触时，再用抹子涂抹第二道抹面胶浆厚约 3mm，直至玻纤网布全部被覆盖。如在抹面层砂浆前，底层砂浆已凝结，应先涂刷一遍界面剂，再抹面层砂浆。首层墙面、凹阳台、露台应在聚合物砂浆外加铺一层玻纤网，且应在砂浆凝结前进行，并再抹一层 2mm 厚面层聚合物水泥砂浆。

⑦嵌密封膏

在墙体与窗框缝隙处用密封膏镶嵌，密封膏镶嵌密实、饱满。

⑧验收

墙面清理干净后，进行此道工序验收。

⑨特殊部位做法

分格条安装时，先在分格条处弹线，再以线为准在泡沫板上割槽，将钢丝卧进槽内，再压分格条然后抹抗裂砂浆。滴水条位置为距外墙 4cm 两端设置 3cm 断水。窗的上、下窗台与墙面做平。保温板做至高出墙顶 2cm，玻纤网卷铺至墙体另一侧，然后涂抹面胶浆。

复习思考题

1. 选择题

(1) 地下室顶板胶粘法保温常用主要材料有(　　)。

A. 聚苯板　　B. 挤塑板

C. 耐碱网格布　　D. 聚合物干粉

(2) 板类保温材料主要有(　　)。

A. 聚苯板　　B. 挤塑板

C. 保温浆料　　D. 水泥砂浆

(3) 保温板粘贴可采用(　　)。

A. 空粘　　B. 点边粘

C. 满粘　　D. 边粘

(4) EPS 板接缝应离开角部至少(　　)mm。

A. 200　　B. 300

C. 400　　D. 500

(5) 有网现浇系统施工中，钢筋每平方米宜设(　　)根。

A. 1　　B. 2

C. 3　　D. 4

(6) 涂饰类保温施工，胶粉 EPS 颗粒保温浆料宜分遍抹灰，每遍间隔时间应在(　　)h 以上。

A. 10　　B. 12

C. 24　　D. 48

(7) 外保温工程施工期间以及完工后 24h 内，基层及环境空气温度应不低于(　　)℃。

A. 5　　　　B. 10

C. 15　　　　D. 20

2. 简答题

(1) 地下室顶板胶粘法保温的施工要点是什么?

(2) 板类保温材料主要有哪几种保温系统?

(3) 什么是有网现浇系统?

(4) EPS 钢丝网架板保温系统施工要点是什么?

(5) 简述涂饰类材料外墙保温系统的施工工艺流程。

(6) 外墙外保温分项工程主要验收内容是什么?

任务 9

装饰装修工程施工

【任务目标】

（1）了解塑钢门、窗的安装方法；

（2）掌握一般装饰抹灰的施工方法；

（3）掌握楼地面工程的施工方法；

（4）掌握涂饰工程的施工方法；

（5）了解饰面工程的施工方法。

（6）了解常见隔墙工程的施工方法。

过程 9.1 门窗工程施工

9.1.1 门窗类别

门窗是建筑物的主要组成部分，它们在建筑物中各自起着不同的作用。常用的门窗有木门窗、钢门窗、铝合金门窗、塑料门窗和断桥铝门窗等。目前在房屋建筑工程中常用的门窗形式是塑料门窗、断桥铝门窗和铝合金门窗。

9.1.2 塑钢门窗的施工

1. 塑料门窗施工准备

（1）材料要求

1）塑料门窗的规格、型号应符合设计要求，门窗质量及力学性能符合国家现行标准的要求，具有产品合格证、材质检验报告并加盖厂家印章。

2）塑料门窗在安装前应进行抗风压性能、空气渗透性能及雨水渗漏性能的复试，其各项性能应符合国家现行标准中对此三项性能分级的规定及设计要求，并附有该等级的质量检测报告，满足使用要求。

3）有保温要求的门窗，其保温性能应符合设计要求及有关标准的规定。

4）塑料门窗框所选用的材料为硬 PVC 塑料。门窗组装时，在硬 PVC 门窗型材截面空腹中衬入加强型钢，塑钢结合。

5）门窗采用的五金件、紧固件、增强型钢及金属衬板等的型号、规格、性能等均应符合国家现行标准的有关规定。

6）玻璃品种根据设计要求可选用普通平板玻璃、浮法玻璃、夹层玻璃、钢化玻璃、中空玻璃等。

7）塑料门窗的密封材料根据设计要求可选用耐候硅酮密封胶、聚硫胶、聚氨酯胶、丙烯酸酯胶。密封条可选用橡胶条、橡塑条等。

8）填缝材料可选用发泡胶、弹性聚苯保温材料及玻璃岩棉条等。

（2）主要机具

常用工具为手电钻、冲击钻、射钉枪、切割机、打胶筒、螺钉旋具（螺丝刀）扳手、錾子、玻璃吸盘、线锯、手锤、扇铲、钢凿、铁锉、刮刀、水平尺、钢尺、盒尺、墨斗、线坠、粉线包、托线板、钳子、木楔等。

（3）作业条件

1）塑料门窗框安装时间，应选择在主体结构完成已进行验收后进行。塑料门窗框在装饰工程进行前安装，门窗扇安装时间宜选择在室内外装修结束后进行，避免土建施工对其造成破坏及污染等。

2）按室内墙面弹出的＋500mm 线和垂直线，标出门窗框安装的基准线，作为安装时的标准。要求同一立面上门窗的水平及垂直方向应做到整齐一致。如在弹线时发现预留洞口的尺寸有较大偏差，应及时调整处理。

3）安装门窗框前，应逐个核对门窗洞口的尺寸，与塑料门窗框的规格是否相符合。有预埋件的门窗口还应检查预埋件的数量、位置及埋设方法是否符合设计要求。

4）检查塑料门窗外观是否符合设计要求及国家有关标准的规定，如有翘曲不平、尺寸偏差超标、表面损伤、变形、松动及外观色差较大者，应进行处理及返修，经验收合格后方能进行安装。

5）塑料表面应粘贴保护膜，安装前检查保护膜，如有破损，应补粘后再行安装。

6）打胶工程在整个作业期间的环境温度应不小于 5℃。

2. 塑料门窗施工工艺

塑料门窗是以聚氯乙烯为主要原料，轻质碳酸钙为填料，添加适量的改性剂，经挤压成为各种空腹型材，然后将型材组装而成的门窗。一般在空腹内加嵌型钢或铝合金型材故又称为塑钢门窗。

（1）施工工艺流程

塑料门窗的施工工艺流程一般为：补贴保护膜→框上找中段→装固定片→洞口找中段→卸玻璃（或门、窗扇）→框进洞口→调整定位→与墙体固定→装拼樘料→装窗台板→填充弹性材料→洞口抹灰→清理砂浆→嵌逢→装玻璃（或门、窗框）→装纱窗（门）→安装五金件→表面清理→撕下保护膜。

（2）施工操作要点

1）门窗框与墙体固定：塑钢门窗采用固定片固定，固定片一般为镀锌钢板，其厚度应不小于1.5mm，宽度应不小于15mm。安装时应先采用直径为3.2mm的钻头钻孔，然后应将十字盘头自攻螺钉M4×20拧入，不得直接锤击钉入；固定片的位置应距窗角、中竖框、中横框150～200mm，固定片之间的间距应不大于600mm。不得将固定片直接装在中横框、中竖框的挡头上。应先固定上框，后固定边框，固定方法应符合下列要求：

混凝土墙洞口应采用射钉或塑料膨胀螺钉固定；砖墙洞口应采用塑料膨胀螺钉或水泥钉固定，并固定在预埋木砖处；加气混凝土洞口，应采用木螺钉将固定片固定在胶粘圆木上；有预埋铁件的洞口应采用焊接的方法固定，也可先在预埋件上按紧固件规格打基孔，然后用紧固件固定。

2）填充弹性材料：一般情况下，钢、木门窗与洞口的间隙是采用水泥砂浆填充的，对塑钢门窗而言，应该用弹性材料填充间隙（如采用闭孔泡沫塑料、发泡聚苯乙烯等弹性材料填充）。填充伸缩缝所用的比较好的材料是塑料发泡剂。其具备较好的粘结、固定、隔声、隔热、密封防潮、填补结构空缺等作用。在国外的门窗安装中应用是比较普遍的，目前，在国内也逐渐被采用。

3）门窗扇安装：门窗扇根据开启方式分为平开和推拉两种。平开门窗扇应在厂内剔好铰链槽，到现场再将门窗扇装入框中，调整扇与框的配合位置，并用铰链将其固定，然后复查开关是否灵活自如。推拉门窗由于扇与框不连接，因此对可拆卸的推拉扇，应先安装好玻璃后再安装门窗扇。

4）五金配件安装：安装时应先在框扇杆件上用手电钻打出略小于螺钉直径的孔眼，然后用配套的自攻螺钉拧入，严禁用锤直接打入。五金配件应安装牢固，位置端正，使用灵活。

3. 塑料门窗验收标准

（1）主控项目

1）塑料门窗的品种、类型、规格、尺寸、开启方向、安装位置、连接方式及填嵌密封处理应符合设计要求，内衬增强型钢的壁厚及设置应符合国家现行产品标准的质量要求。

2）塑料门窗框、副框和扇的安装必须牢固。固定片或膨胀螺栓的数量与位置应正确，连接方式应符合设计要求。

3）塑料门窗拼樘料内衬增加型钢的规格、壁厚必须符合设计要求，型钢应与型材内腔紧密吻合，其两端必须与洞口固定牢固。窗框必须与拼樘料连接紧密，固定点间距应不大于600mm。

4）塑料门窗扇应开关灵活、关闭严密，无倒翘。推拉门窗扇必须有防脱落措施。

5）塑料门窗配件的型号、规格、数量应符合设计要求，安装应牢固，位置应正确，功能应满足使用要求。

6）塑料门窗框与墙体间缝隙应采用闭孔弹性材料填嵌饱满，表面应采用密封胶密封。密封胶应粘结牢固，表面应光滑、顺直、无裂纹。

（2）一般项目

1）塑料门窗表面应洁净、平整、光滑，大面应无划痕、碰伤。

2）塑料门窗扇的密封条不得脱槽。旋转窗间隙应基本均匀。

3）塑料门窗扇的开关力应符合下列规定：平开门窗扇平铰链的开关力应不大于80N；滑铰链的开关力应不大于80N，并不小于30N；推拉门窗扇的开关力应不大于100N（用弹簧秤检查）。

4）玻璃密封条与玻璃槽口的接缝应平整，不得卷边、脱槽。

5）排水孔应畅通，位置和数量应符合设计要求。

6）塑料门窗安装的容许偏差和检验方法见表9-1。

塑料门窗安装的容许偏差和检验方法　　表9-1

项次	项　　目		允许偏差（mm）	检验方法
1	门窗槽口宽度、高度	≤1500	2	用钢尺检查
		＞1500	3	
2	门窗槽口对角线长度差	≤2000	3	用钢尺检查
		＞2000	5	
3	门窗框的正、侧面垂直度		3	用垂直检测尺检查
4	门窗横框的水平度		3	用1m水平尺和塞尺检查
5	门窗横框标高		5	用钢尺检查
6	门窗竖向偏离中心		5	用钢尺检查
7	双层门窗内外框间距		4	用钢尺检查
8	推拉门窗扇与框搭接量		+1.5，−2.5	用钢尺检查
9	同樘平开门窗相邻扇高度差		2	用钢尺检查
10	推拉门窗扇与竖框平等度		2	用钢尺检查

4. 塑料门窗成品保护

（1）门窗应放置在清洁、平整的地方且应避免日晒雨淋，并不得与腐蚀物质接触；门窗不应直接接触地面，下部应放垫木，且应立放，立放角度不应大于70°，并应采取防倾倒措施。

（2）储存门窗的环境温度不应高于50℃，也不宜低于5℃，与热源的距离不应小于1m。门窗在现场的放置时间不得超过两个月。

（3）塑料门窗装入洞口临时固定后，应检查四周边框和中间框架是否用规定的保护胶纸和塑料薄膜封贴包扎好，再进行门窗框与墙体之间缝隙的填嵌和洞口墙体表面装饰施工，以防止水泥砂浆、灰水、打胶材料及喷涂材料等污染损坏塑料门窗表面。在室内外湿作业未完成前，不能破坏门窗表面的保护胶纸。

（4）在安装过程中，应采取措施，防止焊接作业时电焊火花损坏周围的门窗框扇及玻璃等。

（5）严禁在安装好的塑料门窗上安装脚手架，悬挂重物。经常出入的门洞口，应及时保护好门框。严禁施工人员踩踏或碰擦门窗。

（6）交工前撕去保护胶纸时，要轻轻剥离，不得划破、划伤门窗表面。

5. 塑料门窗施工应注意的质量问题

（1）运输保管不当造成门窗变形：装卸门窗应轻拿、轻放，不得撬、甩、摔。安装工程中所用的门窗部件、配件、材料等在运输、施工和保管过程中，应采取防止其损坏和变形的措施。

（2）配件材料与聚氯乙烯型材兼容问题：与聚氯乙烯型材直接接触的五金件、紧固件、密封条、玻璃、密封胶等材料。其性能与PVC塑料应具有相容性。

（3）门窗洞口预留方法不当：门窗应采取预留洞口法安装，不得采用边安装变砌口或先安装后砌口的方法。

（4）门窗框不正：安装前弹线找正，照线立框；正式固定前，应检验门窗框是否垂直。

（5）门窗框周边缝隙过大或过小：预留门窗洞口尺寸与门窗框外尺寸之差应符合留缝规定，缝隙过大或过小必须先修整再安装门窗框。

（6）安装时产生门窗变形：临时固定时，木楔、垫块切忌盲目塞紧，防止门窗框产生变形。填充门窗框与洞口间隙时，不能用力过大，使门窗框受挤变形。

（7）塑料门窗面层污染、腐蚀：塑料门窗施工时贴保护膜进行保护，施工中应注意不得损坏保护膜。并及时对门窗面层进行清理。

（8）门窗渗水：塑料门窗与墙体连接处注胶应采用质量合格的防水密封胶；平开窗应安装披水；推拉窗应设置排水孔；外窗台抹灰层应低于内窗台，避免倒坡。

（9）外观颜色不一致：塑料门窗进场应严格验收，避免色差过大；施工时注意保护面层，防止损坏。

过程9.2 抹灰类饰面施工

9.2.1 抹灰类饰面的分类及组成

1. 抹灰工程的分类

根据使用要求和装饰效果的不同，抹灰工程可分为一般抹灰和装饰抹灰。本文主要介绍一般抹灰饰面。

（1）一般抹灰

一般抹灰系指用石灰砂浆、水泥砂浆、水泥混合砂浆、聚合物水泥砂浆、麻刀石灰、纸筋石灰和石灰膏等材料进行的抹灰施工，是装饰工程中最基本的一个分项工程。根据质量要求和主要工序的不同，一般抹灰又分为普通抹灰和高级抹灰两级。

（2）装饰抹灰

装饰抹灰系指利用材料特点和工艺处理，使抹灰面具有不同的质感、纹理及色泽效果的抹灰类型和施工方法。装饰抹灰的底层和中层与一般抹灰做法基本相同，其面层有水刷石、斩假石（剁斧石）、干粘石、假面砖等。随着生活水平的提高，目前这种装饰已较少采用。

2. 抹灰的组成

抹灰层一般由底层、中层和面层组成。底层主要起与基层粘结的作用，其使用材料根据基层不同而异；中层主要起找平作用，使用材料同底层。面层主要起装饰美化作用。

3. 抹灰层的厚度

（1）每层抹灰厚度

若一层抹灰厚度太大，由于抹灰层内外干燥速度不一致，容易造成面层开裂，甚至起鼓脱落，因此抹灰工程应分层进行。每层抹灰厚度一般控制如下：水泥砂浆：5～7mm；混合砂浆：7～9mm；麻刀灰：≤3mm；纸筋灰：≤2mm。

（2）抹灰层的平均总厚度

抹灰层的平均总厚度，应根据工程部位、基层材料和抹灰等级来确定。普通抹灰 20mm，高级抹灰 25mm。内墙：20～25mm；外墙：20mm；勒脚、踢脚、墙裙：25mm。顶棚、混凝土空心砖、现浇混凝土表面：15mm。

9.2.2 常用抹灰机具

施工前应根据工程特点准备好抹灰工具和机械设备。

1. 常用手工工具

（1）抹子，如图 9-1 所示。

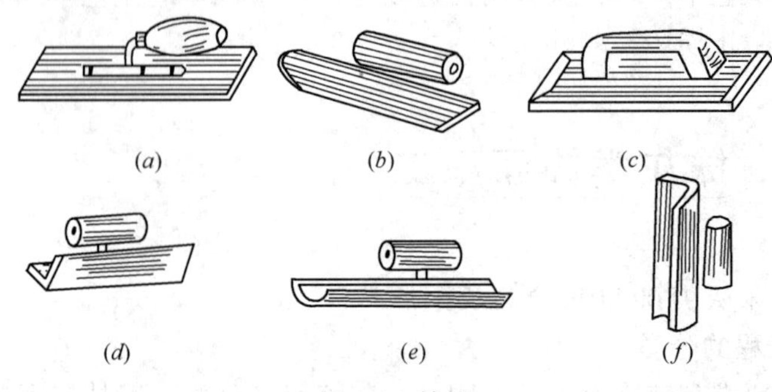

图 9-1 抹子

（*a*）方头铁抹子；（*b*）圆头铁抹子；（*c*）木抹子；（*d*）阴角抹子；（*e*）圆弧阴角抹子；（*f*）阳角抹子

（2）辅助工具，如图 9-2 所示。

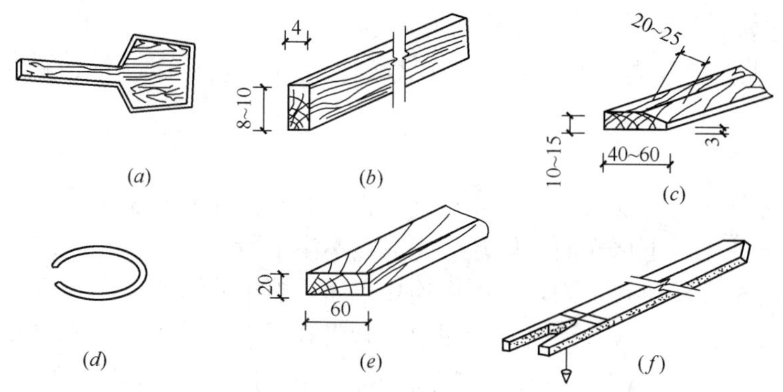

图 9-2 辅助工具图

（a）托灰板；（b）木杠；（c）八字靠尺；（d）钢筋卡子；

（e）靠尺板；（f）拖线板和线锤

2. 常用机械设备

（1）砂浆搅拌机：搅拌砂浆用，常用规格有 200L 和 325L 两种。

（2）纸筋灰搅拌机：用于搅拌纸筋石灰膏、玻璃丝石灰膏或其他纤维石灰膏。

（3）粉碎淋灰机：用于淋制抹灰砂浆用的石灰膏。

（4）喷浆机：用于喷水或喷浆，有手压和电动两种。

9.2.3 抹灰工程的施工工艺

1. 一般抹灰的材料

一般抹灰砂浆的基本要求是粘结力好、易操作，无明确的强度要求，其配合比一般采用体积比，水泥砂浆的配合比一般为 1∶2、1∶3（水泥∶砂）；混合砂浆的配合比一般为 1∶1∶4，1∶1∶6（水泥∶石灰∶砂）。其材料要求：

（1）水泥：抹灰常用的水泥为普通硅酸盐水泥、矿渣硅酸盐水泥。水泥的品种、强度等级应符合设计要求。不同品种不同强度等级的水泥不得混合使用。

（2）石灰膏和磨细生石灰粉块：块状生石灰须经熟化成石灰膏才能使用，在常温下，熟化时间不应少于 15d；用于罩面的石灰膏，熟化的时间不得少于 30d。将块状生石灰碾碎磨细后的成品，即为磨细生石灰粉。罩面用的磨细生石灰粉的熟化时间不得少于 3d。使用磨细生石灰粉粉饰，不仅具有节约石灰，适合冬期施工的优点，而且粉饰后不易出现膨胀、鼓皮等现象。

（3）砂：抹灰用砂，最好是中砂或粗砂与中砂混合掺用。可以用细砂，但不宜用特细砂。抹灰用砂要求颗粒坚硬、洁净，使用前需要过筛（筛孔不大于 5mm），不得含有黏土（不超过 2%），草根、树叶、碱质及其他有机物等有害杂质。

（4）麻刀、纸筋、稻草、玻璃纤维：麻刀、纸筋、稻草、玻璃纤维在抹灰层中起拉结和骨架作用，提高抹灰层的抗拉强度，增加抹灰层的弹性和耐久性，使抹灰层不易裂缝脱落。

2. 施工准备

为确保抹灰工程的施工质量，在正式施工之前，必须满足作业条件和做好基层处理等准备工作。

（1）作业条件

1）主体结构已经检查验收，并达到了相应的质量标准要求。

2）屋面防水或上层楼面面层已经完成，不渗不漏。

3）门窗框安装位置正确，与墙体连接牢固，连接处缝隙填嵌密实。连接处缝隙可用 1∶3 水泥砂浆或 1∶1∶6 水泥混合砂浆分层嵌塞密实。缝隙较大时，可在砂浆中掺入少量麻刀嵌塞，并用塑料贴膜或薄钢板将门窗框加以保护。

4）接线盒、配电箱、管线、管道套管等安装完毕，并检查验收合格。管道穿越的墙洞和楼板洞已填嵌密实。

5）冬期施工环境温度不宜低于 5℃。

（2）基层处理

抹灰工程施工前，必须对基层表面做适当的处理，使其坚实粗糙，以增强抹灰层的粘结。基层处理包括以下内容：

1）基层表面的灰尘、污垢、砂浆、油渍和碱膜等应清除干净，并洒水湿润（提前 1～2 天浇水 1～2 遍，渗水深度 8～10mm）。

2）检查基层表面平整度，对凹凸明显的部位，应事先剔平或用 1∶3 水泥砂浆补平。

3）平整光滑的混凝土表面要进行毛化处理，一般采用凿毛或用铁抹子满刮 W/C=0.37～0.4（内掺水重的 3%～5%的 108 胶）水泥浆一遍，亦可用 YJ－302 混凝土界面处理剂处理。

4）不同基层材料（如砖石与混凝土）相接处应铺钉金属网并绷紧牢固，金属网与各结构的搭接宽度从相接处起每边不少于 100mm。

3. 抹灰施工工艺及操作要点

（1）内墙抹灰

内墙一般抹灰的工艺流程为：

找规矩、做灰饼、抹标筋（冲筋）→做护角→抹底层和中层灰→抹窗台板、踢脚板（墙裙）→抹面层灰。

1）找规矩、做灰饼、抹标筋（冲筋）：其作用是为后续抹灰提供参照，以控制抹灰层的平整度、垂直度和厚度。根据设计图纸要求的抹灰质量等级和基层表面平整垂直情况，用一面墙作基准，吊垂直、套方、找规矩，确定抹灰厚度，抹灰厚度不应小于 7mm。当墙面凹度较大时应分层衬平，每层厚度不大于 7～9mm。操作时应先抹上灰饼（距顶棚 150～200mm，水平方向距阴角 100～200mm，间距 1.2～1.5m），再抹下灰饼（距地面 150～200mm）。抹灰饼时应根据室内抹灰要求，确定灰饼的正确位置，再用靠尺板找好垂直与平整。灰饼宜用 1∶3 水泥砂浆抹成 5cm×5cm 形状。

房间面积较大时应先在地上弹出十字中心线，然后按基层面平整度弹出墙角线，随后在距墙阴角 100mm 处吊垂线并弹出铅垂线，再按地上弹出的墙角线往墙上翻引，弹出阴角两面墙上的墙面抹灰层厚度控制线，以此做灰饼。然后根据灰饼冲筋（宽度为 10cm 左右，呈梯形，厚度与灰饼相平），可冲横筋也可冲立筋，根据施工操作习惯而定。

2）做护角：室内墙面、柱面和门窗洞口的阳角抹灰要求线条清晰、挺直，且能防止破坏。因此这些部位的阳角处，都必须做护角。同时护角亦起到标筋的作用。

护角应采用 1∶2 水泥砂浆，一般高度不低于 2m，护角每侧宽度不小于 50mm。做护角时，以墙面灰饼为依据，先将墙面阳角用方尺规方，靠门框一边，以门框离墙面的空隙为准，另一边以灰饼厚度为准。将靠尺在墙角的一面墙上用线锤找直，然后在靠尺板的另一边墙角面分层抹 1∶2 水泥砂浆，护角线的外角与靠尺板外口平齐；一边抹好后，再把靠尺板移到已抹好护角的一边，用钢筋卡子稳住，用线锤吊直靠尺板，把护角的另一面分层抹好。再轻轻地将靠尺板拿下，待护角的棱角稍干时，用阳角抹子和水泥浆打出小圆角。最后在墙面用靠尺板按要求尺寸沿角留出 50mm，将多余砂浆以 40°斜面切掉，以便于墙面抹灰与护角的接槎。

3）抹底层和中层灰：一般情况下冲完筋 2h 左右就可以进行。抹底层灰时，可用托灰板盛砂浆，在两标筋之间用力将砂浆推抹到墙上，一般从上向下进行，再用木抹子压实搓毛。待底层灰 6～7 成干后（用手指按压不软，但有指印和潮湿感），即可抹中层灰，抹灰厚度以垫平标筋为准，操作时先应稍高于标筋，然后用木杠按标筋刮平，不平处补抹砂浆，再刮至平直为止，紧接着用木抹子搓压，使表面平整密实。并用托线板检查墙面的垂直与平整情况。抹灰后应及时将散落的砂浆清理干净。墙面阴角处，先用方尺上下核对方正（水平标筋则免去此道工艺），然后用阴角器上下抽动搓平，使室内四角方正。

4）抹窗台板、踢脚板（墙裙）：窗台板抹灰，应先用 1∶3 水泥砂浆抹底层，表面划毛，隔一天后，用素水泥浆刷一道，再用 1∶2.5 水泥砂浆涂抹面层。面层原浆压光，上口小圆角，下口平直，浇水养护 4 天。

窗台板抹灰要求是：平整光滑、棱角清晰、排水通畅、不渗水、不湿墙。抹踢脚板（墙裙）时，先于墙面弹出其上口水平线。用 1∶3 水泥砂浆或水泥混合砂浆抹底层。隔一天后，用 1∶2 水泥砂浆抹面层，面层应比墙面抹灰层凸出 3～5mm，上口切齐，原浆压光抹平。

5）抹面层灰：面层抹灰俗称罩面。它应在底灰稍干后进行，底灰太湿会影响抹灰面平整度，还可能“咬色”；底灰太干，容易使面层灰脱水太快而影响其粘结，造成面层空鼓。

纸筋石灰、麻刀石灰砂浆面层：在中层灰 6～7 成干后进行，罩面灰应两遍成活（两遍互相垂直），厚度约 2mm，最好两人同时操作，一人先薄薄刮一遍，另一人随即抹平。按先上后下顺序进行，再赶光压实，然后用铁抹子压一遍，最后用塑料抹子压光，随后用毛刷蘸水将罩面灰污染处清刷干净。

石灰砂浆面层：在中层灰 5～6 成干后进行，厚度 6mm 左右，操作时先用铁抹子抹灰，再用刮尺由下向上刮平，然后用抹子搓平，最后用铁抹子压光成活，压光不少于 2 遍。

(2) 外墙抹灰

外墙抹灰施工工艺流程为：

浇水湿润基层→找规矩、做灰饼、抹标筋→抹底层、中层灰→弹分格线、嵌分格条→抹面层灰→拆除分格条，勾缝→做滴水线→养护。

外墙抹灰应注意涂抹顺序，一般先上部后下部，先檐口再墙面（包括门窗周围、窗台、阳台、雨篷等）。大面积外墙可分片、分段施工，一次抹不完可在阴阳角交接处或分格线处留设施工缝。外墙抹灰一般看面较大，施工质量要求高，因此外墙抹灰必须找规矩，做灰饼，抹标筋，其方法与内墙抹灰相同。此外，外墙抹灰中的底层、中层、面层抹灰与内墙抹灰基本相同。

1）弹分格线、嵌分格条：外墙抹灰时，为避免罩面砂浆收缩后产生裂缝，防止面层砂浆大面积膨胀而空鼓脱落，应待中层灰 6～7 成干后，按设计要求弹分格线，并嵌分格条。

分格线用墨斗或粉线包弹出，竖向分格线可用线锤或经纬仪矫正其垂直度，横向分格线以水平线检验。木质分格条在使用前应用水泡透，其作用是便于粘贴，防止分格条在使用时变形，本身水分蒸发后产生收缩而易于起出，使分格条两侧灰口整齐。

粘分格条时，用铁抹子将素水泥浆抹在分格条的背面，将水平分格条粘在水平分格线的下口，垂直分格条粘在垂直分格线的左侧，以便于观察。每粘贴好一条竖向（横向）分格条，应用直尺校正使其平整，并将分格条两侧用水泥浆抹成八字形斜角（水平分格条应先抹下口）。当天就抹面的分格条，两侧八字形斜角可抹成 45°；当天不抹面的“隔夜条”，两侧八字形斜角应抹得陡一些，可抹成 60°，分格条要求横平竖直、接头平整，无错缝或扭曲现象，其宽度和厚度应均匀一致。除木质分格条外，亦可采用 PVC 槽板做分格条，将其钉在墙上即可，面层灰抹完后，亦不用将其拆除。

2）拆除分格条、勾缝：分格条粘好，面层灰抹完后，应拆除分格条，并用素水泥浆将分格缝勾平整。当天粘的分格条在面层抹完后即可拆除。操作时一般从分格线的端头开始，用抹子轻轻敲动，分格条即自动弹出。若拆除困难，可在分格条端头钉一小钉，轻轻将其向外拉出。采用“隔夜条”的抹灰面层不宜当时拆除，必须待面层砂浆达到强度后方可。

3）做滴水线：毗邻外墙面的窗台、雨篷、压顶、檐口等部位的抹灰，应先抹立面，后抹顶面，再抹底面。顶面应抹出流水坡度，一般以 10% 为宜，底面外沿边应做滴水槽，滴水槽宽度和深度均不应小于 10mm。窗台抹灰层应伸入窗框下坎的裁口内，堵塞密实。

4）养护

面层抹完 24h 后，应浇水养护，时间不少于 7d。

（3）顶棚抹灰

顶棚抹灰的施工工艺流程为：

基层处理→弹水平线→抹底层灰、中层灰→抹面层灰。

顶棚抹灰的顺序应从房间里面开始，向门口进行，最后从门口退出。其底层灰、中层灰和面层灰的涂抹方法与墙面抹灰基本相同。不同的是：顶棚抹灰不用做灰饼和标筋，只需按抹灰层厚度用墨线在四周墙面上弹出水平线，作为控制抹灰层厚度的基准线。此水平线应从室内 50cm 水平线从下向上量出，不可从顶棚向下量。

9.2.4 一般抹灰质量验收

1. 主控项目（表 9-2）

一般抹灰质量验收主控项目一览表 **表 9-2**

项次	项　目	检验方法
1	抹灰前基层表面的尘土、污垢、油渍等应清除干净，并应洒水润湿	检验施工记录
2	一般抹灰所用材料的品种和性能应符合设计要求。水泥的凝结时间和安定性复验应合格。砂浆的配合比应符合设计要求	检查产品合格证书、进场验收记录、复验报告和施工记录
3	抹灰工程应分层进行。当抹灰总厚度不小于 3mm 时，应采取加强措施。不同材料基体交接处表面的抹灰，应采取防止开裂的加强措施，当采用加强网时，加强网与各基体的搭接宽度不应小于 100mm	检查隐蔽工程验收记录和施工记录
4	抹灰层与基层之间及各抹灰层之间必须粘结牢固，抹灰层应无脱层、空鼓，面层应无爆灰和裂缝	观察；用小锤轻击检查；检查施工记录

2. 一般项目

（1）一般抹灰工程的表面质量应符合下列规定：

1）普通抹灰表面应光滑、洁净、接槎平整，分格缝应清晰。

2）高级抹灰表面应光滑、洁净、颜色均匀、无抹纹，分格缝和灰线应清晰美观。

（2）护角、孔洞、槽周围的抹灰表面应整齐、光滑；管道后表面抹灰应平整。

（3）抹灰层的总厚度应符合设计要求；水泥砂浆不得抹在石灰砂浆层上；罩面石膏灰不得抹在水泥砂浆上。

（4）抹灰分格缝的设置应符合设计要求，宽度和深度应均匀，表面应光滑，棱角应整齐。

（5）有排水要求的部位应做滴水线（槽）。滴水线（槽）应整齐顺直，滴水线应内高外低，滴水槽的宽度和深度均不应小于 10mm。

（6）一般抹灰工程质量的允许偏差和检验方法应符合表 9-3 的规定。

一般抹灰工程质量的允许偏差和检验方法　　表 9-3

项次	项目	允许偏差（mm）		检验方法
		普通抹灰	高级抹灰	
1	立面垂直度	4	3	用 2m 垂直检查尺检查
2	表面垂直度	4	3	用 2m 靠尺和塞尺检查
3	阴阳角方正	4	3	用直角检查尺检查
4	分格条（缝）直线度	4	3	拉 5m 线，不足 5m 拉通线，用钢直尺检查
5	墙裙、勒脚上口直线度	4	3	拉 5m 线，不足 5m 拉通线，用钢直尺检查

注：1. 普通抹灰，本表第 3 项阴阳角方正可不检查；
2. 顶棚抹灰，本表第 2 项表面垂直度可不检查，但应平顺。

过程 9.3　楼地面工程施工

建筑楼地面是建筑物底层地面（地面）和楼层地面（楼面）的总称，包括踢脚线和踏步等。

9.3.1　楼地面的组成和分类

1. 组成

它主要由基层、垫层和面层等构造层次组成。

（1）基层

底层地面基层多为素土夯实或加入灰土和碎砖的夯实土，楼面的基层一般是现浇或预制钢筋混凝土楼板。

（2）垫层

垫层按材料性质分为刚性垫层和非刚性垫层两种。刚性垫层有低强度等级混凝土、碎砖三合土等；非刚性垫层如砂、碎石、矿渣等松散材料。

（3）面层

面层是楼地面的最上层，也是表面层。一般要求面层有一定的紧固性和耐磨性，表面平整，易于清扫，行走时不起尘土，有一定的弹性和较小的导热系数。

2. 分类

按面层结构分，分为整体面层和块料面层。整体面层包括水泥混凝土面层、水泥砂浆面层、水磨石面层等；块料面层包括地砖面层、大理石面层和花岗石面层、预制板块面层、塑料板面层、木地板面层等。

9.3.2　整体面层楼地面施工

1. 以水泥砂浆楼地面施工为例，其施工工艺流程

基层处理→找标高、弹线→洒水湿润→抹灰饼和标筋→刷水泥浆结合层→铺水泥砂浆面层→木抹子搓平→养护→铁抹子压第一遍→第二遍压光→第三遍压光→养护。

2. 施工要点

(1) 基层处理：先将基层上的灰尘扫掉，用钢丝刷和錾子刷净、剔掉灰浆皮和灰渣层，用10%的火碱水溶液刷掉基层上的油污，并用清水及时将碱液冲净。

(2) 找标高弹线：根据墙上的+50cm水平线，往下量测出面层标高，并弹在墙上。

(3) 洒水湿润：用喷壶将地面基层均匀洒水一遍。

(4) 抹灰饼和标筋（或称冲筋）：根据房间内四周墙上弹的面层标高水平线，确定面层抹灰厚度（不应小于20mm），然后拉水平线开始抹灰饼（5cm ×5cm），横竖间距为1.5～2.0m，灰饼上平面即为地面面层标高。

如果房间较大，为保证整体面层平整度，还须抹标筋（或称冲筋），将水泥砂浆铺在灰饼之间，宽度与灰饼宽相同，用木抹子拍抹成与灰饼上表面相平一致。铺抹灰饼和标筋的砂浆材料配合比均与抹地面的砂浆相同。

(5) 刷水泥浆结合层：在铺设水泥砂浆之前，应涂刷水泥浆一层，其水灰比为0.4 ～0.5（涂刷之前要将抹灰饼的余灰清扫干净，再洒水湿润），不要涂刷面积过大，随刷随铺面层砂浆。

(6) 铺水泥砂浆面层：涂刷水泥浆之后紧跟着铺水泥砂浆，在灰饼之间（或标筋之间）将砂浆铺均匀，然后用木刮杠按灰饼（或标筋）高度刮平。铺砂浆时如果灰饼（或标筋）已硬化，木刮杠刮平后，同时将利用过的灰饼（或标筋）敲掉，并用砂浆填平。

(7) 木抹子搓平：木刮杠刮平后，立即用木抹子搓平，从内向外退着操作，并随时用2m靠尺检查其平整度。

(8) 铁抹子压第一遍：木抹子抹平后，立即用铁抹子压第一遍，直到出浆为止，如果砂浆过稀表面有泌水现象时，可均匀撒一遍干水泥和砂（1∶1）的拌合料（砂子要过3mm筛），再用木抹子用力抹压，使干拌料与砂浆紧密结合为一体，吸水后用铁抹子压平。上述操作均在水泥砂浆初凝之前完成。

(9) 第二、三遍压光：面层砂浆初凝后，用铁抹子压第二遍。水泥砂浆终凝前进行第三遍压光。

(10) 养护：地面压光完工后24h，铺锯末或其他材料覆盖洒水养护，保持湿润，养护时间不少于7d。

3. 整体面层施工质量验收

(1) 整体面层的抹平工作应在水泥初凝前完成，压光工作应在水泥终凝前完成。

(2) 面层表面坡度应符合设计要求，不得有倒泛水和积水现象。水泥砂浆踢脚线与墙面应紧密结合，高度一致，出墙厚度均匀。面层与下一层应结合牢固，无空鼓、裂纹。

(3) 楼梯踏步的宽度、高度应符合设计要求，楼层梯段相邻踏步高度差不应大于 10mm，每踏步两端宽度差不应大于 10mm；旋转梯梯段的每踏步两端宽度的允许偏差为 5mm。楼梯踏步的齿角应整齐，防滑条应顺直。

（4）水泥砂浆面层、水泥混凝土面层表面不应有裂纹、脱皮、麻面、起砂等缺陷。水磨石面层表面应光滑；无明显裂纹、砂眼和磨纹；石粒密实，显露均匀；颜色图案一致，不混色；分格条牢固、顺直和清晰。

（5）整体面层的允许偏差项目：表面平整度（2～5mm）；踢脚线上口平直（3～4mm）；缝格平直（3mm）。

9.3.3 块料面层楼地面施工

1. 以地砖楼地面施工为例，地砖楼地面的工艺流程为：

基层处理→找标高→弹线→抹结合层砂浆→铺砖控制线→铺地面砖→勾缝、擦缝→养护→踢脚板安装。

2. 施工要点

（1）基层处理

将地面垫层上的杂物清净，用钢丝刷刷掉粘结在垫层上的砂浆，并清扫干净。

（2）找标高、弹线

为了检查和控制板块的位置，在房间内拉十字控制线，弹在混凝土垫层上，并引至墙面底部，然后依据墙面＋50cm 标高线找出面层标高，在墙上弹出水平标高线，弹水平线时要注意室内与楼道面层标高要一致。

（3）抹结合层砂浆

刷一层素水泥浆（水灰比为 0.4～0.5，不要刷的面积过大，随铺砂浆随刷）。根据板面水平线确定结合层砂浆厚度，拉十字控制线，开始铺结合层干硬性水泥砂浆（一般采用 1∶2～1∶3 的干硬性水泥砂浆，干硬程度以手捏成团，落地即散为宜），厚度控制在放板块时高出面层水平线 3～4mm 为宜。铺好后用大杠刮平，再用抹子拍实找平（铺摊面积不得过大）。

（4）铺砖控制线

在房间正中，分纵、横两个方向排好尺寸，缝宽以不大于 10mm 为宜，当尺寸相差较小时，可调整缝宽，根据已确定的砖数和缝宽，在地面上弹纵、横控制线，并严格控制好方正。

（5）铺砖

砖应先用水浸湿，待擦干或表面晾干后方可铺设。根据房间拉的十字控制线，纵横各铺一行，作为大面积铺砌标筋。在十字控制线交点开始铺砌。先试铺，即搬起板块对好纵横控制线，铺落在已铺好的干硬性砂浆结合层上，用橡皮锤敲击木垫板（不得用橡皮锤或木锤直接敲击板块），振实砂浆至铺设高度后，将板块掀起移至一旁，检查砂浆表面与板块之间是否相吻合，如发现有空虚之处，应用砂浆填补，然后正式镶铺，先在水泥砂浆结合层上满浇一层水灰比为 0.5 的素水泥浆（用浆壶浇均匀），再铺板块，安放时四角同时往下落，用橡皮锤或木锤轻击木垫板，根据水平线用铁水平尺找平，铺完第一块，向两侧和后退方向顺序铺砌。

铺完纵、横行之后有了标准，可分段分区依次铺砌，一般房间是先里后外进行，逐步退至门口，便于成品保护，但必须注意与楼道相呼应。也可从门口处往里铺砌，板块与墙角、镶边和靠墙处应紧密砌合，不得有空隙。

（6）勾缝、擦缝

用1∶1水泥细砂浆勾缝，要求缝内砂浆密实、平整、光滑。以上工序完成后，面层加以覆盖。养护时间不应小于7d。

3. 板块面层施工质量验收

（1）板块的铺砌应符合设计要求，当无设计要求时，宜避免出现板块小于1/4边长的边角料。

（2）面层表面的坡度应符合设计要求，不倒泛水、无积水；与地漏、管道结合处应严密牢固，无渗漏。踢脚线表面应洁净、高度一致、结合牢固、出墙厚度一致。面层与下一层的结合（粘结）应牢固，无空鼓。

（3）楼梯踏步和台阶板块的缝隙宽度应一致、齿角整齐，楼层梯段相邻踏步高度差不应大于10mm，防滑条应顺直、牢固。

（4）砖面层的表面应洁净、图案清晰，色泽一致，接缝平整，深浅一致，周边顺直；板块无裂纹、掉角和缺楞等缺陷。大理石、花岗石面层的表面应洁净、平整、无磨痕，且应图案，色泽一致，接缝均匀，周边顺直，镶嵌正确，板块无裂纹、掉角、缺楞等缺陷。

（5）板块面层的允许偏差项目：表面平整度（地砖2mm，大理石1mm）；缝格平直（地砖3mm，大理石2mm）；接缝高低差（0.5mm）；踢脚线上口平直（地砖3mm，大理石1mm）；板块间隙宽度（地砖2mm，大理石1mm）。

过程9.4 涂料类饰面施工

涂料类饰面是在墙面已有的基层上，刮批腻子找平，然后涂刷选定的建筑涂料所形成的一种饰面。

9.4.1 涂料的组成、分类和施涂方法

1. 涂料的组成

涂料由主要成膜物质、次要成膜物质和辅助成膜物质三部分组成，如图9-3所示。

2. 涂料的分类

根据饰面涂刷材料的性能和基本构造，可将涂料类饰面分为油漆饰面、涂料饰面、刷浆饰面。

3. 涂料类墙体饰面的基本构造

涂料类饰面构造，一般分三层，即底层、中间层、面层。

（1）底层

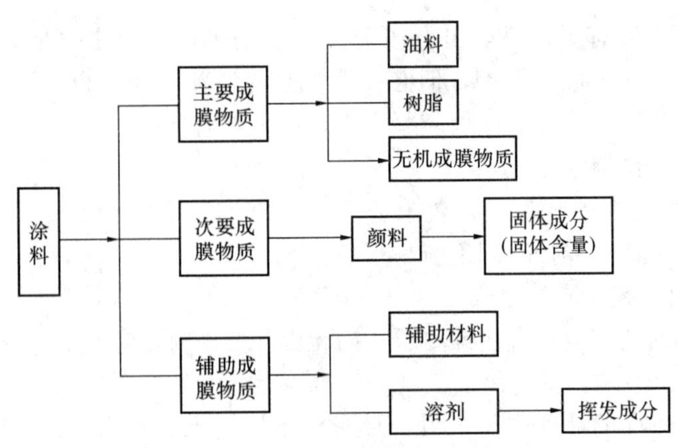

图 9-3　涂料组成

底层俗称底漆，主要是增加涂层和基层的粘附力，还兼具基层封闭剂的作用。

（2）中间层

中间层是整个涂层构造的成型层，即通过适当工艺，形成具有一定厚度、匀实饱满的涂层。它不仅是整个涂层耐久性、耐水性和强度的保证，还可对基层起到补强的作用。

（3）面层

面层是整个涂层色彩和光感的体现，为保证色彩均匀、光泽度好，并满足耐久性、耐磨性等方面的要求，最低限度应涂刷两遍。

9.4.2　涂饰工程施工工艺及操作要点

1. 施工准备

（1）材料准备：相应的涂料、稀释剂、腻子。

（2）工具准备（图 9-4）：基层处理用工具（尖头锤、刮铲、钢丝刷等）、涂料施涂用工机具（油刷、排笔、涂料辊、搅拌器、喷枪、弹涂器）。

（3）施工条件

1）涂料工程应待抹灰、吊顶、地面等装饰工程和水电工程完工后方可进行。

2）施工现场的温度不宜低于 10℃，相对湿度不宜大于 60%。

3）涂料工程的基体或基层的含水率应控制在：混凝土和抹灰面施涂溶剂型涂料时，含水率不大于 8%；施涂水性和乳液涂料时，含水率不得大于 10%；木材制品含水率不大于 12%。

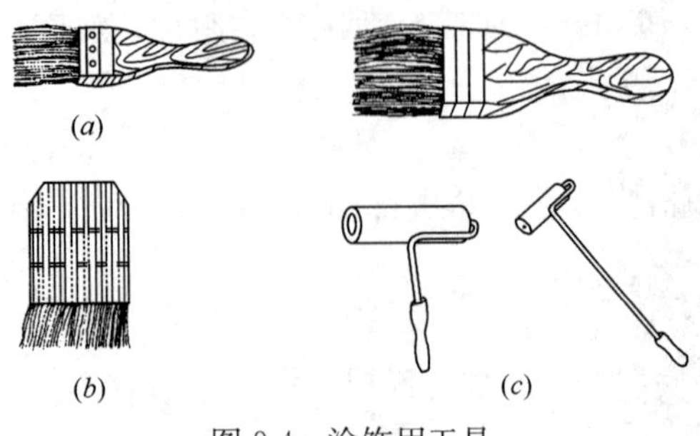

图 9-4　涂饰用工具

2. 施工要点

（1）配套性：各层涂料之间应结合良好，不产生咬底现象，涂料与所用的溶剂、助剂、腻子也应注意配套性。

1）腻子：装饰工程中使用的腻子必须与所用的涂料配套，其塑性和易涂性应满足施工要求，干燥后应坚固，不得粉化、起皮和裂纹。在潮湿场所应用具有耐水性能的腻子。

2）稀释剂：对不同类型的漆，应根据漆中所含的成膜物质的性质和各种溶剂的溶解力、挥发速度和对漆膜的影响等情况选择并配制稀释剂。

（2）调色：在大面积涂料施工前，应先做色彩小样。调色正确后，按其实际配合比调制方可正式施工。调色时应使用同种类型的涂料，搅拌均匀，由专人负责调配。

（3）基层的处理：涂料在施工前，应对基层做适当的处理，以使表面涂膜与基层很好粘结。

1）木基层

木基层的表面应平整，无尘土、污垢等脏物。表面的缝隙用腻子刮填后，再用砂纸磨光，使表面的平整度满足规定。

2）金属基层

金属基层表面应平整，无尘土、油污、锈斑、鳞皮、焊渣、毛刺和旧涂层。

3）混凝土及抹灰基层

基层的 pH 值应在 10 以下，表面应平整、坚实、洁净，阴阳角处的线条应挺直分明。

3. 施工方法

施工方法应符合有关的操作规程，如各层涂料的涂饰先后顺序、干燥时间要求等。涂料的施工方法一般有刷、滚、喷、弹等。

4. 施工工艺

（1）多彩内墙涂料

多彩内墙涂料的膜层有各种彩色花纹和立体质感，具有耐水、耐碱和耐油污的特点，可用湿布进行擦洗。多彩内墙涂料由底层、中层和面层涂料组成，底层和中层涂料可采用喷、滚、刷三种施工方法进行施工，面层涂料采用喷枪喷涂。多彩内墙涂料的施工工序：基层处理→两遍满刮腻子→底层涂料→两遍中层涂料→多彩面层涂料。

1）满刮两遍腻子：用水与醋酸乙烯乳胶（配合比为 10∶1）的混合液将石膏腻子调至适当稠度，再将腻子填嵌在缝隙、洞眼、麻面等不平整处。腻子干透后，用铲刀将基层表面多余的腻子铲除，然后用粗砂纸将基层打磨平整。第二遍腻子的批刮方向应与第一遍腻子的批刮方向垂直。

2）底层涂料：用喷涂或滚涂的方法施涂在基层上，涂层应均匀，不得漏涂。

3）中层涂料：在施工前应充分搅拌均匀。滚涂时分两遍施工，第一遍中层涂料滚涂后需干燥 4h 以上，如遇潮湿天气，应适当延长干燥时间，等涂层干燥后，用细砂纸打磨，打磨时用力要轻而匀，并不得磨穿涂层。第二遍中层滚料滚涂后不再做磨光处理。

4）面层涂料：在喷涂前先进行试喷，以确定基层与涂料的相容性、喷枪的喷距、压力等因素，用纸将不需喷涂的物品或建筑部位遮挡起来。喷涂完成后，应及时将喷枪清洗干净，并把遮挡纸除去。

（2）内墙乳胶漆

内墙乳胶漆是以丙烯酸酯等为原料而制成的一种水溶性涂料，它具有无毒、不燃、耐碱、耐擦洗等特点，是目前室内装饰中使用较为广泛的一种涂料。内墙乳胶漆的施工工艺：基层处理→两遍满刮腻子→两遍涂料。

1）满刮两遍腻子：用石膏腻子在洁净的基体表面进行填缝、刮平，等腻子干燥后再用粗砂纸打磨，刮腻子的遍数为两遍，并使前后刮抹方向互相垂直。

2）两遍涂料：涂刷乳胶漆前应用搅拌棒在容器内搅拌，使涂料内的组成物质分布均匀。施涂时要注意涂膜厚薄均匀，涂膜过厚易流坠起皱，过薄则易透底。涂刷的遍数一般在两遍以上，且后一遍乳胶漆在涂刷时应待前一遍乳胶漆表面干后进行。

建筑装饰涂料的品种繁多，以上仅列举了几个常用涂料品种的具体施工方法。建筑装饰涂料除了按前面所介绍的技术操作外，还应根据具体的涂料品种要求，按规定进行施工。

过程 9.5　饰面工程施工

一些天然的或人造的材料根据材质加工成大小不同的块材后，在现场通过构造连接或镶贴于墙体表面，由此而形成的墙饰面称为贴面类饰面。

贴面类墙体饰面按饰面部位不同分为内墙饰面、外墙饰面；按工艺形式不同分为直接镶贴饰面、贴挂类饰面。

9.5.1　饰面材料分类及施工方法

1. 分类

饰面材料分为饰面砖和饰面板。常见的饰面砖有外墙面砖和内墙砖（瓷砖）。饰面板分为天然石材饰面板和人造石材饰面板。

2. 施工方法

目前根据饰面材料不同，常用的施工方法有直接镶贴饰面和挂贴饰面。

9.5.2　直接镶贴饰面

直接镶贴饰面构造比较简单，大体上由底层砂浆、粘结层砂浆和块状贴面材料面层组成，底层砂浆具有使饰面与基层之间粘附和找平的双重作用，粘结层砂浆的作用是与底层形成良好的整体，并将贴面材料粘附在墙体上。常见的直接镶贴饰面材料有面砖、瓷砖、小规格石材饰面板等。

1）外墙面砖饰面

①外墙面砖的构造

A. 外墙面砖的基本构造做法如图 9-5 所示。

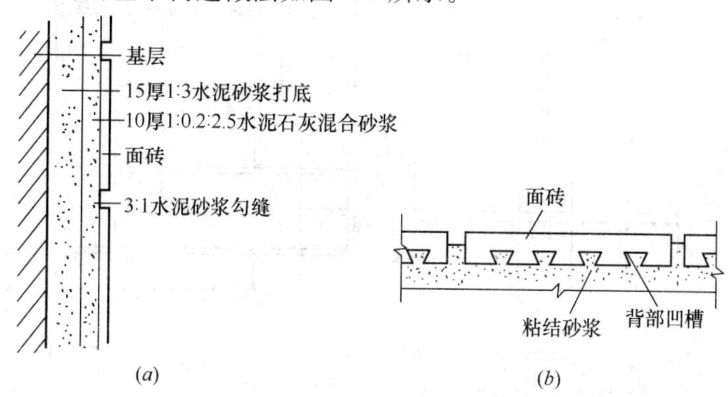

图 9-5　外墙面砖饰面构造

（a）构造示意；（b）粘结状况

B. 外墙面砖饰面的排列与布缝。

对于外墙面砖的铺贴，除了要考虑面砖块面的大小和色彩的搭配外，还应根据建筑的高度、转角的形式、门窗的位置来设计合理的排砖布缝方案。

a. 外墙面砖的排列方法

长边水平粘贴：依据清水砖墙的机理横排，面砖之间留一定宽度的灰缝，且每皮面砖应错缝。此种方法粘贴的面砖墙面，尺度适宜，有亲近感，适用于低层建筑外立面装修，如图 9-6（*a*）所示。

长边垂直粘贴：适用于大型或高层建筑以及圆弧墙面或圆柱面装修，如图 9-6（*b*）所示。

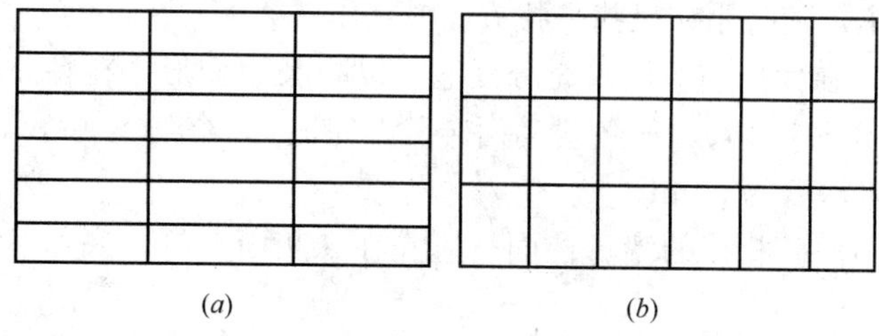

图 9-6　外墙面砖的排列方法

b. 外墙面砖饰面的布缝方法，如图 9-7 所示。

②外墙面砖的施工技术

A. 施工工艺流程

基层处理→抹底子灰→排砖、弹线分格→选砖、浸砖→镶贴面砖→擦缝。

B. 施工要点

a. 基层处理：清理湿润基层，抹 10～15mm 厚 1∶3 水泥砂浆，并要刮平、拍实、搓粗，再抹 8～10mm 厚 1∶0.1∶2.5 水泥石灰膏砂浆结合层。

b. 排砖、弹线分格：根据设计要求统一弹线分格、排砖；一般要求横缝与窗

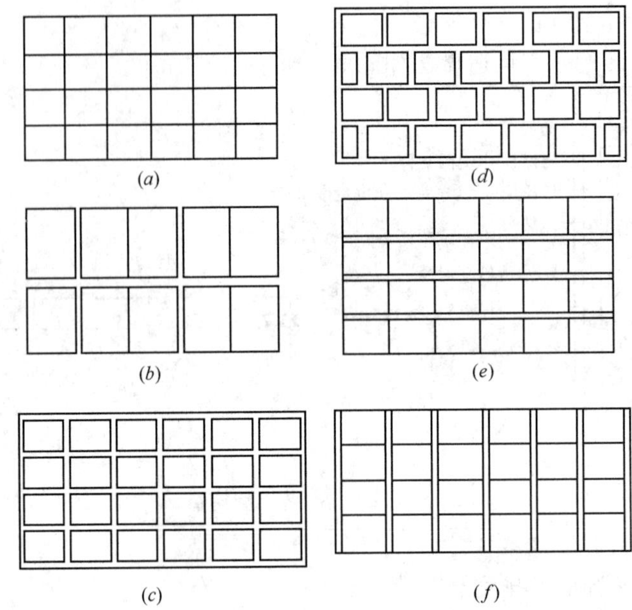

图 9-7　外墙面砖饰面的布缝方法

（a）齐密缝；（b）划块留缝；（c）齐离缝；（d）错缝、离缝；
（e）水平离缝、垂直密缝；（f）垂直离缝、水平密缝

台齐平，且砖缝均匀；横向不是整块面砖时，要用合金刚钻和砂轮切割整齐。

c. 选砖、浸砖：镶贴前预先挑选颜色、规格一致的砖，然后浸泡 2h 以上取出阴干备用。

d. 粘贴：粘贴时，在面砖背面满铺粘结砂浆。粘贴后，用小铲柄轻轻敲击，使之与基层粘牢，随时用靠尺找平找方。

e. 分格条：在使用前应用水充分浸泡，以防胀缩变形。在粘贴面砖次日（或当日）取出，起条应轻巧，避免碰动面砖。在完成一个流水段后，用 1∶1 水泥细砂浆勾缝，凹进深度为 3mm。

f. 有抹灰与面砖相接的墙、柱面：应先在抹灰面上打好底，然后贴好面砖后再抹灰。

g. 养护：整个工程完工后，应加强养护，表面清洗干净。

2）内墙砖饰面

①基本构造

用水泥砂浆厚 12mm 抹底灰，粘结砂浆最好为加 108 胶的水泥砂浆，其重量比为水泥∶砂∶水∶108 胶＝1∶2.5∶0.44∶0.3，厚度 2～3mm。贴好后用清水将表面擦洗干净，白水泥擦缝。

②施工技术

A. 施工工艺流程

基层处理→抹底子灰→排砖、弹线→选砖、浸砖→镶贴釉面砖→擦缝。

B. 施工要点

a. 镶贴顺序：先墙面，后地面。墙面由下往上分层粘贴，先粘墙面砖，后粘阴角及阳角，其次粘压顶，最后粘底座阴角。

b. 基层处理：同室外镶贴面砖。

c. 排砖、弹线：根据釉面砖规格和实际情况进行排砖、弹线。排砖主要有直缝镶贴和错缝镶贴两种形式。同一墙面上的横竖排列，不宜有一行以上的非整砖。非整砖行应排在次要部位或阴角处。阴阳角等处应使用配件砖。正式镶贴前，在墙上粘废釉面砖作标准点，用以控制整个镶贴釉面砖表面平整度；然后以此作标准线，逐层挂线粘贴砖。

d. 浸砖和湿润墙面：釉面砖粘贴前应放入清水中浸泡 2h 以上，然后取出晾干，至手按砖背无水迹时方可粘贴。冬季宜在掺入 2%盐的温水中浸泡。砖墙要提前 1d 湿润好，混凝土墙可以提前 3～4d 湿润，以避免吸走粘结砂浆中的水分。

e. 镶贴釉面砖：粘结砂浆可用 1：0.1：2.5 水泥石灰膏砂浆、1：2 水泥砂浆，或在水泥砂浆中掺入约为水泥质量分数 2%～3%的 108 胶，以使砂浆有较好的和易性和保水性。在釉面砖背面抹满灰浆，四周刮成斜面，厚度 5mm 左右，注意边角满浆，亏灰时，要取下重粘。釉面砖就位后用灰铲木柄轻击砖面，使之与邻面平齐，粘贴 5～10 块，用靠尺板检查表面平整。阳角拼缝可用阳角条，也可用切割机将釉面砖边沿切成 45°斜角，保证接缝平直、密实。

f. 勾缝：墙面釉面砖用白色水泥浆擦缝，用布将缝内的素浆擦匀，砖面擦净。

3）饰面板施工质量要求

①主控项目（表 9-4）

饰面板主控项目 **表 9-4**

项次	项目	检验方法
1	饰面板的品种、规格、颜色和性能应符合设计要求，木龙骨、木饰面板和塑料饰面板的燃烧性能等级应符合设计要求	观察；检查产品合格证书、进场验收记录和性能检测报告
2	饰面板孔、槽的数量、位置和尺寸应符合设计要求	检查进场验收记录和施工记录
3	饰面板安装工程的预埋件（或后置埋件）、连接件的数量、规格、位置、连接方法和防腐处理必须符合设计要求。后置埋件的现场拉拔强度必须符合设计要求。饰面板安装必须牢固	手扳检查；检查进场验收记录、现场拉拔检测报告、隐蔽工程验收记录和施工记录

②一般项目（表 9-5）

饰面板一般项目 **表 9-5**

项次	项目	检验方法
1	饰面板表面应平整、洁净、色泽一致，无裂痕和缺损。石材表面应无泛碱等污染	观察
2	饰面板嵌缝应密实、平直，宽度和深度应符合设计要求，嵌填材料色泽应一致	观察；尺量检查

续表

项次	项　　目	检验方法
3	采用湿作业法施工的饰面板工程，石材应进行防碱背涂处理。饰面板与基体之间的灌注材料应饱满、密实	用小锤轻击检查；检查施工记录
4	饰面板上的孔洞应套割吻合，边缘应整齐	观察
5	允许偏差项目： 立面垂直度；表面平整度；阴阳角方正；接缝直线度；墙裙、勒脚上口直线度；接缝高低差；接缝宽度	标准及检查方法详见《建筑工程施工质量验收统一标准》GB 50300—2013

9.5.3　贴挂类饰面

大规格饰面板材（边长 500～2000mm）通常采用“挂”的方式。施工方法有膨胀螺栓锚固法、钢筋网挂贴法和钢筋钩挂贴法。下面主要介绍膨胀螺栓锚固法（又称干挂法）。

干挂法是用高强度螺栓和耐腐蚀、高强度的柔性连接件将饰面板直接吊挂于墙体上或空挂于钢骨架上的构造做法，不需要再灌浆粘贴。饰面板与结构表面之间有 80～90mm 距离。

1）施工工艺流程

选材→钻孔→基层处理→弹线→板材安装→固定。

①选材：饰面板材拆包后，应按设计要求挑选规格、品种，板材应颜色一致，无裂纹、缺边、掉角及局部污染变色的块料，分别堆放。

②钻孔：由于相邻板材是用不锈钢销钉连接的，因此钻孔位置一定要准确，以便使板材之间的连接水平一致，上下平齐。钻孔前应在板材侧面按要求定位后，用电钻钻成直径为 5mm、孔深为 12～15mm 的圆孔，然后将直径 5mm 的销钉插入孔内。

③基层处理：安装前应检查基层的实际偏差，还应检查墙面的垂直、平整情况，偏差较大者应剔凿、修补。基体表面应平整粗糙，光滑的基体表面应进行凿毛处理。

④弹线：按照设计图纸和实际镶贴部位，以及饰面板的规格、尺寸，弹出水平线和垂直线。为保证板缝严密、不渗水，弹线时应考虑面板的接缝宽度，饰面板的接缝宽度应符合设计要求。

⑤饰面板安装：安装时必须跟线，每块板先试挂并临时固定，按规格及按层找平、找方、找垂直后，进行固定。

⑥板材的固定：用膨胀螺栓将固定和支撑板块的连接件固定在墙面上，连接件通常根据墙面与板块销孔的距离，用不锈钢加工成 L 形。为便于安装板块时调节销孔和膨胀螺栓的位置，在 L 形连接件上留槽形孔眼，待板块调整到正确位置时，随即拧紧膨胀螺栓的螺母进行固结，并用环氧树脂将销钉固定。

2）饰面板干挂法的基本构造

①直接干挂法，构造做法如图 9-8（a）所示。

②间接干挂法，构造做法如图 9-8（b）所示。

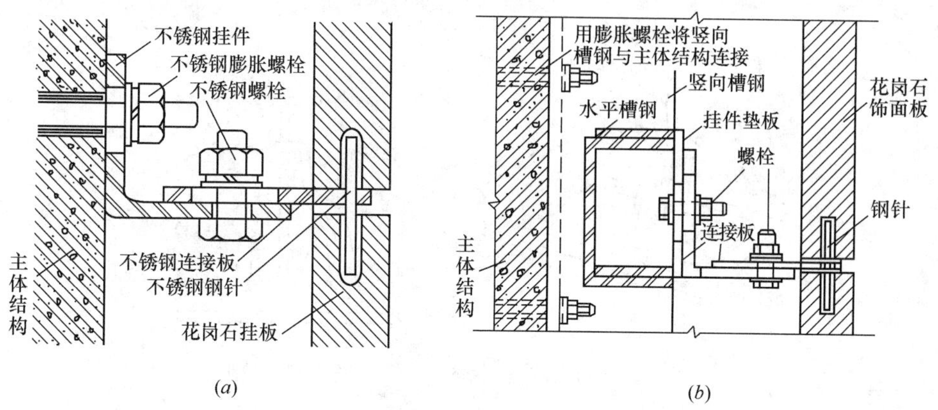

图 9-8 饰面板干挂法构造

（a）直接干挂法；（b）间接干挂法

9.5.4 常用施工机具

1. 贴面装饰施工用的手工工具

湿作业贴面装饰施工除一般抹灰常用的手工工具外，根据饰面的不同，还需要些专用的手工工具，如镶贴饰面砖缝用的开刀、镶贴陶瓷锦砖用的木垫板、安装或镶贴饰面板敲击振实用的木锤和橡胶锤、用于饰面砖和饰面板手工切割剔槽用的剪子、磨光用的磨石、钻孔用的合金钢钻头等，如图 9-9 所示。

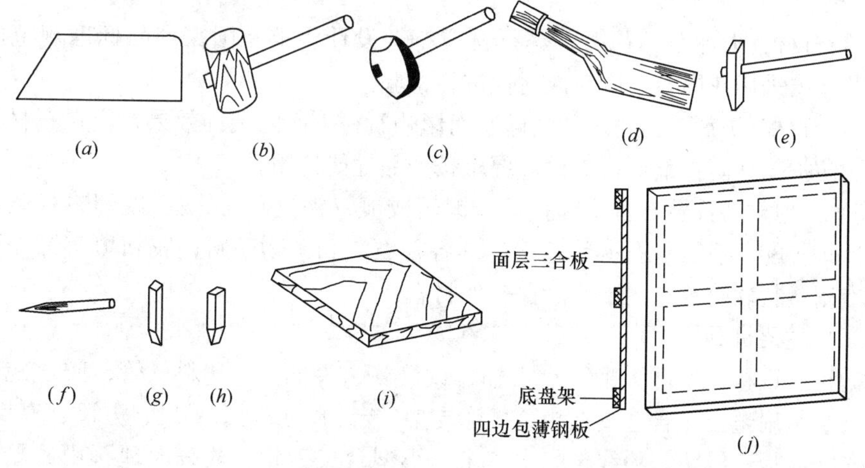

图 9-9 手工工具

（a）开刀；（b）木锤；（c）橡胶锤；（d）铁铲；（e）小手锤；（f）合金錾子；（g）扁錾；（h）方头錾；（i）硬木板；（j）木垫板

2. 贴面装饰施工用的机具

贴面装饰施工用的机具有专门切割饰面砖用的手动切割器（图 9-10），饰面砖打眼用的打眼器（图 9-11），钻孔用的手电钻，切割大理石饰面板用的台式切割机和电动切割机，以及饰面板安装在混凝土等硬质基层上钻孔安放膨胀螺栓用的电锤等。

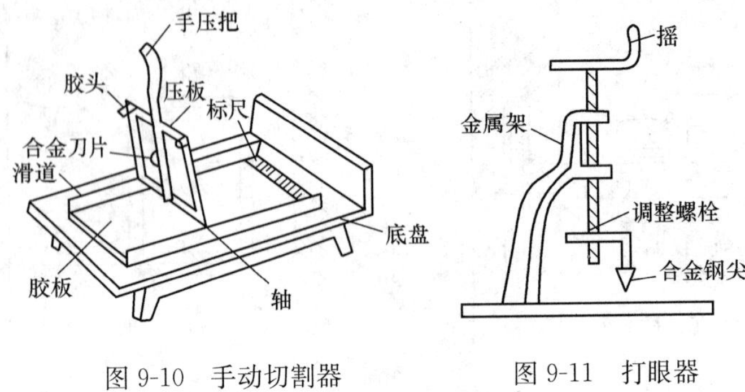

图 9-10　手动切割器　　图 9-11　打眼器

9.5.5　石材镶贴施工工艺标准

1. 施工准备

（1）材料要求

1）水泥：一般采用强度等级为 32.5 或 42.5 级矿渣硅酸盐水泥或普通硅酸盐水泥。水泥应有出厂合格证书及性能检测报告。水泥进场需核实其品种、规格、强度等级、出厂日期等，并进行外观检查，做好进场验收记录。当水泥出厂超过 3 个月时应按试验结果使用。

2）砂子：粗砂或中砂，用前过筛，不得含有草木、泥砂等杂质，含泥量不得大于 3％。

3）石材：大理石、花岗石等石材应符合设计要求及国家产品标准规范的规定。若室内采用花岗石，应对放射性进行检验。

4）石材防护剂：为防止“泛碱”而影响石材表面的装饰效果，应在石材板背面涂刷防护剂；防护剂应根据设计要求按产品性能选用。

5）其他材料：熟石膏、绑扎丝（铜丝或镀锌铁丝）、铅皮、硬塑料板条、配套挂件；应配备适量与石材颜色接近的各种石渣和矿物颜料；胶和填塞饰面板缝隙的专用塑料软管等；用于成品保护的材料。

（2）主要机具

磅秤、铁板、半截大桶、小水桶、铁簸箕、手推车、塑料软管、胶皮碗、喷壶、合金钢扁錾子、合金钢钻头、操作支架、台钻、铁制水平尺、方尺、靠尺板、底尺、托线板、线坠、粉线包、木楔子、小型台式砂轮、裁改大理石用砂轮、全套裁割机、开刀、灰板、木抹子、铁抹子、细钢丝刷、小铲、笤帚、大小锤子、小白线、铅丝、擦布或棉丝、老虎钳子、盒尺、钉子、红铅笔、毛刷、工具袋等。

（3）作业条件

1）石材饰面板安装前应检查下列文件和记录：石材饰面板工程的施工图、设计说明及其他设计文件；材料的产品合格证书、性能检测报告、进场检测记录和花岗岩放射性检测报告。

2）挂贴石材板的墙、柱基体应完成质量验收并合格，墙体上机电设备安装管线工程等应完成隐蔽验收。

3）墙面上的后置件应作现场的拉拔强度检测，其拉拔强度应符合设计要求。

4）墙面弹好＋500mm 水平控制线；准备好现场加工、安装石材板所需要的水源、电源等。

5）脚手架或吊篮提前支搭好，脚手架距墙间隙应满足安全规范的要求和本工艺施工操作要点。

6）遇到门窗的应把门、窗框立好，门窗框边缝隙所用填缝材料应符合设计要求，且塞堵密实，框应粘贴保护膜。

7）石材进场后应堆放于库房，下垫方木。核对数量、规格，并预铺、配花、编号等，以备正式挂贴时按号取用。

8）大面积墙面施工前应先做样板墙，经有关各方确认后方可大面积施工。

2. 操作工艺

1）工艺流程

钻孔、剔槽→穿铜丝或镀锌铁丝→焊钢筋网→弹线→石材刷防护剂→基层处理→安装石材板→分层灌浆→擦缝、清洁。

2）钻孔、剔槽

① 安装前现将饰面板端面打孔。事先应钉木架使钻头对板材上端面，在每块板的上、下两个面打孔，孔位打在距板宽的两端 1/4 处，每个面各打两个孔，孔径为 5mm，深度为 12mm，孔位距石板背面以 8mm 为宜。如石材板宽度较大时，可以增加孔数。钻孔后用云石机轻轻剔一道槽，深 5mm 左右，连同孔眼形成象鼻眼，以备埋卧铜丝之用。

② 亦可采用开槽的方法：槽长 30～40mm，槽深 12mm，与饰面板背面成“八字”打通；槽一般居中，亦可偏外（以不损坏外饰面为宜），以便将铜丝卧入槽内与钢筋网绑扎固定。

3）穿铜丝

把铜丝剪成长 20mm 左右，一端用木楔粘环氧树脂将铜丝插进孔内固定牢固，另一端将铜丝顺孔槽弯曲并完全卧入槽内。

4）焊钢筋网

剔出墙上的预埋件或安装膨胀螺栓，把墙面清扫干净。在预埋件上先焊接或绑扎竖向Φ6 钢筋，并把竖筋用预埋筋弯压于墙面。横向钢筋用于绑扎石板材，第一道横筋在地面以上 100mm 处，与竖筋绑牢，用作第一层板材的下口绑扎固定；第二道横筋绑在比石板上口低 20～30mm 处，用于第一层石板上口绑扎固定，第三道横筋同第二道，依次类推。

5）弹线

首先将要贴石材的墙面、柱面和门窗套用线坠找出垂直。应根据石板厚度、灌注砂浆的空隙和钢筋网所占尺寸，石材外皮距结构面以 50～70mm 为宜。找出垂直后，在地面上顺墙弹出石材外廓尺寸线。此线即为第一层石材的安装基准线。在弹好的基准线上面画出石材就位线，每块留 1mm 缝隙（如设计要求拉开缝，则按设计规定留出缝隙）。

6）石材防护剂（防碱）处理

石材表面充分干燥（含水率小于 8%，经过试验）后，用石材防护剂进行石材背面及四边切口的防护处理。石材正立面保护剂的使用应根据设计要求，此工序必须在无污染的环境下进行，将石材平放于木方上，第一遍涂刷完间隔 24h 后用同样的方法涂刷第二遍石材防护剂。

7）基层处理

清理墙体表面，要求墙体无疏松层、无浮土和污垢。

8）安装石材

① 按部位、按编号取石材并就位。现将石板上口外倾，手伸入石板背面把石材下口绑扎丝绑扎在横筋上，绑扎时不要太紧可留余量，只要与横筋绑牢即可；然后把石板竖立，绑石板上口绑扎丝，并用木楔子垫稳。

② 用靠尺检查，用木楔做微调，再绑绑扎丝，依次向另一方进行。第一层石材安装完毕再用靠尺找垂直，用水平尺找平整，用方尺找阴阳角方正。在安装石材时如发现石板规格不准确或石板之间的空隙不符，应用铅皮垫牢，使石板之间缝隙均匀一致，并保持第一层石板上口的平直。

③ 找完垂直、平整、方正后，调制熟石膏成粥状，贴在石板上下和左右之间，使这相邻石板相对固定，木楔处亦应粘贴石膏，防止移位，等石膏硬化后方可灌浆（如设计有嵌缝材料，应在灌浆前塞放好）。

④ 安装柱面石材，其弹线、钻孔、绑扎丝和安装等工序与镶贴墙面方法相同。柱面石板可按顺时针方向安装，一般先从正面开始。要注意灌浆前用木方子钉成槽型卡子，双面卡住石材板，以防止灌浆时石材外张。

9）分层灌浆

把 1∶2∶5 水泥砂浆放入容器中加水调成粥状，用铁簸箕将砂浆徐徐倒入石材与墙体间隙。注意不要碰到石板，边灌浆边用小铁棍轻轻插捣，使灌入砂浆排气。第一层灌浆高度为 150mm 且不能超过石板高度的 1/3，隔夜再浇灌第二层。第一层灌浆很重要，因为要锚固石材板的下口铜丝又要固定石板，所以要谨慎操作，防止碰撞和猛灌。如发生石材板外移错动，应立即拆除重新安装。

10）擦缝、清洁

全部石板安装完毕后，清除所有石膏和余浆痕迹，用麻布擦洗干净，并按石材板颜色调制色浆嵌缝，边嵌边擦干净，使缝隙密实、均匀、干净、颜色一致。

3. 质量标准

1）主控项目

① 石材（大理石、花岗石）的品种、规格、颜色、图案，必须符合设计要求和有关产品标准的规定。室内用花岗石放射性复验应符合国家现行有关标准规范的规定。

② 石材上开孔、槽的数量、位置和尺寸应符合设计要求，饰面板安装必须牢固。

2）一般项目

① 石材表面应平整、洁净、色泽一致，无裂纹和缺损。石材表面应无泛碱等污染。

② 石材嵌缝应密实、平直，宽度和深度应符合设计要求，嵌缝材料色泽一致。

③ 石材应进行防碱背涂处理。饰面石材与基体之间的灌注材料应饱满、密实。

④ 石材上的孔洞应套割吻合，边缘应整齐。

⑤ 石材安装的允许偏差和检验方法应符合表 9-6 中的要求。

石材安装的允许偏差及检验方法　　表 9-6

项次	项目	允许偏差（mm）	检验方法
1	立面垂直度	2	用 2m 垂直检测尺
2	表面平整度	2	用 2m 靠尺、塞尺
3	阴阳角方正	2	直角检测尺、塞尺
4	接缝直线度	2	拉 5m 线，不足 5m 拉通线，钢直尺检查
5	勒角上口直线度	2	拉 5m 线，不足 5m 拉通线，钢直尺检查
6	接缝高低差	0.5	钢直尺、塞尺
7	接缝宽度差	1	钢直尺

4. 成品保护

1）石材板安装完成后，应设专人保护管理，养护不少于 7d，在养护期应防止墙面受到振动、撞击、水冲、冰冻及表面污染。

2）石材安装完后，应对人员出入口的阳角部位石材使用木板保护。同时要及时清擦干净残留在门窗框、扇的砂浆。特别是铝合金门窗框扇，事先应粘贴好保护膜，预防污染和锈蚀。

3）石材板在填充砂浆凝结前应防止快干、暴晒、水冲、撞击和振动。

4）拆该脚手架和上料时，严禁碰撞石材饰面板。

5）在涂刷的石材保护剂未干燥前，严禁清扫渣土和翻动架子脚手板等。

6）板材在搬运和操作中被砂浆等污染，应及时清洗，以免时间过长污染板面，此外，还应防止酸碱类化学物品、有色液体等直接接触石材表面造成污染。

5. 应注意的质量问题

1）饰面板应进行背面及侧面防护处理，现场切割部位需要重刷防护剂。

2）柱子贴面时要注意灌浆前用木方子钉成槽型木卡子，双面卡住饰面板，以防止灌浆时饰面板外胀。

3）对于白色或浅色饰面板，宜采用高强度等级白水泥砂浆灌注，以免饰面板透底影响饰面效果。

4）饰面板接缝应密实、无明显缝隙，缝隙平直、无错台错位。

5）宜用低碱水泥拌合水泥砂浆；冬期施工灌注的砂浆应采取保温措施，砂浆的温度不宜低于5℃，砂浆硬化前应采取防冻措施。气温低于5℃时，灌注砂浆可掺入外加剂，外加剂应符合国家现行产品标准的规定，其掺量应由试验决定。

6）夏季烈日或高温天气墙面安装石材灌浆时，应有防止暴晒的可靠措施。

7）高处作业应符合《建筑施工高处作业安全技术规范》JGJ 80—2016的相关规定，脚手架搭设应符合有关规范的要求。现场用电应符合《施工现场临时用电安全技术规范》JGJ 46—2005的相关规定。

过程9.6　隔墙工程施工

9.6.1　增强水泥空心板条隔墙施工

1. 施工准备

（1）材料要求

1）增强水泥空心板隔墙

增强水泥空心条板有标准板（用于一般隔墙）、门框板、窗框板、门上板、窗上板、窗下板及异形板等，按工程设计确定的门窗洞口规格尺寸进行加工。

标准板规格：长2400～3300mm；宽595mm；厚90mm。

门窗框板、门上板、窗上板等板规格尺寸及门窗框侧面的埋件位置均要符合设计要求。

板面表面平整度允许偏差为3mm，用2m靠尺及塞尺。

2）水泥型胶粘剂

Ⅰ型水泥粘结剂：用于增强水泥空心条板与条板拼缝、条板与基体结构之固定、板缝处理、粘贴板缝和墙面转角聚酯无纺布（或玻纤布条）。抗剪强度≥1.5MPa，粘结强度≥1.0MPa，凝结时间0.5～1.0h。

Ⅱ型水泥粘结剂：用于条板上预留吊挂件粘接和条板预埋件补平。抗剪强度≥2.0MPa，粘结强度≥3.0MPa，凝结时间0.5～1.0h。

石膏腻子：用于隔墙条板基面修补和找平。抗压强度≥2.5MPa；抗折强度≥1.0MPa；粘结强度≥0.2MPa；终凝时间为3h。

3）聚酯无纺布或玻纤网格布，条宽50～60mm，用于墙角附加层条宽200mm。

4）配件：U形卡，其厚度不小于2mm；门上板刚托，其厚度不小于5mm；$\phi 6$膨胀螺栓。

（2）主要机具

无齿锯、笤帚、木桶、钢丝刷、灰槽、2m靠尺、2m垂直检测尺、腻子刀、撬棍、钢尺、橡皮锤、木楔、扁铲、冲击钻、电焊机、云石机等。

(3) 作业条件

1) 屋面防水层及结构分别施工和验收完毕，墙面弹出+500mm标高线。

2) 操作地点环境温度不低于5℃。

3) 样板墙经鉴定合格。

4) 厕浴间和有防水要求的房间楼板四周除门洞外，根据设计要求已做高度不小于120mm的混凝土翻边。

2. 操作工艺

(1) 工艺流程

结构墙面、顶面、地面清理和找平→放线、分档→配板、修补→安U形卡→安装隔墙板→安门窗框→板缝处理→板面装修。

(2) 结构墙面、顶面、地面清理和找平：清理隔墙与顶板、地面、墙面的结合部，将浮灰、尘土等杂物清除安静，凡凸出墙面的砂浆、混凝土块等必须剔除并扫净，结合部尽力找平。

(3) 放线、分档：在地面、墙面及顶面根据设计位置，弹好隔墙条板边线及门窗洞口线，并按板宽分档，中距600mm（含缝5mm）排板。

(4) 配板、修补：板的长度应按楼层结构净高尺寸减20mm，厕浴间和有防水要求的房间还应减去混凝土翻边高度。计算并测量门窗洞口上部及下部的隔墙尺寸，按此尺寸配有预埋件的门窗框及门窗上板。当板的宽度与隔墙的长度不匹配时，应将部分隔墙板预先拼接加宽（或锯窄）成合适的宽度，并放置在阴角处。有缺陷的板应修补。

(5) 安装U形卡：应按照设计要求用U形钢板卡固定条板的顶端。在两块条板顶端拼接之间用$\phi 6$膨胀螺栓将U形卡固定在梁或板上，随安装随固定U形钢板卡。

(6) 配置胶粘剂：Ⅰ型、Ⅱ型水泥粘结剂要随配随用。配置的胶粘剂应在30min内用完。

(7) 安装隔墙板

1) 隔墙条板安装顺序应从墙的结合处或门边开始，依次顺序安装。安装前用聚苯乙烯泡沫塑料将条板顶端圆孔塞堵严实。板侧清除浮灰，在墙面、顶面、板的顶面及侧面（相拼合面）满刮Ⅰ型水泥胶粘剂，按弹线位置安装就位，用木楔顶在板底，留20～30mm缝隙，用2m靠尺及塞尺测量墙面的平整度，用2m托线板检查板的垂直度，检查条板是否与预先在顶板和地板上弹好的定位线对准，无误后，一个人用撬棍在板底部向上顶，另一个人打木楔，在板两侧对楔背紧，使隔墙板挤紧顶实，然后用开刀（腻子刀）将挤出的胶粘剂刮平。按以上操作办法依次安装隔墙板。

粘接完毕的墙体，应立即用强度等级不低于C20的干硬性细石混凝土将板下口堵严，当混凝土墙强度达到10MPa以上，撤去板下木楔，并用同等强度的干硬性混凝土捻实。

2) 门、窗上的横板在安装前先用聚苯乙烯泡沫塑料将两端头圆孔填堵严实。

横板上端与结构顶板交接处满刷粘结剂，并与U形卡固定卡牢（每块横板至少2块U形卡）。门、窗上横板端头安装与结构墙连接时用角钢托，与条板连接时要搭接粘牢或用角钢托固定。

3）关于条板在各种形式节点处连接，如转角连接、丁字形连接、十字形连接等，以及与承重内外墙连接方法，均在条板侧面交接处的接触面涂Ⅰ型水泥型粘结剂粘牢挤严，并附加粘贴无纺布条。

4）在安装板的过程中，应按电气安装图找准位置敷设电线管、稳接线盒。所有电线管必须顺增强水泥空心条板的孔铺设，严禁横铺和斜铺。稳接线盒时，现在板面用云石机开孔，孔要大小适度，要方正。孔内清洁干净，并用聚苯乙烯泡沫塑料将洞孔上下堵严塞实，用水泥胶粘剂稳接接线盒。

5）设备安装：根据工程设计在条板上定位开孔，用Ⅱ型水泥粘结剂预埋吊挂配件。

（8）安门窗框：一般采用后塞口的方法。钢门窗框必须与门窗框板中预埋件焊接。木门框用连接件连接，一边用木螺丝与木框连接，另一端与门窗框中预埋件焊接。门窗框与门窗框板之间缝隙不宜超过3mm，超过3mm时应加木垫片过渡。嵌缝要严密，以防止门扇开关时碰撞门框造成裂缝。

（9）板缝处理：隔墙板安装后3d，检查所有缝隙是否粘结良好，有无裂缝，如出现裂缝，应查明原因后修补。已粘结好的所有板缝先清理浮灰，刮胶粘剂，贴50mm宽聚酯无纺布（或玻纤布网格带），转角隔墙在阴、阳角处粘结200mm宽聚酯无纺布（或玻纤布）一层，压实、粘牢，表面再用胶粘剂刮平。

（10）板面装修

1）一般条板墙面，直接用石膏腻子刮平，打磨后再刮第二道腻子，再打磨平整，最后做饰面。

2）如遇板面局部有裂缝，在做饰面前应先处理，才能做下一道工序。

3. 质量标准

（1）主控项目

1）增强水泥空心条板板材的品种、规格、性能、颜色应符合设计要求。有隔声、隔热、阻燃、防潮等特殊要求的工程，板材应有相应性能登记的检测报告。

2）安装增强水泥空心条板板材所需预埋件、连接件的位置、数量及连接方法应符合设计要求和施工方案要求。

3）增强水泥空心条板板材安装必须牢固，与周边墙体的连接方法应符合设计要求和施工方案要求，并应连接牢固。

4）增强水泥空心条板板材所用接缝材料的品种及连接方法应符合设计要求和施工方案要求。

（2）一般项目

1）增强水泥空心条板隔墙安装应垂直、平整、位置正确，板材不应有裂缝或缺损。

2）增强水泥空心条板隔墙表面应平整光滑、色泽一致、洁净，接缝应均匀、顺直。

3）隔墙板上的孔洞、槽、盒应位置正确、套割方正、边缘整齐。

4）增强水泥空心条板隔墙安装允许偏差和检验方法应符合表 9-7 中的要求。

增强水泥空心条板隔墙安装允许偏差和检验方法 **表 9-7**

项次	项目	允许偏差（mm）	检验方法
1	立面垂直度	3	用 2m 垂直检测尺检查
2	表面平整度	3	用 2m 靠尺和塞尺检查
3	阴阳角方正	3	用直角检测尺检查
4	接缝高低差	3	用钢尺和塞尺检查

4. 成品保护

（1）施工中各专业工种应紧密配合，合理安排工序。隔墙板粘接后 3d 内不得碰撞敲打和斜靠物品，不得进行下道工序施工。

（2）安装预埋件时，宜用电钻钻孔扩张，或用云石机切割放孔，不得对隔墙用力敲击。对刮完腻子的隔墙，不应进行任何剔凿。

（3）严防运输小车等碰撞隔墙板及门口。

9.6.2 玻璃板隔断施工

1. 施工准备

（1）材料要求

1）玻璃板隔断工程所用的玻璃的品种、规格、性能、图案和颜色应符合设计要求。玻璃板隔断应使用安全玻璃。根据每块玻璃最大面积，决定玻璃的厚度。玻璃进场后，应开箱进行外观检查，玻璃应颜色一致、表面平整、无污染、翘曲，不得有划痕。拆箱后玻璃要存放在室内方木钉成的靠架上。

2）玻璃板隔断所使用的铝合金框、不锈钢板均要有出厂合格证，其品牌、规格尺寸、颜色、断面形状应符合设计要求，进场要进行外观检查，表面无污染、麻坑、划痕、翘曲等缺陷。如使用型钢框材时要预先进行除锈、涂刷防锈漆（应有出厂合格证）。

3）橡胶条、橡胶垫：应有耐老化、阻燃性能试验报告及出厂证明，尺寸符合设计要求，无断裂现象。

4）用于玻璃四周的密封胶条、嵌缝胶：应符合设计要求，有出厂质量证明及材料的实验报告。

5）铝合金或不锈钢装饰压条、扣件：颜色一致、无扭曲、划痕、损伤，尺寸符合设计要求。

6）骨架安装用紧固件、膨胀螺栓等规格符合设计要求。

（2）主要机具

电焊机、冲击电锤、电钻、切割机、线锯、玻璃吸盘、小钢锯、直尺、水平尺、卷尺、手锤、扳手、螺钉旋具、靠尺、注胶枪、玻璃吸盘机等。

2. 作业条件

1）主体结构工程已经完成，并验收合格。室内抹灰地面垫层等湿作业基本完成。

2）墙面已弹完＋500mm 标高水平线。

3）根据设计要求需要在隔墙下做混凝土墙垫时（便于安装踢脚板），要预先支模浇筑 C20 细石混凝土，上表面应平整，两侧面要垂直。

4）安装需用的脚手架或相应的装置设施已达到要求。

5）安装前制定相应的安装措施并经审批。安装大片玻璃时，必须由专业人员指导。

6）施工温度不低于 5℃。

3. 操作工艺

（1）工艺流程

放线定位→固定框架→安装玻璃→嵌缝打胶→边框装饰→清洁。

（2）放线定位：先放出地面位置线，再用垂直线放出墙、柱上的位置线，高度线和沿顶位置线。有框玻璃隔墙标出竖框间隔位置和固定点位置，无竖框玻璃隔墙根据玻璃板宽度标出位置线（缝隙宽度根据设计要求确定），并核实已配置好的玻璃板与实际高度是否相符，如有问题应进行处理后再安装。

（3）安装框架

1）安装上下沿顶和沿地水平型材

① 据已放好的隔墙位置线，先检查与水平框接触的地面和顶面的平整度，如高低超过允许偏差先进行处理。

② 安沿地水平框，按隔墙线暂时固定，按标高线找平，检查全场平整，标高一致后再用膨胀螺栓进行固定。

③ 安沿顶水平框，根据顶上已放隔墙线，对准下框边缘，进行复核，是否相符；并核实玻璃安装高度，找平后用膨胀螺栓进行固定。

2）安装竖框

① 分档：有框玻璃，按玻璃板宽度加竖框宽度，再沿地水平框进行分档划线（有门洞时减去洞宽）。

② 按分档线安装竖框，先安装靠结构基体墙部位的竖向框，用线坠吊垂直后与基体墙固定，与上下沿顶沿地水平框交接处要割成八字角，用连接件连接平整牢固。然后根据划线安装其他竖向框。要严格控制竖向框的垂直度和间距。

③无框玻璃，按玻璃的宽度，加上设计要求的缝隙在沿地水平框划分割线。

4. 安装玻璃板

（1）有框玻璃板隔墙安装

1）检查玻璃板入框槽的嵌入深度，边缘余隙、前部余隙、后部余隙是否符合设计。无问题后清理槽内杂物灰尘。

2）槽底安 2 块支承块（距框角 30～50mm），并准备在玻璃两侧面及上框各安 2 块定位块（各距框角 30～50mm）。

3）按玻璃板：用玻璃吸盘两侧吸着玻璃，横抬运至安装地点，将玻璃竖起，抬放入底槽口支承块上，将两侧定位块塞入竖向框两侧及顶上，吊垂直后嵌入密封条，若不垂直，应重新进行调整。

（2）无竖框玻璃隔墙安装

从靠隔墙一端开始安装，因为玻璃板只靠上下两端嵌入沿地沿顶框槽中（先放支承块），安装过程中，控制其垂直度及玻璃间的间距位置。第一块安装完后，按线位继续安装，注意控制竖缝宽度要一致。

5. 嵌缝打胶

（1）无框玻璃：玻璃全部就位后，校正平整度、垂直度，同时用聚苯乙烯泡沫嵌条嵌入槽口内使玻璃与金属槽结合平顺、紧密，然后打嵌缝胶。打胶时应从缝隙的端头开始，均匀注入，注满后随即用塑料片在玻璃两侧刮平。打胶前在缝两侧贴保护膜保护玻璃。

（2）有框玻璃：在框四周嵌入密封胶条，在玻璃四周分点嵌入，然后再继续均匀嵌入边框中，镶嵌要平整密实。

6. 边框装饰

根据设计要求无框玻璃接缝处安压缝装饰条，有框玻璃框四周安装饰条。

7. 质量标准

（1）主控项目

1）所有材料的品种、规格、性能、图案和颜色须符合设计要求。玻璃板隔墙应使用安全玻璃。

2）玻璃板隔墙的安装必须牢固。玻璃板隔墙胶垫的安装方法应正确。

（2）一般项目

1）玻璃板隔墙表面应色泽一致、平整洁净、清晰美观。

2）玻璃板隔墙接缝应横平竖直、玻璃应无裂痕、缺损和划痕。

3）玻璃板隔墙嵌缝应密实平整、均匀顺直、深浅一致。

4）玻璃板隔墙安装的允许偏差和检验方法，应符合表 9-8 规定。

玻璃板隔墙安装的允许偏差和检验方法 表 9-8

项次	项目	允许偏差（mm）	检验方法
1	立面垂直度	2	用 2m 垂直检测尺检查
2	阴阳角方正	2	用直角检测尺检查
3	接缝直线度	2	拉 5m 线，不足 5m 拉通线
4	接缝高低差	2	用钢尺和塞尺检查
5	接缝宽度	1	用钢直尺检查

8. 成品保护

（1）玻璃板隔墙清洁后，用粘贴不干胶胶条等方法做出醒目的标志，防止碰撞。

（2）对边框粘贴不干胶保护膜或用其他相应方法对边框进行保护，防止其他工序对边框造成损坏或污染。

（3）作为人员主要通道部位的玻璃板隔墙，应设硬性围挡，防止人员及物品碰损隔墙。

复习思考题

（1）试述塑钢门窗的安装方法。

（2）抹灰饰面分为哪几类？

（3）各抹灰层的作用和施工要求是什么？

（4）试述抹灰工艺中设置标筋的操作程序。

（5）镶贴外墙面砖的主要工序和要求有哪些？

（6）试述楼地面的分类和组成。

（7）试述饰面板的安装方法。

（8）试述玻璃隔断的安装方法。

任务 10

装配式混凝土结构施工

【任务目标】

1. 知道装配式混凝土结构概念；
2. 掌握预制构件生产工艺流程；
3. 能对预制混凝土构件进行检验；
4. 知道整体装配式结构施工工艺流程；
5. 知道预制墙体吊装施工过程；
6. 知道叠合板吊装施工过程；
7. 知道楼梯吊装施工过程；
8. 能对装配式混凝土结构施工质量进行验收。

装配式建筑是指用预制部品部件在工地装配而成的建筑。

这种建筑的优点是建造速度快，受气候条件制约小，用工业化生产的方式建造住宅，既可节约劳动力又可提高建筑质量，用通俗的话形容，就是像造汽车那样造房子。

过程 10.1 概述

10.1.1 装配式建筑分类

装配式建筑可以从以下几个方面进行分类。

1. 根据目前制作构件的主要材料，可大致分为装配式混凝土结构（图 10-1）、钢结构（图 10-2）、木结构三大类。

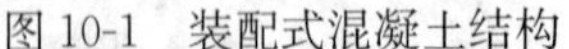

图 10-1　装配式混凝土结构

图 10-2　钢结构

2. 按结构形式和施工方法不同，装配式建筑一般分为砌块建筑、板材建筑、盒式建筑、骨架板材建筑、升板和升层建筑五种。

砌块建筑为用预制的块状材料砌成墙体的装配式建筑，适于建造 3～5 层建筑，若提高砌块强度或配置钢筋，还可适当增加层数。

板材建筑由预制的大型内外墙板、楼板和屋面板等板材装配而成，又称大板建筑。它是工业化体系建筑中全装配式建筑的主要类型。

盒式建筑是从板材建筑的基础上发展起来的一种装配式建筑。一般在工厂不但可以完成盒子的结构部分，而且内部装修和设备也都安装好，甚至可连家具、地毯等一概安装齐全。盒子吊装完成、接好管线后即可使用。

骨架板材建筑是由预制的骨架和板材组成的。其承重结构一般有两种形式：一种是由柱、梁组成承重框架，再搁置楼板和非承重的内外墙板的框架结构体系；另一种是柱子和楼板组成承重的板柱结构体系，内外墙板是非承重的。骨架板材建筑结构合理，可以减轻建筑物的自重，内部分隔灵活，适用于多层和高层的建筑。

升板建筑为板柱结构体系的一种，但施工方法有所不同。这种建筑是在底层混凝土地面上重复浇筑各层楼板和屋面板，竖立预制钢筋混凝土柱子，以柱为导杆，用放在柱子上的油压千斤顶把楼板和屋面板提升到设计高度，加以固定。外墙可用砖墙、砌块墙、预制外墙板、轻质组合墙板或幕墙等。升板建筑一般柱距较大，楼板承载力也较强，多用作商场、仓库、工厂和多层车库等。

升层建筑是在升板建筑每层的楼板还在地面时，先安装好内外预制墙体，一起提升的建筑。升层建筑可以加快施工速度，比较适用于场地受限制的地方。

3. 根据其装配化程度的不同，可分为全装配式建筑和半装配式建筑。

全装配式建筑一般限制为低层或抗震设防要求较低的多层建筑，半装配式建筑主要构件一般采用预制构件，在现场通过现浇混凝土连接，形成装配整体式结构的建筑。

10.1.2 装配式混凝土结构术语

1. 装配式混凝土建筑

混凝土建筑的结构系统、外围护系统、内装系统、设备与管线系统的主要部分采用预制构（部）件部品集成装配建造的建筑。

2. 装配式混凝土结构，简称 PC 结构（Precast Concrete Structure）

由预制混凝土构件或部件，通过各种可靠的连接方式装配而成的混凝土结构，在建筑工程中，简称装配式建筑；在结构工程中，简称装配式结构。

PC 构件种类主要有：外墙板、内墙板、叠合板、阳台、空调板、楼梯、预制梁、预制柱等。

3. 装配整体式混凝土结构

由预制混凝土构件通过可靠的连接方式进行连接并与现场后浇混凝土、水泥基灌浆料形成整体的装配式混凝土结构，简称装配整体式结构。

图 10-3　预制混凝土夹心保温外墙板

4. 预制外挂墙板

安装在主体结构上，起围护、装饰作用的非承重预制混凝土外墙板，简称外挂墙板。

5. 预制混凝土夹心保温外墙板（图 10-3）

内外两层混凝土板采用拉结件可靠连接，中间夹有保温材料的预制外墙板，简称夹心保温外墙板。

6. 部件

在工厂或现场预先制作完成，构成建筑结构的钢筋混凝土构件或其他构件的统称。

7. 部品

由两个或两个以上的建筑单一产品或复合产品在现场组装而成，构成建筑某一部位的一个功能单元，或能满足该部位一项或者几项功能要求的、非承重建筑结构类别的集成产品的统称。包括屋顶、外墙板、幕墙、门窗、管道井、楼地面、隔墙、卫生间、厨房、阳台、楼梯和储柜等建筑外围护系统、建筑内装系统和建筑设备与管线系统类别的部品。

8. 装配率

装配式建筑中预制构件、建筑部品的数量（体积或面积）占同类构件或部品总数量（体积或面积）的比率。

9. 键槽（图 10-4）

预制构件混凝土表面规则且连续的凹凸构造，可实现预制构件和后浇筑混凝土的共同受力作用。

图 10-4　键槽

过程 10.2　预制构件生产

预制构件和部品生产应符合设计文件和国家现行有关标准的规定。生产企业应具备保证产品质量要求的生产工艺设施、试验检测条件，建立完善的质量管理体系和可追溯的质量控制制度，有持证要求的岗位应持证上岗。

预制构件生产前，应由建设单位组织设计、施工等单位对设计文件进行交底和会审。必要时，生产单位应根据批准的设计文件制作加工详图。

预制构件生产前，应编制生产方案，具体内容包括生产计划及生产工艺、模具方案及计划、技术质量控制措施、成品存放、运输、保护方案等。冬期施工和预应力构件还应编制专项方案。

生产企业的检测、试验、张拉、计量等设备及仪器仪表均应检定合格，并在有效期内使用。企业不具备试验能力的检验项目，应委托具有相应资质的第三方工程质量检测机构进行试验。

10.2.1　原材料及配件要求

1. 原材料及配件应按照国家现行有关标准、设计文件及合同约定进行进厂检验，合格后方可使用。预制构件采用的材料、配件及半成品应按进厂批次进行检验。

2. 原材料进厂检验，当满足下列条件之一时，其检验批容量可扩大一倍：

(1) 经产品认证符合要求的钢筋；

(2) 按原材料批次要求连续三次进厂检验均一次检验合格时。

3. 钢筋进厂检验、冷加工钢筋进厂检验、成型钢筋进厂检验应符合规定。

4. 水泥、矿物掺合料、外加剂、骨料等进厂检验应符合规定。

5. 混凝土拌制及养护用水应符合现行行业标准《混凝土用水标准》JGJ 63—2006的有关规定。

6. 脱模剂选用应符合下列规定：

(1) 脱模剂应无毒、无刺激性气味，不应影响混凝土性能和预制构件表面装饰效果；

(2) 脱模剂应按照使用品种，选用前及正常使用后每年进行一次匀质性和施工性能试验；

(3) 检验结果应符合现行行业标准《混凝土制品用脱模剂》JC/T 949—2005的有关规定。

7. 保温材料应满足设计文件、建筑节能和预制构件生产工艺要求，进厂检验应符合下列规定：

(1) 同一厂家、同一品种且同一规格不超过5000m^2为一批；

(2) 按批抽取试样进行导热系数、密度、压缩强度、吸水率和燃烧性能试验；

(3) 检验结果应符合设计要求和国家现行标准《装配式混凝土结构技术规程》JGJ 1—2014、《挤塑聚苯板（XPS）薄抹灰外墙外保温系统材料》GB/T 30595—2014的有关规定。

8. 受力型预埋件进厂检验应符合下列规定：

(1) 同一厂家、同一类别、同一规格产品不超过1000件为一批，进行材料性能、抗拉拔性能、焊接性能和防腐蚀涂层厚度等试验，检验结果应符合设计要求；

(2) 有丝扣的预埋件应查验丝扣质量。

9. 内外叶墙体拉结件进厂检验应符合下列规定：

(1) 同厂家、同一类别、同一规格产品不超过10000件为一批；

(2) 按批抽取试样进行材料性能、力学性能检验；

(3) 检验结果应符合设计要求。

10. 灌浆套筒进厂检验应符合下列规定：

(1) 套筒进货前应对不同钢筋生产企业的进场钢筋进行接头工艺检验，检验结果应符合设计要求和现行行业标准《钢筋套筒灌浆连接应用技术规程》JGJ 355—2015的有关规定；

(2) 同一类型、同一规格且同一批号不超过1000件为一批，按批抽取试件进行材料性能和尺寸检验，检验结果应符合现行行业标准《钢筋连接用灌浆套筒》JG/T 398—2012、《钢筋套筒灌浆连接应用技术规程》JGJ 355—2015的有关规定。

11. 灌浆料进厂检验应符合下列规定：

(1) 应采用钢筋套筒型式检验配套的灌浆料；

(2) 可采用施工现场采购的灌浆料。预制构件生产企业自购灌浆料时，应取样对灌浆料拌合物30min流动度、泌水率及3d抗压强度、28d抗压强度、3h竖向膨胀率、24h与3h竖向膨胀率差值进行检验，检验结果应符合现行行业标准《钢筋连接用套筒灌浆料》JG/T 408—2013、《钢筋套筒灌浆连接应用技术规程》JGJ

355—2015 的有关规定。

10.2.2 预制构件生产工艺流程

预制构件生产工艺流程如下：

生产前准备→底模清理→涂刷隔离剂→划线机划线→安装侧模→钢筋加工安装及预埋件埋设→混凝土浇筑及表面修饰→养护→脱模→成品验收→存贮与运输。

三明治墙板（夹心保温外墙板）生产工艺流程如下：

生产前准备→底模清理→涂刷隔离剂→划线机划线→安装侧模→钢筋加工安装及预埋件埋设→一次浇筑混凝土→一次振动成型→铺设保温板→安装拉结件→二次摆放钢筋、安装预埋件→二次浇筑混凝土→二次振动成型→表面修饰处理→预养护→抹面→养护→拆卸侧模、脱模→成品验收→存贮与运输。

三明治墙板生产线主要设备：轨道、轨道输送小车、布料机及其控制系统、混凝土储料斗、料斗运输车、振动台、摆渡车、养护窑（图 10-5）及控制系统、模具清理装置、喷涂隔离剂装置、横向运输车、成品运输车等设备。

1. 模具清理与组装

预制构件一般采用流水线生产方式。

（1）底模清扫（图 10-6）

图 10-5 养护窑

图 10-6 底模清扫

底模一般用清理机进行清理，当有模台到达清理工位时，启动电源开始清理，当模台整体通过清理工位后，清理动作停止，关闭电源。

（2）涂刷隔离剂（图 10-7）

图 10-7 喷油机涂刷隔离剂

通过自动喷油装置进行，使其表面均匀涂刷一层隔离剂，当模台整体通过喷油位时，喷油停止。模具内表面的隔离剂应涂刷均匀、无漏刷、无堆积，且不得沾污钢筋，不得影响预制构件外观效果。涂刷完后，及时回收油槽中的隔离剂。

（3）划线机划线（图 10-8）

用 CAD 绘图方法绘制实际需要的模板尺寸图形（包括模板的尺寸及模板在模台上的相对位置），通过专用图形转换软件，把 CAD 文件转换为划线机识读的文件，再传送到划线机的主机上，划线机能自动按要求划出所需要的模板及预埋件的安装位置线，操作人员根据此线可准确安装模板和预埋件。

图 10-8　划线机划线

（4）安装侧模

经过清理和涂刷隔离剂的底模被输送到模具组装工位，作业人员在模台上按划线位置进行侧模组装并固定，包括边模（图 10-9）及门、窗洞口模具组装及固定。

2. 钢筋加工安装及预埋件埋设（图 10-10）

图 10-9　边模安装

图 10-10　钢筋网片及预埋件安装

当模具组装完毕，即可按要求进行钢筋骨架、预埋件等布置。钢筋网片、骨架经检查合格后，吊入模具并调整好位置，垫好保护层垫块。

钢筋网片和钢筋骨架宜采用防止变形的专用吊架进行吊运。混凝土保护层厚度应满足设计要求。

3. 预埋件安装

预埋件宜采用磁力吸或胶粘法固定，并确保在混凝土浇筑、振捣过程中不发生位移，外露部分不发生污损。当采用与钢筋焊接方式固定预埋件时，不得损伤被焊钢筋断面，且不得与预应力钢筋焊接。

预埋钢筋套筒使用定位螺栓或定位棒固定在侧模上，灌浆口用短钢筋绑扎在主筋上进行定位控制。预埋线盒和管线与模具或钢筋固定牢固，并采取措施防止堵塞。预制构件中安装门窗框时，应在模具上设置限位装置进行固定，并应逐件检验。

在安装过程中发现预埋件的尺寸、形状发生变化时，应对该批预埋件再次进行复检，合格后方可使用。

4. 混凝土一次浇筑及振捣

当模具组装完成，钢筋骨架、预埋件、门窗、线路管道等布置完毕后，驱动装置将模具带至振动平台（图 10-11）并锁紧模具，中央控制室控制搅拌站搅拌混凝土，完成搅拌后，通过混凝土输料罐（图 10-12）输送到混凝土布料机（图 10-13），布料机移动到浇筑工位完成混凝土浇筑，并在振动平台上振捣密实。

图 10-11 振动平台

图 10-12 混凝土输料罐

图 10-13 混凝土布料机

混凝土浇筑前，预埋件及预留钢筋的外露部分采取防止污染的保护措施。混凝土放料高度宜小于 600mm，并应均匀摊铺，混凝土浇筑应连续进行，浇筑过程中观察模具、门窗框、预埋件、连结件等的变形和移位，变形与移位超出规范规定的允许偏差时，应及时采取补强和纠正措施。混凝土从出机到浇筑完毕的延续时间，气温高于 25℃时不宜超过 60min，气温小于 25℃时不宜超过 90min。

5. 保温板及拉结件安装

输送系统将完成混凝土一次振捣的底模移至保温板安装工位，将加工好的保温板按布置图中的编号依次安放好，使保温板与混凝土之间连接紧密。保温材料安装时，应保证保温材料间拼缝严密或使用粘接材料密封处理。

将拉结件通过保温板预先加工好的孔洞插入混凝土中，保证拉结件在混凝土中锚固可靠，拉结件的数量和位置应根据图纸要求，安放正确。

6. 安装外叶墙钢筋网片、安装预埋件

驱动装置将完成保温板安装工序的底模移至安装外叶墙钢筋工位，进行钢筋网片安装。

7. 混凝土二次浇筑及振捣

驱动装置将底模带至振动平台并锁紧，进行混凝土二次浇筑及振捣。

8. 表面修饰处理

对二次浇筑及振捣完成的混凝土表面人工进行刮平。

9. 预养护

将完成表面修饰的构件移至预养窑（图 10-14），通过蒸汽管道散发的热量对混凝土进行蒸养使其获得初始强度，以达到构件表面搓平压光的要求。

10. 抹面

将完成预养的底模移至抹面工位，抹面机（图 10-15）开始工作，确保平整度符合质量要求。

图 10-14 预养窑

图 10-15 抹面机

预制构件粗糙面应符合设计要求。当设计无要求时，应符合下列规定：

（1）模板面预涂缓凝剂，脱模后采用高压水冲洗出露骨料；

（2）混凝土终凝前叠合面进行拉毛处理制作出粗糙面；

（3）凿毛粗糙面。

11. 养护

驱动装置将完成抹面工序的底模移至码垛机（图 10-16），码垛机将底模连同预制构件输送到养护窑内，蒸养 8～10h 后，再由码垛机将平台从养护窑内取出，进入下一道工序。

夹心保温外墙板最高养护温度不宜大于 60℃。

12. 拆卸侧模、脱模

码垛机将完成养护工序的构件连同底模从养护窑内取出，送入拆模工位（图 10-17），用专用工具松开模板紧固螺栓、磁盒等，利用起重机完成模板输送，并对边模和门窗口模板进行清洁。

预制构件脱模起吊时的混凝土强度应根据计算确定，且不宜小于15MPa。

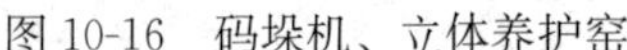
图10-16　码垛机、立体养护窑

图10-17　拆模台

10.2.3　预制构件检验

1. 预制构件生产时应制定措施避免出现外观质量缺陷。外观质量缺陷根据其影响结构性能、安装和使用功能的严重程度，可按表10-1规定划分为严重缺陷和一般缺陷。

构件外观质量缺陷分类　　　　**表10-1**

名称	现象	严重缺陷	一般缺陷
露筋	构件内钢筋未被混凝土包裹而外露	纵向受力钢筋有露筋	其他钢筋有少量露筋
蜂窝	混凝土表面缺少水泥砂浆而形成石子外露	构件主要受力部位有蜂窝	其他部位有少量蜂窝
孔洞	混凝土中孔穴深度和长度均超过保护层厚度	构件主要受力部位有孔洞	其他部位有少量孔洞
夹渣	混凝土中夹有杂物且深度超过保护层厚度	构件主要受力部位有夹渣	其他部位有少量夹渣
疏松	混凝土中局部不密实	构件主要受力部位有疏松	其他部位有少量疏松
裂缝	缝隙从混凝土表面延伸至混凝土内部	构件主要受力部位有影响结构性能或使用功能的裂缝	其他部位有少量不影响结构性能或使用功能的裂缝
连接部位缺陷	构件连接处混凝土缺陷及连接钢筋、连结件松动，插筋严重锈蚀、弯曲，灌浆套筒堵塞、偏位，灌浆孔洞堵塞、偏位、破损等缺陷	连接部位有影响结构传力性能的缺陷	连接部位有基本不影响结构传力性能的缺陷
外形缺陷	缺棱掉角、棱角不直、翘曲不平、飞出凸肋等，装饰面砖粘结不牢、表面不平、砖缝不顺直等	清水或具有装饰作用的混凝土构件内有影响使用功能或装饰效果的外形缺陷	其他混凝土构件有不影响使用功能的外形缺陷
外表缺陷	构件表面麻面、掉皮、起砂、沾污等	具有重要装饰效果的清水混凝土构件有外表缺陷	其他混凝土构件有不影响使用功能的外表缺陷

2. 预制构件出模后应及时对其外观质量进行全数目测检查。预制构件外观质量不应有缺陷，对已经出现的严重缺陷应按技术处理方案进行处理并重新检验，对出现的一般缺陷应进行修整并达到合格。

3. 预制构件不应有影响结构性能、安装和使用功能的尺寸偏差。对超过尺寸允许偏差且影响结构性能和安装、使用功能的部位应经原设计单位认可，按技术处理方案进行处理，并重新检查验收。

4. 除与预制构件粗糙面相关的尺寸允许偏差可适当放宽外，预制构件尺寸偏差及预留孔、预留洞、预埋件、预留插筋、键槽的位置和检验方法应符合下列规定：

（1）预制板类构件尺寸偏差及预留孔、预留洞、预埋件、预留插筋、键槽的位置和检验方法应符合表 10-2 的规定。

预制板类构件外形尺寸允许偏差及检验方法　　表 10-2

<table>
<tr><th>项次</th><th colspan="3">检查项目</th><th>允许偏差（mm）</th><th>检验方法</th></tr>
<tr><td rowspan="3">1</td><td rowspan="5">规格尺寸</td><td rowspan="3">长度</td><td><6m</td><td>±5</td><td rowspan="3">用尺量两端及中间部，取其中偏差绝对值较大值</td></tr>
<tr><td>≥6m 且<12m</td><td>±10</td></tr>
<tr><td>≥12m</td><td>±20</td></tr>
<tr><td>2</td><td colspan="2">宽度</td><td>±5</td><td>用尺量两端及中间部，取其中偏差绝对值较大值</td></tr>
<tr><td>3</td><td colspan="2">厚度</td><td>±5</td><td>用尺量板四角和四边中部位置共 8 处，取其中偏差绝对值较大值</td></tr>
<tr><td>4</td><td colspan="3">对角线差</td><td>6</td><td>在构件表面，用尺量测两对角线的长度，取其绝对值的差值</td></tr>
<tr><td rowspan="2">5</td><td rowspan="4">外形</td><td rowspan="2">表面平整度</td><td>内表面</td><td>4</td><td rowspan="2">用 2m 靠尺安放在构件表面上，用楔形塞尺量测靠尺与表面之间的最大缝隙</td></tr>
<tr><td>外表面</td><td>3</td></tr>
<tr><td>6</td><td colspan="2">楼板侧向弯曲</td><td>$L/750$ 且≤20mm</td><td>拉线，钢尺量最大弯曲处</td></tr>
<tr><td>7</td><td colspan="2">扭翘</td><td>$L/750$</td><td>四对角拉两条线，量测两线交点之间的距离，其值的 2 倍为扭翘值</td></tr>
<tr><td rowspan="2">8</td><td rowspan="6">预埋部件</td><td rowspan="2">预埋钢板</td><td>中心线位置偏移</td><td>5</td><td>用尺量测纵横两个方向的中心线位置，记录其中较大值</td></tr>
<tr><td>平面高差</td><td>0，−5</td><td>用尺紧靠在预埋件上，用楔形塞尺量测预埋件平面与混凝土面的最大缝隙</td></tr>
<tr><td rowspan="2">9</td><td rowspan="2">预埋螺栓</td><td>中心线位置偏移</td><td>2</td><td>用尺量测纵横两个方向的中心线位置，记录其中较大值</td></tr>
<tr><td>外露长度</td><td>+10，−5</td><td>用尺量</td></tr>
<tr><td rowspan="2">10</td><td rowspan="2">预埋线盒、电盒</td><td>在构件平面的水平方向中心位置偏差</td><td>10</td><td>用尺量</td></tr>
<tr><td>与构件表面混凝土高差</td><td>0，−5</td><td>用尺量</td></tr>
</table>

续表

项次	检查项目		允许偏差（mm）	检验方法
11	预留孔	中心线位置偏移	5	用尺量测纵横两个方向的中心线位置，记录其中较大值
		孔尺寸	±5	用尺量测纵横两个方向尺寸，取其最大值
12	预留洞	中心线位置偏移	5	用尺量测纵横两个方向的中心线位置，记录其中较大值
		洞口尺寸、深度	±5	用尺量测纵横两个方向尺寸，取其最大值
13	预留插筋	中心线位置偏移	3	用尺量测纵横两个方向的中心线位置，记录其中较大值
		外露长度	±5	用尺量
14	吊环、木砖	中心线位置偏移	10	用尺量测纵横两个方向的中心线位置，记录其中较大值
		留出高度	0，−10	用尺量
15	桁架钢筋高度		+5，0	用尺量

（2）预制墙板类构件尺寸偏差及预留孔、预留洞、预埋件、预留插筋、键槽的位置和检验方法应符合表 10-3 的规定。

预制墙板类构件外形尺寸允许偏差及检验方法　　　　表 10-3

项次	检查项目			允许偏差（mm）	检验方法
1	规格尺寸	高度		±4	用尺量两端及中间部，取其中偏差绝对值较大值
2		宽度		±4	用尺量两端及中间部，取其中偏差绝对值较大值
3		厚度		±4	用尺量板四角和四边中部位置共 8 处，取其中偏差绝对值较大值
4	对角线差			5	在构件表面，用尺量测两对角线的长度，取其绝对值的差值
5	外形	表面平整度	内表面	4	用 2m 靠尺安放在构件表面上，用楔形塞尺量测靠尺与表面之间的最大缝隙
			外表面	3	
6		楼板侧向弯曲		$L/1000$ 且 $\leqslant 20$mm	拉线，钢尺量最大弯曲处
7		扭翘		$L/1000$	四对角拉两条线，量测两线交点之间的距离，其值的 2 倍为扭翘值

续表

项次	检查项目			允许偏差（mm）	检验方法
8	预埋部件	预埋钢板	中心线位置偏移	5	用尺量测纵横两个方向的中心线位置，记录其中较大值
			平面高差	0，−5	用尺紧靠在预埋件上，用楔形塞尺量测预埋件平面与混凝土面的最大缝隙
9		预埋螺栓	中心线位置偏移	2	用尺量测纵横两个方向的中心线位置，记录其中较大值
			外露长度	+10，−5	用尺量
10		预埋套筒螺母	中心线位置偏移	2	用尺量测纵横两个方向的中心线位置，记录其中较大值
			平面高差	0，−5	用尺紧靠在预埋件上，用楔形塞尺量测预埋件平面与混凝土面的最大缝隙
11	预留孔	中心线位置偏移		5	用尺量测纵横两个方向的中心线位置，记录其中较大值
		孔尺寸		±5	用尺量测纵横两个方向尺寸，取其最大值
12	预留洞	中心线位置偏移		5	用尺量测纵横两个方向的中心线位置，记录其中较大值
		洞口尺寸、深度		±5	用尺量测纵横两个方向尺寸，取其最大值
13	预留插筋	中心线位置偏移		3	用尺量测纵横两个方向的中心线位置，记录其中较大值
		外露长度		±5	用尺量
14	吊环、木砖	中心线位置偏移		10	用尺量测纵横两个方向的中心线位置，记录其中较大值
		与构件表面混凝土高差		0，−10	用尺量
15	键槽	中心线位置偏移		5	用尺量测纵横两个方向的中心线位置，记录其中较大值
		长度、宽度		±5	用尺量
		深度		±5	用尺量

（3）预制梁柱桁架类构件尺寸偏差及预留孔、预留洞、预埋件、预留插筋、键槽的位置和检验方法应符合表10-4的规定。

预制梁柱桁架类构件外形尺寸允许偏差及检验方法　　表 10-4

项次	检查项目			允许偏差（mm）	检验方法
1	规格尺寸	长度	<6m	±5	用尺量两端及中间部，取其中偏差绝对值较大值
			≥6m 且<12m	±10	
			≥12m	±20	
2		宽度		±5	用尺量两端及中间部，取其中偏差绝对值较大值
3		高度		±5	用尺量板四角和四边中部位置共 8 处，取其中偏差绝对值较大值
4	表面平整度			4	用 2m 靠尺安放在构件表面上，用楔形塞尺量测靠尺与表面之间的最大缝隙
5	侧向弯曲	梁柱		$L/750$ 且≤20mm	拉线，钢尺量最大弯曲处
		桁架		$L/1000$ 且≤20mm	
6	预埋部件	预埋钢板	中心线位置偏移	5	用尺量测纵横两个方向的中心线位置，记录其中较大值
			平面高差	0，−5	用尺紧靠在预埋件上，用楔形塞尺量测预埋件平面与混凝土面的最大缝隙
7		预埋螺栓	中心线位置偏移	2	用尺量测纵横两个方向的中心线位置，记录其中较大值
			外露长度	+10，−5	用尺量
8	预留孔	中心线位置偏移		5	用尺量测纵横两个方向的中心线位置，记录其中较大值
		孔尺寸		±5	用尺量测纵横两个方向尺寸，取其最大值
9	预留洞	中心线位置偏移		5	用尺量测纵横两个方向的中心线位置，记录其中较大值
		洞口尺寸、深度		±5	用尺量测纵横两个方向尺寸，取其最大值
10	预留插筋	中心线位置偏移		3	用尺量测纵横两个方向的中心线位置，记录其中较大值
		外露长度		±5	用尺量
11	吊环	中心线位置偏移		10	用尺量测纵横两个方向的中心线位置，记录其中较大值
		留出高度		0，−10	用尺量

续表

项次	检查项目		允许偏差（mm）	检验方法
12	键槽	中心线位置偏移	5	用尺量测纵横两个方向的中心线位置，记录其中较大值
		长度、宽度	±5	用尺量
		深度	±5	用尺量

（4）装饰构件的外观尺寸偏差和检验方法应符合表10-5的规定。

装饰构件外观尺寸允许偏差及检验方法　　　表10-5

项次	装饰种类	检查项目	允许偏差（mm）	检验方法
1	通用	表面平整度	2	2m靠尺或塞尺检查
2	面砖、石材	阳角方正	2	用托线板检查
3		上口平直	2	拉通线用钢尺检查
4		接缝平直	3	用钢尺或塞尺检查
5		接缝深度	±5	用钢尺或塞尺检查
6		接缝宽度	±2	用钢尺检查

（5）预制构件的预埋件、插筋、预留孔的规格、数量应符合设计要求。

检查数量：逐件检验。

检验方法：观察和量测。

（6）预制构件的粗糙面或键槽成型质量应满足设计要求。

检查数量：逐件检验。

检验方法：观察和量测。

（7）预制构件采用钢筋套筒灌浆连接时，应在构件生产前进行钢筋套筒灌浆连接接头的抗拉强度试验。

检查数量：按同一工程、同一工艺的预制构件分批抽样检验。

检验方法：检查试验报告单、质量证明文件。

（8）夹心外墙板的内外叶墙板之间的拉结件类别、数量、使用位置及性能应符合设计要求。

检查数量：按同一工程、同一工艺的预制构件分批抽样检验。

检验方法：检查试验报告单、质量证明文件及隐蔽工程检查记录。

（9）夹心保温外墙板用的保温材料类别、厚度、位置及性能应符合设计要求。

检查数量：按批检查。

检验方法：观察、量测，检查保温材料质量证明文件及检验报告。

（10）混凝土强度应符合设计文件及国家现行有关标准的规定。

检查数量：按构件生产批次在混凝土浇筑地点随机抽取标准养护试件，取样频率应符合本标准规定。

检验方法：应符合现行国家标准《混凝土强度检验评定标准》GB/T 50107—

2010 的有关规定。

（11）预制构件结构性能检验应符合下列规定：

1）梁板类简支受弯预制构件应进行结构性能检验，并应符合下列规定：

① 结构性能检验应符合国家现行有关标准的有关规定及设计的要求，检验要求和试验方法应符合现行国家标准《混凝土结构工程施工质量验收规范》GB 50204—2015 附录 B 的有关规定；

② 对大型及有可靠应用经验的构件，可只进行裂缝宽度、抗裂和挠度检验；

③ 对使用数量较少的构件，当能提供可靠依据时，可不进行结构性能检验；

2）对其他预制构件，除设计有专门要求外，可不做结构性能检验；

3）当施工单位或监理单位代表驻厂监督生产过程时，除设计有专门要求外可不做结构性能检验；施工单位或监理单位应在产品合格证上确认。

检验数量：同一类型预制构件不超过 1000 个为一批，每批随机抽取 1 个构件进行结构性能检验。

检验方法：检查结构性能检验报告或实体检验报告。

注：“同一类型”是指同一钢种、同一混凝土强度等级、同一生产工艺和同一结构形式。抽取预制构件时，宜从设计荷载最大、受力最不利或生产数量最多的预制构件中抽取。

（12）预制构件检查合格后，应在构件上设置表面标识，标识内容宜包括构件编号、制作日期、合格状态、生产单位等信息。

10.2.4 预制构件存放、吊运及防护

1. 生产企业应制定预制构件存放和吊装运输专项方案。

2. 预制构件入库前和存放过程中应符合下列规定：

（1）存放场地应平整、坚实，并应有排水措施；

（2）存放库区宜实行分区管理和信息化台账管理；

（3）应按照产品品种、规格型号、检验状态分类存放，产品标识应明确、耐久，预埋吊件应朝上，标识应向外；

（4）应合理设置垫块支点位置，确保预制构件存放稳定，支点宜与起吊点位置一致；

（5）与清水混凝土面接触的垫块应采取防污染措施；

（6）预制构件多层叠放时，每层构件间的垫块应上下对齐；

（7）预制柱、梁等细长构件宜平放且用两条垫木支撑；

（8）预制楼板、叠合板、阳台板和空调板等构件宜平放，叠放层数不宜超过 6 层；长期存放时，应采取措施控制预应力构件起拱值和叠合板翘曲变形；

（9）预制内外墙板、挂板宜采用专用支架直立存放，支架应有足够的强度和刚度，构件上部宜采用两点支撑，下部应支垫稳固，薄弱构件、构件薄弱部位和门窗洞口应采取防止变形开裂的临时加固措施；

（10）预制构件成品外露保温板应采取防止开裂措施，外露钢筋应采取防弯折措施，外露预埋件和连结件等外露金属件应按不同环境类别进行防护或防腐、

防锈；

（11）预埋螺栓孔宜采用海绵棒进行填塞，保证吊装前预埋螺栓孔的清洁；

（12）钢筋连接套筒、预埋孔洞应采取防止堵塞的临时封堵措施；

（13）露骨料粗糙面冲洗完成后应对灌浆套筒的灌浆孔和出浆孔进行透光检查，并清理灌浆套筒内的杂物。

3. 预制构件在运输过程中应符合下列规定：

（1）应根据预制构件种类采取可靠的固定措施，避免装卸车、运输过程中时发生倾覆、预制构件变形和移位；

（2）对于超高、超宽、形状特殊的大型预制构件的运输和存放应制定专门的质量安全保证措施；

（3）运输时宜采取如下防护措施：

1）设置柔性垫片避免预制构件边角部位或链索接触处的混凝土损伤。

2）用塑料薄膜包裹垫块避免预制构件外观污染。

3）墙板门窗框、装饰表面和棱角采用塑料贴膜或其他措施防护。

4）竖向薄壁构件设置临时防护支架。

5）装箱运输时，箱内四周采用木材或柔性垫片填实，支撑牢固。

（4）应根据构件特点采用不同的运输方式，托架、靠放架、插放架应进行专门设计，进行承载力和刚度验算：

1）外墙板宜采用立式运输，外饰面层应朝外，梁、板、楼梯、阳台宜采用水平运输。

2）采用靠放架立式运输时，构件与地面倾斜角度宜大于 80°，构件应对称靠放，每侧不大于 2 层，构件层间上部采用木垫块隔离。

3）采用插放架直立运输时，应采取防止构件倾倒措施，构件之间应设置隔离垫块。

4）水平运输时，预制混凝土梁、柱构件叠放不宜超过 3 层，板类构件叠放不宜超过 6 层。

过程 10.3　装配式混凝土结构施工

10.3.1　一般规定

（1）装配式混凝土建筑应结合设计、生产、装配一体化进行整体策划，协同建筑、结构、机电、装饰装修等专业要求，制订相应的施工组织设计和施工方案。

（2）施工单位应根据装配式混凝土建筑工程特点配置项目部的机构和人员。施工操作人员应具备各自岗位需要的基础知识和技能，施工单位应对管理人员、施工作业人员进行质量安全技术交底。

（3）装配式混凝土建筑施工宜采用与构件相匹配的工具化、标准化工装系统。

（4）装配式混凝土建筑施工前，宜选择有代表性的单元进行预制构件试安装，并应根据试安装结果及时调整施工工艺、完善施工方案。

（5）预制构件的安装与连接、现浇混凝土施工、建筑部品及机电安装应执行施工方案，各工序的施工，应在前一道工序质量检查合格后进行。

（6）装配式混凝土建筑施工过程中，应及时进行自检、互检和交接检，并应有完整的施工全过程质量控制记录及验收资料。

（7）装配式混凝土建筑施工过程中应采取安全措施，并应符合现行行业标准《建筑施工高处作业安全技术规范》JGJ 80—2016、《建筑机械使用安全技术规程》JGJ 33—2012 和《施工现场临时用电安全技术规范》JGJ 46—2005 的有关规定。

10.3.2 施工前准备工作

（1）装配式混凝土建筑施工方案包括：工程概况、编制依据、整体进度计划、预制构件运输、施工场地布置、安装施工方法、施工安全、质量管理、构件安装的专项施工质量管理、渗漏和裂缝等质量缺陷防治措施、绿色施工与环境保护措施、信息化管理、应急预案等方面内容。

（2）预制构件、安装用材料及配件等应进行进场验收，未经检验或不合格的产品不得使用。

（3）施工现场应根据施工平面规划设置运输通道和存放场地应符合规定。

（4）安装施工前，应核对已施工完成结构或基础的混凝土强度、外观质量、预留预埋的尺寸偏差等，并核对预制构件的混凝土强度及预制构件和配件的型号、规格、数量等，是否符合设计要求。应熟悉施工设计图纸，收集有关测量资料，明确施工要求，制定施工测量和安装定位标识方案。

（5）安装施工前，复核构件装配位置、节点连接构造，并对临时支撑零部件进行进场验收，对支架进行试组装、检查等。复核吊装设备的吊装能力。

（6）制定经济合理的垂直运输方案，根据运输任务和特点，科学配置垂直运输设备，并结合场地进行合理布置，细化并优化垂直运输设备与结构及构件的附着方式。

（7）防护系统应按照施工方案进行搭设、验收，并应符合下列规定：

1）工具式外防护架应试组装并全面检查，附着在构件上的防护系统应复核其与吊装系统的协调；

2）利用预制外墙板作为工具式防护架受力点，应在构件设计阶段进行单独设计，在防护架使用中，采取成品保护措施确保外墙板不受损坏；

3）高处作业人员应正确使用安全防护用品，使用工具式操作架进行安全安装作业。

10.3.3 预制构件吊装

(1) 预制构件吊装应根据当天的作业内容进行班前技术安全交底，并应符合下列规定：

1) 预制构件应按照施工方案吊装顺序预先编号，吊装时严格按编号顺序起吊；

2) 吊索、吊具应根据方案要求连接固定，并采取安全防护措施；

3) 预制构件吊装应采用慢起、快升、缓放的操作方式；起吊应依次逐级增加速度，不应越挡操作；

4) 预制构件在吊装过程中，应保持稳定，不得偏斜、摇摆和扭转，严禁吊装构件长时间悬停在空中；

5) 预制构件吊装时，构件上应设置缆风绳控制构件转动，保证构件就位平稳。

(2) 预制构件吊装应及时设置临时固定措施，可通过临时支撑对构件的位置和垂直度进行微调。预制构件就位校核与调整应符合下列规定：

1) 预制墙板、预制柱等竖向构件安装后，应对安装位置、安装标高、垂直度、累计垂直度进行校核与调整；

2) 叠合构件、预制梁等水平构件安装后应对安装位置、安装标高进行校核与调整；

3) 相邻预制板类构件，应对相邻预制构件平整度、高低差、拼缝尺寸进行校核与调整；

4) 预制装饰类构件应对装饰面的完整性进行校核与调整。

(3) 预制构件与吊具的分离，应在校准定位及临时支撑安装完成后进行。结构单元未形成稳定体系前，不应拆除临时支撑系统。

(4) 竖向预制构件安装采用临时支撑时，应符合下列规定：

1) 预制构件的临时支撑应保证构件施工过程中的稳定性，且不应少于2道；

2) 对预制柱、墙板构件的上部斜支撑，其支撑点距离板底的距离不宜小于构件高度的2/3，且不应小于构件高度的1/2；斜支撑底部与地面或楼面用螺栓进行锚固；支撑与水平楼面的夹角在40°～50°之间；

3) 构件安装就位后，可通过临时支撑对构件的位置和垂直度进行微调。

(5) 水平向预制构件安装采用临时支撑时，应符合下列规定：

1) 首层支撑架体的地基必须平整坚实，宜采取硬化措施。支撑应具有足够的承载能力、刚度和稳定性，应能可靠地承受混凝土构件的自重和施工过程中所产生的荷载及风荷载；

2) 支撑系统的间距及距离墙、柱、梁边的净距应符合设计验算要求，竖向连续支撑层数不应少于2层，且上下层支撑应在同一铅垂线上；

3) 叠合板预制底板下部支架宜选用定型独立钢支柱，竖向支撑间距应根据设计及施工荷载验算确定，叠合板预制底板边缘应增设竖向支撑。

10.3.4 装配式混凝土结构施工工艺

1. 整体装配式结构施工工艺流程（以半装配式混凝土结构为例）

标准化设计→构件工厂化预制生产→吊装准备→预制墙体吊装→墙体连接节点钢筋绑扎（图 10-18）→墙体连接节点模板支设→安装叠合板支撑→叠合板吊装→墙体节点、叠合板面层现浇→其他预制构件吊装→下一层安装。

2. 预制构件安装

（1）预制墙体吊装施工

预制墙体吊装施工工艺流程如下：

放线→钢筋校正→垫片找平→粘贴橡塑棉条→吊装预制墙板→预制墙板就位→安装支撑→预制墙板校正→支撑加固。

图 10-18 墙体连接节点钢筋绑扎

1）放线

在已完成的楼面或地面上，弹出预制墙板轴线、墙身线、控制线及钢筋位置线。

2）钢筋校正

在吊装预制墙体前，对下一层的预留钢筋进行校正，以免影响预制构件安装。

钢筋套筒灌浆连接接头的预留钢筋宜采用专用模具进行定位，并应符合下列规定：

① 应采用可靠的固定措施控制连接钢筋的中心位置及外露长度满足设计要求；

② 连接钢筋中心位置存在严重偏差影响预制构件安装时，应会同设计单位制定专项处理方案，严禁随意切割、强行调整定位钢筋。

图 10-19 垫片找平

3）垫片找平（图 10-19）

吊装前，应预先在墙板底部设置可调整接缝厚度和底部标高的垫片。

4）粘贴橡塑棉条

采用灌浆套筒连接、浆锚连接的夹心保温外墙板应在外侧设置弹性密封封堵材料，多层剪力墙采用坐浆时应均匀铺设坐浆料。

5）吊装预制墙板

预制墙板吊装前，先检查预埋构件内的吊环是否完好无损，规格、型号、位置应正确无误，构件试吊时离地不大于 0.5m。起吊应依次逐级增加速度，不应越挡操作。构件吊装下降时，构件根部系好缆风绳控制构件转动，保证构件就位平稳。

图 10-20　预制墙板就位

6）预制墙板就位（图 10-20）

采用钢筋套筒灌浆连接、钢筋浆锚搭接连接的预制构件就位前，应检查下列内容：

① 套筒、预留孔的规格、位置、数量和深度；

② 被连接钢筋的规格、数量、位置和长度。当套筒、预留孔内有杂物时，应清理干净；当连接钢筋倾斜时，应进行校直；连接钢筋偏离套筒或孔洞中心线不宜超过 3mm。

吊运预制墙板至施工楼层距离楼面一定距离时，慢速调整构件到安装位置，楼地面预留插筋与构件预留注浆管逐根对应，全部准确插入注浆管后，构件缓慢下降，构件距离楼地面约 20cm 时，由安装人员辅助轻推构件或采用撬棍根据定位线初步定位。

7）安装支撑

安装就位后应设置可调斜撑（图 10-21）作临时固定，测量预制墙板的水平位置、倾斜度、高度等，通过墙底垫片、临时斜支撑进行调整。

8）预制墙板校正（图 10-22）

调整短支撑调节墙板位置；调整长支撑以调整墙板垂直度，并随时用检测尺进行检查。

图 10-21　可调斜撑

图 10-22　预制墙板校正

（2）叠合板安装

叠合板安装工艺流程：

叠合板安装准备→放线→支撑→校正标高和搁置点长度→支撑固定和加固→叠合板吊装就位→松钩。

1）放线

根据支撑平面布置图，在楼面画出支撑点位置，根据顶板平面布置图，在墙顶端弹出叠合板边缘位置垂直线。

2）支撑（图 10-23）

在叠合板构件吊装就位时安装临时支撑，上、下层临时支撑要在同一位置。临时支撑应在后浇混凝土强度达到设计要求后方可拆除。

3）校正标高和搁置点长度

预制叠合板吊装完后应有专人对板底接缝高差进行校核；当叠合板板底接缝高差不满足设计要求时，应将构件重新起吊，通过可调托座进行调节。

按照次序吊装叠合板构件，叠合板搁置长度应符合要求。

图 10-23　叠合板支撑

4）叠合板吊装就位（图 10-24）

① 吊装前，检查叠合板的编号、预留洞、接线盒的位置和数量。安装前应检查支座顶面标高及支撑面的平整度，并检查结合面粗糙度是否符合设计要求。

图 10-24　叠合板吊装就位

② 叠合板构件吊点必须保持起吊平衡，吊点不得少于 4 点，采用钢扁担梁多点吊装。

图 10-25　钢筋套筒灌浆连接接头

③ 叠合板构件吊装应采用慢起、快升、缓放的操作方式。叠合板起吊区配置一名信号工和两名司索工，叠合板起吊时，司索工将叠合板与存放架的安全固定装置拆除，塔吊司机在信号工指挥下，塔吊缓缓持力，将叠合板吊离存放架面正上方约 500mm，检查吊钩是否有歪扭或卡死现象及各吊点受力是否均匀，并进行调整。

④ 预制叠合板之间的缝隙应满足设计要求。

5）叠合墙板安装就位后，进行叠合墙板拼缝处附加钢筋安装，附加钢筋应与现浇段钢筋网交叉点全部扎牢。

（3）墙体节点、叠合板面层现浇

墙体节点部位连接可采用钢筋套筒灌浆连接接头（图 10-25）和钢筋浆锚搭接连接接头（图 10-26）。

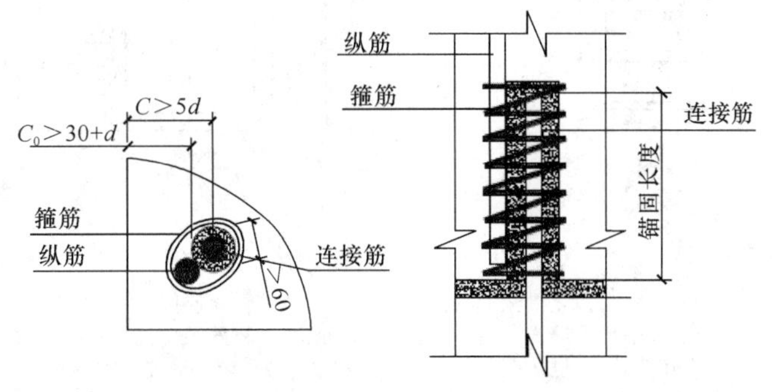

图 10-26　钢筋浆锚搭接连接接头

C—锚浆孔边距；C_0—锚浆孔净距

下面以钢筋套筒灌浆连接接头施工方法为例进行介绍。

套筒灌浆连接可采用全灌浆套筒连接（图 10-27*a*）、半灌浆套筒连接（图 10-27*b*）。

套筒灌浆连接接头施工工艺流程：

注浆孔清理→塞缝→封堵下排灌浆孔→拌制灌浆料→浆料检测→注浆（图 10-28）→封堵上排出浆孔→试块留置。

① 注浆孔清理：预制墙板校正完成后，使用风机清理预留板缝垃圾。

② 塞缝：墙体调整就位后，底部连接部位可采用专用高强水泥砂浆封堵，也

可用砂浆或木材组合封堵。并用水将封堵部位润湿，再用坐浆料将墙板缝隙填塞密实。封堵时可采用分仓处理。

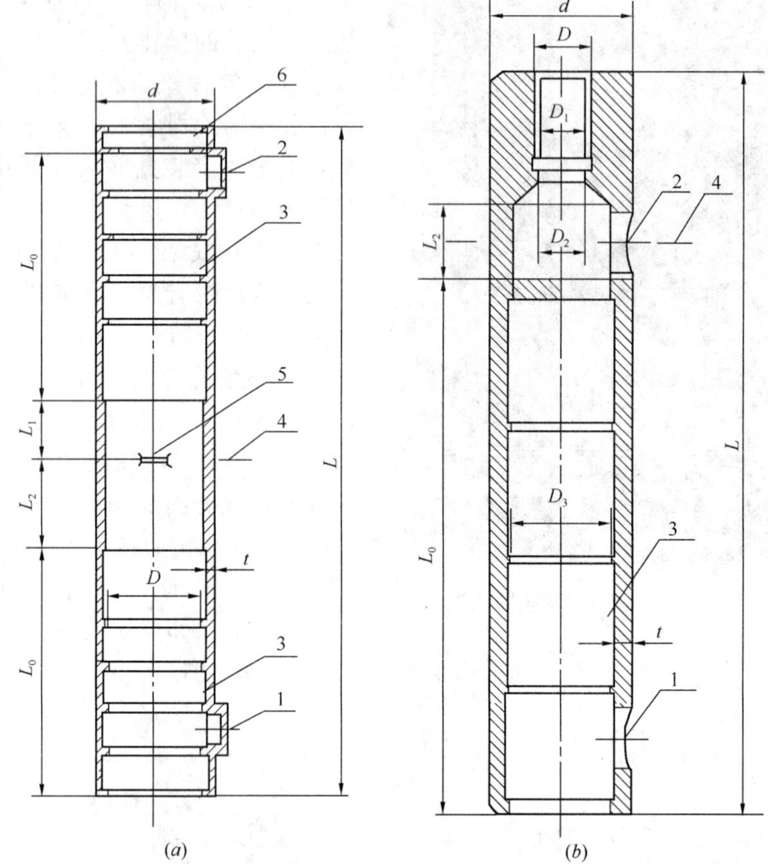

图 10-27　套筒连接

（a）全灌浆套筒连接；（b）半灌浆套筒连接

1—灌浆孔；2—排浆孔；3—剪力墙；4—强度验算用截面；5—钢筋限位挡块；6—安装密封垫的结构

L—灌浆套筒总长；L_0—锚固长度；L_1—预制端预留钢筋安装调整长度；

L_2—预制端预留钢筋安装调整长度；t—灌浆套筒壁厚；d—灌浆套筒外径；

D—内螺纹的公称直径；D_1—内螺纹的基本直径；D_2—半灌浆套筒螺纹端与灌浆端连接处的通孔直径；D_3—灌浆套筒锚固段环形突起部分内径

注：D_3不包括灌浆孔、排浆孔外侧因导向、定位等其他目的而设置的比锚固段环形突起内径偏小的尺寸。D_3可以为非等截面。

③ 拌制灌浆料：按产品使用说明书的要求计量灌浆料和水的用量，并搅拌均匀；每次拌制的灌浆料拌合物应进行性能检测，并满足要求。

④ 注浆：灌浆施工时，环境温度应符合灌浆料产品使用说明书要求；环境温度低于5℃时不宜施工，低于0℃时不得施工；当环境温度高于30℃时，应采取降低灌浆料拌合物温度的措施。灌浆料拌合物应在制备后30min内用完。

对竖向钢筋连接，灌浆作业应采用压浆法从灌浆套筒下灌浆孔注入，当浆料

图 10-28　注浆

拌合物从构件其他灌浆孔、出浆孔流出后应及时封堵，必要时可分仓进行灌浆。

⑤ 试块留置：每个施工段留置一组灌浆试块，灌浆时做同条件养护试块，制作好的试块在接头实际环境温度下放置并密封保存。

混凝土浇筑前，应检查并校正套筒连接钢筋的定位，构件表面应洒水润湿，洒水后不得留有积水。混凝土浇筑时宜采取由中间向两边的方式，不应移动预埋件的位置，且不得污染预埋件连接部位，与后浇构件交接处混凝土应加密振捣点。浇筑完成后可采取洒水、覆膜、喷涂养护剂等养护方式，养护时间不宜少于 7d。

（4）外墙板接缝防水处理

防水施工前，应将板缝空腔清理干净，并按设计要求填塞背衬材料。密封材料嵌填应饱满、密实、均匀、顺直、表面平滑，其厚度应符合设计要求。

预制外墙板侧粘贴止水条，粘贴前，应将混凝土表面灰尘清扫干净，粘贴面应干燥。然后在混凝土面和止水条粘贴面均匀涂刷专用粘结剂，压入止水条，止水条与相邻的预制外墙板应压紧、密实。预制外墙板接缝处用防水胶带粘贴，防水胶带粘贴宽度、厚度应符合设计要求，防水胶带应在预制构件校核固定后粘贴，连接接缝采用防水胶带施工前，粘结面应清理干净，并涂刷界面剂，防水胶带应与预制构件粘接牢固，不得虚粘。

（5）预制楼梯安装

1）预制楼梯安装施工工艺流程

预制楼梯安装准备→弹控制线→楼梯上下口铺砂浆找平层→预制楼梯起吊→楼梯板就位（图 10-29）→楼梯板校正→预留洞口

图 10-29　楼梯板就位

灌浆。

2）施工工艺

① 安装前，应检查楼梯构件平面定位及标高，并应设置找平垫块；

② 就位后，应立即调整并固定，避免因人员走动造成的偏差及危险；

③ 预制楼梯端部安装，应考虑建筑标高与结构标高的差异，确保踏步高度一致；

④ 楼梯与梁板采用预埋件焊接连接或预留孔连接时，应先施工梁板，后放置楼梯段；采用预留钢筋连接时，应先放置楼梯段，后施工梁板。

(6) 预制阳台板（图 10-30）、空调板安装

① 安装前，应检查支座顶面标高及支撑面的平整度；

② 吊装完后，应有专人对板底接缝高差进行校核；当板底接缝高差不满足设计要求，应将构件重新起吊，通过可调托座进行调节；

③ 待后浇混凝土强度达到设计要求后，方可拆除临时支撑；

④ 就位后，应立即调整并固定，避免因震动造成的偏差及危险。

图 10-30　预制阳台板吊装

(7) 预制构件安装的尺寸允许偏差

预制构件安装的尺寸允许偏差及检验方法应符合表 10-6 的规定。

预制构件安装尺寸的允许偏差及检验方法　　表 10-6

项目			允许偏差（mm）	检验方法
构件中心线对轴线位置	基础		15	尺量检查
	竖向构件（柱、墙、桁架）		10	
	水平构件（梁、板）		5	
构件标高	梁、柱、墙、板底面或顶面		5	水准仪或尺量检查
构件垂直度	柱、墙	5m	5	经纬仪或全站仪量测
		5m 且≤10m	10	
		10m	20	
构件倾斜度	梁、桁架		5	垂线、钢尺量测
相邻构件平整度	板端面		5	钢尺、塞尺量测
	梁、板底面	抹灰	5	
		不抹灰	3	
	柱墙侧面	外露	5	
		不外露	10	

续表

项目		允许偏差（mm）	检验方法
构件搁置长度	梁、板	10	尺量检查
支座、支垫中心位置	板、梁、柱、墙、桁架	10	尺量检查
墙板接缝	宽度	5	尺量检查
	中心线位置		

10.3.5 装配式混凝土结构施工安全要求

（1）装配式混凝土建筑施工应执行国家、地方、行业和企业的安全生产法规和规章制度，落实各级各类人员的安全生产责任制。

（2）装配式混凝土建筑应落实安全措施，并应符合现行行业标准《建筑施工高处作业安全技术规范》JGJ 80—2016、《建筑机械使用安全技术规程》JGJ 33—2012、《施工现场临时用电安全技术规范》JGJ 46—2012等的有关规定。

（3）施工企业应根据工程施工特点对重大危险源进行分析并予以公示，并制定相对应的安全生产应急预案。

（4）施工单位应对从事预制构件吊装作业及相关人员进行安全培训与交底，识别预制构件进场、卸车、存放、吊装、就位各环节的作业风险，并制订防控措施。

（5）安装作业开始前，应对安装作业区进行围护并做出明显的标识，拉警戒线，根据危险源级别安排监理等旁站，严禁与安装作业无关的人员进入。

（6）安装作业使用专用吊具、吊索等，施工使用的定型工具式支撑、支架等，应进行安全验算，使用中进行定期、不定期检查，确保其安全状态。

（7）吊装作业安全应符合下列规定：

1）预制构件起吊后，应先将预制构件提升300mm左右后，停稳构件，检查钢丝绳、吊具和预制构件状态，确认吊具安全且构件平稳后，方可缓慢提升构件；

2）吊机吊装区域内，非作业人员严禁进入；吊运预制构件时，构件下方严禁站人，应待预制构件降落至距地面1m以内方准作业人员靠近，就位固定后方可脱钩；

3）高空应通过揽风绳改变预制构件方向，严禁高空直接用手扶预制构件；

4）遇到雨、雪、雾天气，或者风力大于6级时，不得进行吊装作业。

（8）夹心保温外墙板后浇混凝土连接节点区域的钢筋安装连接施工时，不得采用焊接连接。

（9）预制构件安装施工期间，应严格控制噪声和遵守现行国家标准《建筑施工场界环境噪声排放标准》GB 12523—2011的规定。

（10）施工现场应加强对废水、污水的管理，现场应设置污水池和排水沟。废水、废弃涂料、胶料应统一处理，严禁未经处理而直接排入下水管道。

（11）夜间施工时，应防止光污染对周边居民的影响。

（12）预制构件运输过程中，应保持车辆整洁，防止对场内道路的污染，并减少扬尘。

（13）预制构件安装过程中废弃物等应进行分类回收。施工中产生的粘接剂、稀释剂等易燃易爆废弃物应及时收集送至指定储存器内并按规定回收，严禁丢弃未经处理的废弃物。

10.3.6 装配式混凝土结构施工质量验收

1. 一般规定

（1）装配式混凝土建筑施工质量验收，应符合现行国家标准《建筑工程施工质量验收统一标准》GB 50300—2013 的有关规定进行单位工程、分部工程、分项工程和检验批的划分和质量验收。

（2）装配式混凝土建筑的装饰装修、机电安装等分部工程的质量验收应符合国家现行标准的有关规定。

（3）装配式混凝土结构工程应按混凝土结构子分部工程进行验收，装配式结构部分应按混凝土结构子分部工程的分项工程验收，主体结构子分部如有其他分项工程应符合现行国家标准《混凝土结构工程施工质量验收规范》GB 50204—2015 的有关规定进行验收。

（4）装配式混凝土结构工程施工用的原材料、部品、构配件均应按检验批进行进场验收。

（5）装配式结构连接节点及叠合构件浇筑混凝土前，应进行隐蔽工程验收。隐蔽工程验收应包括下列主要内容：

1）混凝土粗糙面的质量，键槽的尺寸、数量、位置；

2）钢筋的牌号、规格、数量、位置、间距，箍筋弯钩的弯折角度及平直段长度；

3）钢筋的连接方式、接头位置、接头数量、接头面积百分率、搭接长度、锚固方式及锚固长度；

4）预埋件、预留管线的规格、数量、位置；

5）预制构件之间及预制构件与后浇混凝土之间隐蔽的节点、接缝；

6）预制混凝土构件接缝处防水、防火等构造做法；

7）保温及其节点施工；

8）其他隐蔽项目。

（6）装配式混凝土结构验收时，除应符合现行国家标准《混凝土结构工程施工质量验收规范》GB 50204—2015 的有关规定提供文件和记录外，尚应提供下列文件和记录：

1）工程设计文件、预制构件安装施工图和加工制作详图；

2）预制构件、主要材料及配件的质量证明文件、进场验收记录、抽样复验报告；

3）预制构件安装施工记录；

4）钢筋套筒灌浆、浆锚搭接连接的施工检验记录；

5）后浇混凝土部位的隐蔽工程检查验收文件；

6）后浇混凝土、灌浆料、坐浆材料强度检测报告；

7）外墙防水施工质量检验记录；

8）装配式结构分项工程质量验收文件；

9）装配式工程的重大质量问题的处理方案和验收记录；

10）装配式工程的其他文件和记录。

2. 预制构件

（1）主控项目

1）预制构件结构性能检验应符合设计和现行国家标准《混凝土结构工程施工质量验收规范》GB 50204—2015 的有关规定。

检查数量：按批检查。

检验方法：检查结构性能检验报告或其他代表结构性能的质量证明文件。

2）预制构件的混凝土外观质量不应有严重缺陷，且不应有影响结构性能和安装、使用功能的尺寸偏差。

检查数量：全数检查。

检验方法：观察、尺量；检查处理记录。

3）预制构件表面预贴饰面砖、石材等饰面与混凝土的粘接性能应符合设计和现行有关标准的规定。

检查数量：按批检查。

检验方法：检查拉拔强度检验报告。

（2）一般项目

1）预制构件外观质量不应有一般缺陷，对出现的一般缺陷应要求构件生产单位按技术处理方案进行处理，并重新检查验收。

检查数量：全数检查。

检验方法：观察，检查技术处理方案和处理记录。

2）预制构件粗糙面的外观质量、键槽的外观质量和数量应符合设计要求。

检查数量：全数检查。

检验方法：观察，量测。

3）预制构件表面预贴饰面砖、石材等饰面及装饰混凝土饰面的外观质量应符合设计要求或有关标准规定。

检查数量：按批检查。

检验方法：观察或轻击检查；与样板比对。

4）预制构件上的预埋件、预留插筋、预留孔洞、预埋管线等规格型号、数量应符合设计要求。

检查数量：按批检查。

检验方法：观察、尺量；检查产品合格证。

5）预制板类、墙板类、梁柱类构件外形尺寸偏差和检验方法应分别符合表

10-2～表 10-4 的规定。

检查数量：按照进场检验批，同一规格（品种）的构件每次抽检数量不应少于该规格（品种）数量的 5%，且不少于 3 件。

6）装饰构件的装饰外观尺寸偏差和检验方法应符合设计要求；当设计无具体要求时，应符合表 10-5 的规定。

检查数量：按照进场检验批，同一规格（品种）的构件每次抽检数量不应少于该规格（品种）数量的 10%，且不少于 5 件。

3. 安装与连接

（1）主控项目

1）预制构件临时固定措施应符合设计、专项施工方案要求及国家现行有关标准的规定。

检查数量：全数检查。

检验方法：观察检查，检查施工方案、施工记录或设计文件。

2）装配式结构采用后浇混凝土连接时，构件连接处后浇混凝土的强度应符合设计要求。

检查数量：按批检验。

检验方法：应符合现行国家标准《混凝土强度检验评定标准》GB/T 50107—2010 的有关规定。

3）钢筋采用套筒灌浆连接、浆锚搭接连接时，灌浆应饱满、密实，所有出口均应出浆。

检查数量：全数检查。

检验方法：检查灌浆施工质量检查记录、有关检验报告。

4）钢筋套筒灌浆连接及浆锚搭接连接用的灌浆料强度应满足设计要求。

检查数量：按批检验，以每层为一检验批；每工作班应制作 1 组且每层不应少于 3 组 40mm×40mm×160mm 的长方体试件，标准养护 28d 后进行抗压强度试验。

检验方法：检查灌浆料强度试验报告及评定记录。

5）预制构件底部接缝坐浆强度应满足设计要求。

检查数量：按批检验，以每层为一检验批；每工作班同一配合比应制作 1 组且每层不应少于 3 组边长为 70.7mm 的立方体试件，标准养护 28d 后进行抗压强度试验。

检验方法：检查坐浆材料强度试验报告及评定记录。

6）钢筋采用机械连接时，其接头质量应符合现行行业标准《钢筋机械连接技术规程》JGJ 107—2016 的有关规定。

检查数量：应符合现行行业标准《钢筋机械连接技术规程》JGJ 107—2016 的有关规定。

检验方法：检查钢筋机械连接施工记录及平行试件的强度试验报告。

7）钢筋采用焊接连接时，其焊缝的外观质量和尺寸偏差应满足设计要求，并应符合现行行业标准《钢筋焊接及验收规程》JGJ 18—2012 的有关规定。

检查数量：应符合现行行业标准《钢筋焊接及验收规程》JGJ 18—2012 的有关规定。

检验方法：检查钢筋焊接施工记录及平行试件的强度试验报告。

8）预制构件采用型钢焊接连接时，型钢焊缝的外观质量及尺寸偏差应满足设计要求，并应符合现行国家标准《钢结构焊接规范》GB 50661—2011 和《钢结构工程施工质量验收规范》GB 50205—2001 的有关规定。

检查数量：全数检查。

检验方法：应符合现行国家标准《钢结构工程施工质量验收规范》GB 50205—2001 的有关规定。

9）预制构件采用螺栓连接时，螺栓的材质、规格、拧紧力矩应符合设计要求及现行国家标准《钢结构设计规范》GB 50017—2003 和《钢结构工程施工质量验收规范》GB 50205—2001 的有关规定。

检查数量：全数检查。

检验方法：应符合现行国家标准《钢结构工程施工质量验收规范》GB 50205—2001 的有关规定。

10）装配式结构分项工程的外观质量不应有严重缺陷，且不得有影响结构性能和使用功能的尺寸偏差。

检查数量：全数检查。

检验方法：观察、量测；检查处理记录。

（2）一般项目

1）装配式结构分项工程的施工尺寸偏差及检验方法应符合设计要求；当设计无要求时，应符合表 10-6 的规定。

检查数量：按楼层、结构缝或施工段划分检验批。同一检验批内，对梁、柱，应抽查构件数量的 10%，且不少于 3 件；对墙和板，应按有代表性的自然间抽查 10%，且不少 3 间；对大空间结构，墙可按相邻轴线间高度 5m 左右划分检查面，板可按纵、横轴线划分检查面，抽查 10%，且均不少于 3 面。

2）外墙板接缝的防水性能应符合设计要求。

检验数量：按批检验。每 $1000m^2$ 外墙（含窗）面积应划分为一个检验批，不足 $1000m^2$ 时也应划分为一个检验批；每个检验批应至少抽查一处，抽查部位应由相邻两层 4 块墙板形成的水平和竖向十字接缝区域，面积不得少于 $10m^2$。

检验方法：检查现场淋水试验报告。

3）装配式混凝土建筑的饰面外观质量应符合设计要求，并应符合现行国家标准《建筑装饰装修工程质量验收规范》GB 50210—2001 的有关规定。

检查数量：全数检查。

检验方法：观察、对比量测。

4. 部品安装

（1）装配式混凝土建筑在混凝土结构子分部工程完成分段或整体验收后，方可进行装饰装修的部品安装施工。

(2) 装配式混凝土建筑中涉及围护、隔断、外装饰、内装饰等部品安装施工质量验收应符合现行国家标准《建筑装饰装修工程质量验收规范》GB 50210—2001的有关规定。

(3) 装配式混凝土建筑的部品安装应按地面、隔断、围护、门窗、吊顶、储藏收纳、集成厨房、集成卫生间等子分部工程合理规划其分项工程、检验批等质量验收要求。

复习思考题

1. 单选题

(1) 由预制的大型内外墙板、楼板和屋面板等板材装配而成的建筑，为(　　)。

A. 砌块建筑　　B. 板材建筑

C. 盒式建筑　　D. 升板和升层建筑

(2) 预制构件生产工艺流程顺序正确的为(　　)。

A. 底模清理→划线机划线→安装侧模→钢筋加工安装→混凝土浇筑→养护→脱模→成品验收

B. 底模清理→划线机划线→钢筋加工安装→安装侧模→混凝土浇筑→养护→脱模→成品验收

C. 底模清理→划线机划线→安装侧模→钢筋加工安装→混凝土浇筑→脱模→养护→成品验收

D. 划线机划线→底模清理→安装侧模→钢筋加工安装→混凝土浇筑→脱模→养护→成品验收

(3) 预制构件生产时，混凝土放料高度宜小于(　　)mm，并均匀摊铺。

A. 400　　B. 500

C. 600　　D. 700

(4) 夹心保温外墙板最高养护温度不宜大于(　　)℃。

A. 40　　B. 50

C. 60　　D. 70

(5) 水平运输时，预制混凝土梁、柱构件叠放不宜超过(　　)层，板类构件叠放不宜超过(　　)层。

A. 3；4　　B. 4；5

C. 4；6　　D. 3；6

(6) 竖向预制构件安装采用临时支撑时，不应少于(　　)道。

A. 2　　B. 3

C. 4　　D. 5

(7) 墙体节点部位连接可采用(　　)连接接头。

A. 机械　　B. 焊接

C. 绑扎　　　　　　　　　　　　D. 钢筋套筒灌浆

(8) 在叠合板构件吊装就位时安装临时支撑，以下说法正确的是（　　）。

A. 上、下层临时支撑要在同一位置

B. 上、下层临时支撑可不在同一位置

C. 临时支撑可以随时拆除

D. 对临时支撑无要求

(9) 套筒灌浆连接接头对同条件试块留置的要求是（　　）。

A. 每个施工段留置两组灌浆试块

B. 每个施工段留置三组灌浆试块

C. 每个施工段留置一组灌浆试块

D. 以上均可以

(10) 吊装作业安全应符合下列规定（　　）。

A. 吊机吊装区域内，非作业人员严禁进入

B. 吊运预制构件时，作业人员可站在构件下方

C. 高空作业直接用手扶预制构件

D. 遇到雨、雪、雾天气，或者风力大于 5 级时，不得进行吊装作业

2. 简答题

(1) 什么是装配式混凝土结构？什么是装配率？

(2) 简述夹心保温外墙板生产工艺流程。

(3) 装配式混凝土建筑施工方案包括哪些方面内容？

(4) 简述半装配式混凝土结构施工工艺流程。

(5) 简述预制墙体吊装施工过程。

(6) 简述套筒灌浆连接接头施工工艺流程。对竖向钢筋连接，应如何注浆？

(7) 装配式结构连接节点及叠合构件隐蔽工程验收包括哪些内容？

任务 11

季节性施工

【任务目标】

(1) 了解冬期、雨期施工的特点和原则；
(2) 会编制主要分项工程冬期施工方案；
(3) 了解土方工程的冬期施工；
(4) 掌握砌体工程冬期施工方法；
(5) 能确定混凝土结构工程的冬期施工方法。

过程 11.1 冬期施工

我国地域广阔，东西南北各地气温相差很大，北方广大地区每年都有较长时间的负温天气，南方地区冬季出现负温的时间较短，而一个大中型建筑工程的工期至少一年时间，在建设中不可避免地要进行冬期和雨期施工。建筑施工都是露天作业，冬季的负温和雨季的降水给施工带来很多困难，按常温条件施工已不能适应。在冬、雨期施工时，除了按正常施工条件下完成各项要求外，还必须从当地的具体条件出发，选择合理的施工方法，制定合理的冬、雨期施工方案，确保工程质量，降低工程费用。

11.1.1 冬期施工的特点和原则

冬期施工所采取的技术措施，是以气温作为依据，对各分项工程冬期施工的起止日期，规范都做了相应的规定。

冬期施工具有以下特点：

（1）冬期施工是质量事故的多发季节。

（2）冬期施工发现质量事故呈滞后性。

（3）冬期施工的计划性和准备工作的时间性强。

11.1.2　冬期施工方案的编制

1. 冬期施工方案编制前的准备工作

（1）进入冬期施工之前，应进行全面的调研，掌握必要的数据，掌握冬期施工栋号的建筑面积、工程项目及其工作量、冬期施工部位及其技术要求。

（2）进入冬期施工的工程项目，应全面进行图纸复查。如不适合冬期施工要求的工程项目（或部位），应及时向建设单位及设计单位提出修改设计要求。

（3）根据冬期施工技术要求，掌握资源供应情况。

（4）对于复杂工程、技术要求高的工程，要进行冬期施工技术可行性的综合分析（包括经济、资源、工程质量、工期等方面）。

2. 冬期施工方案的主要内容

（1）冬期施工生产任务安排及施工部署。

（2）工程项目的实物量和工作量，施工程序、进度计划和分项工程在不同的冬期施工阶段中的施工方法及技术措施。

（3）热源设备计划（包括供热热源和热能转换设备）。

（4）保温材料、外加剂材料计划。

（5）冬期施工人员技术培训、劳动力计划。

（6）工程质量控制要点。

（7）冬期安全生产及防火技术措施。

11.1.3　土方工程的冬期施工

1. 地基土的保温防冻措施

（1）翻松耙平土防冻法

进入冬期，在挖土的地表层先翻松 25～40cm 厚表层土并耙平，其宽度应不小于土冻后深度的两倍与基底宽之和（图 11-1）。

（2）覆盖防冻法

在降雪量较大的地区，可利用较厚的雪层覆盖作保温层，防止地基土冻结，适用于大面积的土方工程。具体做法是，在地面上与主导方向垂直的方向设置篱笆、栅栏或雪堤（高度为 0.5～1.0m，间距为 10～15m），人工积雪防冻（图 11-2）。面积较小的沟槽（坑）的土方工程，可以在地面上挖积雪沟（深 300～500mm），并随即用雪将沟填满，以防止未挖土层冻结。

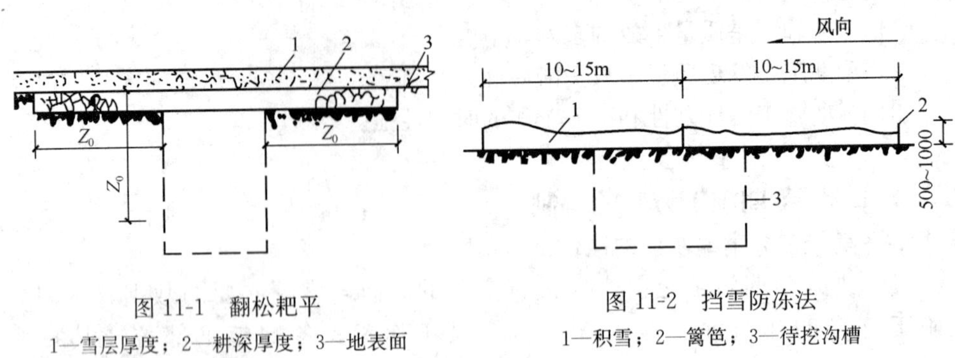

图 11-1 翻松耙平

1—雪层厚度；2—耕深厚度；3—地表面

图 11-2 挡雪防冻法

1—积雪；2—篱笆；3—待挖沟槽

（3）保温覆盖法

面积较小的基槽（坑）的地基土防冻，可在土层表面直接覆盖炉渣、锯末、草垫等保温材料，其宽度为土层冻结深度的两倍与基槽宽度之和。

（4）暖棚法

主要适用于基础和地下工程。

2. 机械开挖冻土

（1）当冻土层厚度为 0.4m 以内时，可选用不同类型机械设备直接进行挖掘，如果冻土层厚度超过 0.4～1.2m 时，要用重锤击碎冻土，然后用装载机或反、正铲装车运出。

（2）根据开挖面积的大小、形状和开挖的深度具体条件，合理布置挖掘机、装载机和碎机等的作业方向，保证运输道路畅通，要有合理的进出环形道路，充分发挥各种作业机械设备的效率。

3. 土方回填

由于土冻结后成为坚硬的土块，在回填过程中不能压实或夯实，土解冻后会造成下沉。所以土方回填应严格按施工验收规范要求进行施工。

（1）基坑、基槽等砌筑完毕后，室外的基槽或管沟可采用含有冻土块的土回填，但冻土颗粒直径不得大于 15cm，含量不得超过填土总体积的 15%，且应分布均匀。回填地下管道的沟槽时，管顶上 50cm 厚范围内不得用冻土回填，50cm 以下部分冻土体积不得超过 15%。

（2）室内的基槽或管沟不得采用冻土回填。

（3）构筑物及有路面的道路，路基范围内管沟不得用冻土回填。

（4）为确保冬期回填的质量，对一些重大工程项目，必要时可用砂土进行回填。

（5）在冻胀土上的地梁，桩基的承台，其下面有可能被冻土隆起，要回填炉渣、矿渣等松散材料。

（6）所有回填地方，均必须排除积水，清除冰块等杂物。其每层填铺厚度，应比夏季小，一般不超过 20cm。用夯锤夯实或碾压机压实、导沟下部少许挖进，但不得超过冻土层厚的 2/3。

（7）基坑开挖后要及时采取保温措施，防止冻土产生，检查合格后及时进入下道工序施工。

11.1.4 砌体工程冬期施工

1. 砌体工程冬期施工的确定

《砌体结构工程施工质量验收规范》GB 50203—2011 规定，当室外日平均气温连续 5 天稳定低于 5℃时，砌体工程应采取冬期施工措施。

注：气温根据当地气象资料确定。冬期施工期限以外，当日气温低于 0℃时也应采取冬期施工措施。

2. 砌体工程冬期施工的方法

砌体工程冬期施工的方法有：掺盐砂浆法、冻结法、暖棚法。

（1）掺盐砂浆法

在砌筑砂浆内掺加一定数量的抗冻外加剂，从而降低水溶液冰点，使砂浆在负温下不冻结，且强度能够继续增长，这种砌筑方法叫掺盐砂浆法。

1）掺盐砂浆法的作用原理

砂浆中掺入一定剂量的盐类，可以降低水溶液的冰点，保证砂浆中有液态的水存在，使水化反应在一定负温下不间断进行，使砂浆在负温下强度能够继续缓慢增长，同时氯盐又是提高水泥早期强度的早强剂，只要合理配置和使用掺盐砂浆，就能保证负温条件下砌体施工的强度和质量。

2）掺用氯盐的砂浆砌体要求

由于氯盐砂浆吸湿性强，使结构保温性能下降，并且有导电和析盐现象，氯盐对钢筋有腐蚀作用，因此，下列工程严禁采用掺氯盐砂浆施工：

①对装饰材料有特殊要求的建筑物。

②使用湿度大于 80%的建筑物。

③配筋、钢埋件无可靠的防腐处理措施的砌体。

④接近高压电路的建筑物（如变电站）。

⑤经常处于地下水位变化范围以内，以及在水下未设防水保护层的结构。

3）砌体工程冬期施工材料的规定

①普通砖、多孔砖、空心砖、灰砂砖、混凝土小型空心砌块、加气混凝土砌块和石材在砌筑前，应消除表面污物、冰雪等，不得使用遭水浸和受冻后的砖和砌块。

②砂浆宜优先采用普通硅酸盐水泥拌制；冬期施工不得使用无水泥拌制的砂浆。

③石灰膏、电石膏等应保温防冻；当遭受冻结，应经融化后方可使用。

④拌制砂浆所用的砂，不得含有直径大于 10mm 的冻结块或冰块。

⑤拌合砂浆时，水温不得超过 80℃，砂的温度不得超过 40℃。砂浆稠度宜较常温状态下适当增加。

4）砌体冬期施工要求

①冬期施工中，每日砌筑后，应及时在砌筑表面进行保护性覆盖，砌筑表面不得留有砂浆，在继续砌筑前，应扫净砌筑表面。

②砌体工程冬期施工应优先选用外加剂（掺盐砂浆）法，对绝缘、装饰等方面有特殊要求的工程，应采用冻结法或其他施工方法。

③混凝土小型空心砌块不得采用冻结法施工，加气混凝土砌块承重墙体及围护外墙不宜冬期施工。

④冬期施工砂浆试块的留置，除应按常温规定要求以外，尚应增设一组与砌体同条件养护的试块，用于检验转入常温 28d 砂浆强度；如有特殊要求，可另外增加相应龄期同条件的试块。

⑤砂浆使用温度当采用掺外加剂法时，不应低于+5℃；采用氯盐砂浆法时，不应低于+5℃。

⑥基土无冻胀土时，基础可在冻结的地基上砌筑，基土有冻胀性土时，应在未冻的地基上砌筑；在施工时和回填土前，均应防止地基遭受冻结。

⑦冬期砌筑工程应进行质量控制，在施工日记中除应按常规要求外，尚应记录室外空气温度、暖棚温度、砌筑时的砂浆温度、外加剂的掺量以及其他有关资料。

(2) 冻结法

冻结法是将拌合水预先加热，其他材料在拌合前应保持正温，不掺用任何抗冻化学试剂；拌合的砂浆，允许在砌筑砌体后遭受冻结。

1) 冻结法施工注意事项

①当室外空气温度分别为 10～−0℃、−25～−11℃、−25℃以下时，砂浆使用最低温度分别为 10℃、15℃、20℃。

②在冻结法施工的解冻期间，应经常对砌体进行观测和检查，如发现裂缝、不均匀沉降等情况，应立即采取加固措施。

2) 为了保证砌体在解冻时正常沉降、稳定和安全，施工操作应遵守下列规定：

①冻结法宜采用水平分段施工，分段宜划在变形缝处，每日砌筑高度及临时间断处的高度差，均不得大于 1.2m。

②砌体水平灰缝不宜大于 10mm。

③跨度大于 0.7m 的过梁，应采用预制过梁；跨度较大的梁、悬挑结构，在砌体解冻前应在下面设临时支撑，当砌体强度达到设计值的 80%时，方可拆除临时支撑。

④门窗框上部应留 3～5mm 的空隙，作为化冻后预留沉降量。

(3) 暖棚法

暖棚法是利用简易结构和保温材料，将需要砌筑的砌体临时封闭起来，使之在合理温度条件下砌筑和养护。适用范围：由于暖棚法费用高，热效低、劳动效率不高，很少采用。一般适用于地下工程、基础工程等。

11.1.5 混凝土结构工程的冬期施工

1. 混凝土冬期施工的确定

《建筑工程冬期施工规程》JGJ/T 104—2011 规定，冬期施工期限的划分原则是：根据当地多年气象资料统计，当室外日平均气温连续 5d 稳定低于 5℃即进入冬期施工；当室外日平均气温连续 5d 高于 5℃即解除冬期施工。

2. 混凝土冬期施工的原理

冬期施工时，气温低，水泥水化作用减弱，新浇混凝土强度增长明显地延缓，当气温降至 0℃以下时，水泥水化作用基本停止，混凝土强度已停止增长。因此，混凝土强度增长速度在湿度一定时主要取决于温度的变化。特别是气温降至混凝土冰点温度（新浇混凝土冰点温度为－1.5～－0.3℃）以下时，混凝土中游离水开始冻结，气温降至－4℃时，水化水开始冻结，水化作用停止，冻结后的水体积膨胀约 8%～9%，在混凝土内部形成强大的冻胀应力，将使强度尚低的混凝土内部产生微裂缝，同时降低了水泥与砂石和钢筋间的粘结力，导致结构强度和耐久性降低。

新浇混凝土在养护初期遭受冰冻，当气温恢复到正温后，即使正温养护至一定龄期，也不能达到其设计强度，这就是混凝土的早期冻害。

如果混凝土受冻前已经具备抵抗冻胀应力的强度，则混凝土内部结构就不会受冻结的损害。

3. 混凝土受冻临界强度及规范规定

混凝土受冻临界强度：冬期浇筑的混凝土在受冻以前必须达到的最低强度，称为混凝土受冻临界强度。

（1）采用蓄热法、暖棚法、加热法施工的普通混凝土：采用硅酸盐水泥、普通硅酸盐水泥时，其受冻临界强度不应小于设计混凝土强度等级的 30%；采用矿渣硅酸盐水泥、粉煤灰硅酸盐水泥、火山灰质硅酸盐水泥、复合硅酸盐水泥时，其受冻临界强度不应小于设计混凝土强度等级的 40%。

（2）当室外最低气温不低于－15℃时，采用综合蓄热法、负温养护法施工的混凝土受冻临界强度不应小于 4.0 MPa；当室外最低气温不低于－30℃时，采用负温养护法施工的混凝土受冻临界强度不应小于 5.0MPa。

（3）对强度等级不小于 C50 的混凝土，不宜小于设计混凝土强度等级的 30%。

（4）对有抗渗要求的混凝土，不宜小于设计混凝土强度等级的 50%。

（5）对有抗冻耐久性要求的混凝土，不宜小于设计混凝土强度等级的 70%。

（6）当采用暖棚法施工的混凝土中掺有早强剂时，可按综合蓄热法受冻临界强度取值。

（7）当施工需要提高混凝土强度等级时，应按提高后的强度等级确定受冻临界强度取值。

4. 混凝土冬期施工方法的选择

混凝土浇筑后，为保证混凝土在达到抗冻临界强度之前不受冻，必须选择适当的施工方法，使混凝土不受冻害，常用混凝土冬期施工方法有四种：蓄热法、掺外加剂法、综合蓄热法、外部加热法。

（1）蓄热法

混凝土浇筑后，利用原材料加热及水泥水化热的热量，并采取适当保温措施延缓混凝土冷却，在混凝土温度降到0℃以前达到受冻临界强度的施工方法。

（2）负温养护法

在混凝土中掺入防冻剂，使其在负温条件下能够不断硬化，在混凝土温度降到防冻剂规定温度前达到受冻临界强度的施工方法。

（3）综合蓄热法

综合蓄热法是掺早强剂或早强型复合外加剂的混凝土浇筑后，利用原材料加热及水泥水化放热，并采取适当保温措施延缓混凝土冷却，在混凝土温度降到0℃以前达到受冻临界强度的施工方法。综合蓄热法可分为低蓄热养护和高蓄热养护两种方式。

（4）外部加热法

混凝土外部加热养护的方法有：蒸汽加热法、暖棚法、电热法。

蒸汽加热法：利用低压（小于0.07MPa）饱和蒸汽对混凝土结构构件均匀加热，在适当温度和湿度条件下，以促进水化作用，使混凝土加快凝结硬化，可以在较短养护时间内，获得较高强度或达到设计要求的强度。

电热法：在混凝土结构的内部或外表设置电极，通以低电压电流，由于混凝土的电阻作用，使电能变为热能加热养护混凝土。

5. 混凝土冬期施工的材料要求和施工要求

一般情况下，混凝土冬期施工要求在正温下浇筑，正温下养护，使混凝土强度在冰冻前达到受冻临界强度。

（1）混凝土冬期施工的材料要求

1）冬期施混凝土所用水泥，宜选用水化热高且早期强度高的硅酸盐水泥和普通硅酸盐水泥，并应符合下列规定：

①当采用蒸汽养护时，宜选用矿渣硅酸盐水泥。

②混凝土最小水泥用量不宜低于280kg/m^3，水胶比不应大于0.55。

③大体积混凝土的最小水泥用量，可根据实际情况决定。

④强度等级不大于C15的混凝土，其水胶比和最小水泥用量可不受以上限制。

2）拌制混凝土所用的骨料应清洁，不得含有冰、雪、冻块及其他易冻裂的物质。掺加含有钾、钠离子防冻剂的混凝土，不得采用活性骨料或在骨料中混有此类物质的材料。

3）冬期施工的混凝土选用外加剂应符合现行国家标准相关规定，非加热养护法混凝土施工，所选用的外加剂应含有引气组分或掺入引气剂，含气量宜控制在3%～5%。

4）钢筋混凝土掺用氯盐类防冻剂时，氯盐掺量不得大于水泥质量的 1%。掺用氯盐的混凝土应振捣密实，且不宜采用蒸汽养护。

5）在下列情况下，不得在钢筋混凝土中掺入氯盐：

①排出大量蒸汽的车间、浴池、游泳馆、洗衣房和经常处于空气相对湿度大于 80%的房间以及有顶盖的钢筋混凝土蓄水池等在高湿度空气环境使用的结构；

②处于水位升降部位的结构；

③露天结构或经常受雨、水淋的结构；

④有镀锌钢材或铝铁相接触部位的结构，和有外露钢筋、预埋件而无防护措施的结构；

⑤与含有酸、碱或硫酸盐等侵蚀介质相接触的结构；

⑥使用过程中经常处于环境温度大于 60℃以上的结构；

⑦使用冷拉钢筋或冷拔低碳钢丝的结构；

⑧薄壁结构，中级或重级工作制的吊车梁、屋架、落锤或锻锤基础结构；

⑨直接靠近高压电源（发电站、变电所）的结构；

⑩预应力混凝土结构。

（2）混凝土原材料加热、搅拌、运输和浇筑的要求

1）混凝土原材料加热应优先采用加热水的方法，当加热水仍不能满足要求时，再对骨料进行加热。水、骨料加热的最高温度应符合表 11-1 的规定。当水、骨料达到规定温度仍不能满足热工计算要求时，可提高水温到 100℃，但水泥不得与 80℃以上的水直接接触。

2）水加热宜采用蒸汽加热、电加热或汽水热交换罐或其他的加热方法。水箱或水池容积及水温应能满足连续施工要求。

3）水泥不得直接加热，袋装水泥使用前宜运入暖棚内存放。

拌合水及骨料加热最高温度 **表 11-1**

水泥强度等级	拌合水	骨料
小于 42.5 级	80℃	60℃
42.5、42.5R 及以上	60℃	40℃

4）混凝土的入模温度不应低于 5℃，当不符合要求时，应采取措施进行调整。

5）混凝土运输与输送的机具应进行保温或具有加热装置。泵送混凝土在浇筑前应对泵管进行保温，并应采用与施工混凝土同配比的砂浆预热。

6）混凝土在浇筑前，应清除模板和钢筋上的冰雪和污垢。

7）冬期不得在强冻胀性地基土上浇筑混凝土。在弱冻胀性地基土上浇筑混凝土时，基土不得受冻。在非冻胀性地基土上浇筑混凝土时，混凝土在受冻前的抗压强度应符合相关规程要求。

8）大体积混凝土分层浇筑时，已浇筑层的混凝土温度在未被上一层混凝土覆盖前不应低于 2℃。采用加热养护时，养护前的温度也不得低于 2℃。

（3）混凝土蓄热法和综合蓄热法养护

1）综合蓄热法施工应选用早强剂或早强型复合防冻剂，并应具有减水、引气作用。

2）混凝土浇筑后应在裸露混凝土表面采用塑料布等防水材料覆盖并进行保温。对边、棱角部位的保温厚度应增大到表面部位的2～3倍。混凝土在养护期间应防风、防失水。

6. 混凝土冬期施工质量控制和检查

（1）冬期施工混凝土质量检查除应符合国家现行标准《混凝土结构工程施工及验收规范》GB 50204—2015及其他国家有关标准规定外，尚应符合下列要求：

1）检查外加剂质量及掺量。外加剂进入施工现场后应进行抽样检验，合格后方准使用。

2）应根据施工方案确定的参数检查水、骨料、外加剂溶液和混凝土出机、浇筑、起始养护时的温度。

3）应检查混凝土从入模到拆除保温层或保温模板期间的温度。

4）采用预拌混凝土时，原材料、搅拌、运输过程中的温度检查及混凝土质量检查应由预拌混凝土生产企业进行，并应将记录资料提供给施工单位。

（2）冬期施工测温的项目与频次应符合表11-2规定。

（3）混凝土养护期间温度测量应符合下列规定：

1）采用蓄热法或综合蓄热法时，在达到受冻临界强度之前应每隔4～6h测量一次；

2）采用负温养护法时，在达到受冻临界强度之前应每隔2h测量一次；

3）采用加热法时，升温和降温阶段应每隔1h测量一次，恒温阶段每隔2h测量一次；

4）混凝土在达到受冻临界强度后，可停止测温；

5）大体积混凝土测温应按《大体积混凝土施工规范》GB 50496—2009相关规定执行。

施工期间的测温项目与频次　　**表11-2**

测温项目	频次
室外气温	测最高、最低气温
环境温度	每一昼夜不少于4次
搅拌机棚温度	每一工作班不少于4次
水、水泥、砂、石及外加剂溶液温度	每一工作班不少于4次
混凝土出机、浇筑、入模的温度	每一工作班不少于4次

（4）养护温度的测量方法应符合下列规定：

1）测温孔均应编号，并应绘制测温孔布置图，现场应设置明显的标识。

2）测温时，测温元件应采取措施与外界气温隔离。测温元件的测量位置应处于结构表面下20mm处，留置在测温孔的时间不应少于3min。

3）采用非加热法养护时，测温孔应设置在易于散热的部位，采用加热法养护时，应分别设置在离热源不同的位置。

（5）混凝土质量检查应符合下列规定：

1）应检查混凝土表面是否受冻、粘连、收缩裂缝，边角是否脱落，施工缝处有无受冻痕迹。

2）应检查同条件养护试块的养护条件是否与结构实体相一致。

3）采用成熟度法检验混凝土强度时，应检查测温记录与计算公式要求是否相符。

（6）模板和保温层在混凝土达到要求强度并冷却到5℃后方可拆除。拆模时混凝土表面温度与环境温度差大于20℃时，混凝土表面应及时覆盖，使其缓慢冷却。

（7）混凝土抗压强度试件的留置除应按现行国家标准《混凝土结构施工质量验收规范》GB 50204—2015 规定进行外，尚应增设不少于 2 组同条件养护试件。

11.1.6　保温及屋面防水工程冬期施工

1. 一般规定

（1）保温工程，屋面防水工程冬期施工应选择晴朗天气进行，不得在雨、雪天和五级及其以上风力或基层潮湿、结冰、霜冻条件下进行。

（2）保温及屋面工程应依据材料性能确定施工气温界限，最低施工环境气温宜符合表 11-3 的规定。

保温及屋面工程施工环境气温要求　　**表 11-3**

防水与保温材料	施工环境气温
粘结保温板	有机胶粘剂不低于－10℃；无机胶粘剂不低于 5℃
现喷硬泡聚氨酯	15～30℃
高聚物改性沥青防水卷材	热熔法不低于－10℃
合成高分子防水卷材	冷粘法不低于 5℃；焊接法不低于－10℃
高聚物改性沥青防水涂料	溶剂型不低于 5℃；热熔型不低于－10℃
合成高分子防水涂料	溶剂型不低于－5℃
防水混凝土，防水砂浆	符合混凝土、砂浆相关规定
改性石油沥青密封材料	不低于 0℃
合成高分子密封材料	溶剂型不低于 0℃

（3）保温与防水材料进场后，应存放于通风，干燥的暖棚内，并严禁接近火源和热源。棚内温度不宜低于 0℃，且不得低于表 11-3 规定的温度。

（4）施工时，应合理安排隔汽层，保温层，找平层，防水层的各项工序，连续操作，已完成部位应及时覆盖，防止受潮与受冻。穿过屋面防水层的管道，设备或预埋件，应在防水施工前安装完毕。

2. 外墙外保温工程施工

（1）外墙外保温工程冬期施工宜采用 EPS 板薄抹灰外墙外保温系统，EPS 板现浇筑混凝土外墙外保温系统或 EPS 钢丝网架板现浇混凝土外墙外保温系统。

(2) 建筑外墙外保温冬期施工最低温度不应低于−5℃。

(3) 建筑外墙外保温工程期间以及完工后的24h内，基层及环境空气温度不应低于5℃。

(4) 进场的EPS板胶粘剂，聚合物抹面胶浆应存放于暖棚内，液态材料不得受冻，粉状材料不得受潮，其他材料应符合有关规定。

(5) EPS板薄抹灰外墙外保温系统应符合下列规定：

1) 应采用低温型EPS板胶粘剂和低温型聚合物抹面胶浆，并应按产品说明书要求进行使用。

2) 低温型EPS板胶粘剂和低温型EPS板聚合物抹面胶浆的性能应符合规定。

3) 胶粘剂和聚合物抹面胶浆拌合温度皆应高于5℃，聚合物抹面胶浆拌合水温度不宜高于80℃，且不宜低于40℃。

4) 拌合完毕的EPS板胶粘剂和聚合物抹面胶浆每隔15min搅拌一次，1h内使用完毕。

5) 施工前应按常温规定检查基层施工质量，并确保干燥，无结冰，无霜冻。

6) EPS板粘贴应保证有效粘贴面积大于50%。

7) EPS板粘贴完毕后，应养护至规定强度后方可而进行面层薄抹灰施工。

(6) EPS板现浇混凝土外墙外保温系统和EPS钢丝网架板现浇混凝土外墙外保温系统冬期施工应符合下列规定：

1) 施工前应经过试验确定负温混凝土配合比，选择合适的混凝土防冻剂。

2) EPS板内外表面应在暖棚内喷刷界面砂浆。

3) 抹面层厚度应均匀，钢丝网应完全包覆于抹面层中；分层抹灰时，底层灰不得受冻，抹灰砂浆在硬化初期应采取保温措施。

11.1.7 建筑装饰装修工程冬期施工

1. 一般规定

(1) 外墙饰面砖、饰面板以及马赛克饰面工程采用湿贴法作业时，不宜进行冬期施工。

(2) 外墙抹灰后需进行涂料施工时，抹灰砂浆内所掺的防冻剂品种应与所选涂料的材质相匹配，具有良好的相溶性，防冻剂的掺量和使用效果通过试验确定。

(3) 装饰装修施工前，应将墙体基层表面冰、雪、霜等清理干净。

(4) 室内抹灰前，应提前做好屋面防水层、保温层及室内封闭保温层。

(5) 室内装饰施工可采用建筑物正式热源、临时性管道或火炉、电气取暖，若采用火炉取暖时，应采取预防煤气中毒的措施。

(6) 室内抹灰、块料装饰工程施工与养护期间的温度不低于5℃。

(7) 冬期抹灰及粘贴面砖所用的砂浆应采取保温防冻措施。室外用砂浆内可掺入防冻剂，其掺量应根据施工和养护期间环境温度，经试验确定。

(8) 室内粘贴壁纸时，其环境温度不低于5℃。

2. 抹灰工程

（1）室内抹灰的环境温度不应低于5℃，抹灰前，应将门口和窗口、外墙脚手眼或孔洞等封堵好，施工洞口、运料口及楼梯间等处应封闭保温。

（2）砂浆应在搅拌棚内集中搅拌，并应随用随拌，运输过程中应进行保温。

（3）室内抹灰工程结束后，在7d内应保持室内温度不低于5℃。当采用热空气加热时，应注意通风，排除湿气。当抹灰砂浆中掺入防冻剂时，温度可相应降低。

（4）砂浆防冻剂的掺量应按使用温度与产品说明书规定经试验确定。当采用氯化钠作为砂浆防冻剂时，其掺量可按表11-4进行控制；当采用亚硝酸钠作为砂浆防冻剂时，其掺量可按表11-5控制。

砂浆内氯化钠掺量　　表11-4

室外气温（℃）		−5～0	−10～−5
氯化钠掺量（占拌合水质量百分比，%）	挑檐，阳台，雨罩，墙面等抹水泥砂浆	4	4～8
	墙面为水刷石，干粘石水泥砂浆	5	5～10

砂浆内亚硝酸钠掺量　　表11-5

室外温度（℃）	−3～0	−9～−4	−15～−10	−20～−16
亚硝酸钠掺量（占水泥质量百分比，%）	1	3	5	8

（5）当抹灰基层表面有冰、霜、雪时，可采用与抹灰砂浆相同浓度的防冻剂溶液冲刷，并应清除表面的尘土。

（6）当施工要求分层抹灰时，底层灰不得受冻，抹灰砂浆在硬化初期应采取防止受冻的保温措施。

3. 油漆、刷浆、裱糊、玻璃工程

（1）油漆、刷浆、裱糊、玻璃工程应在采暖条件下进行施工。当需要在室外施工时，其最低环境温度不应低于5℃。

（2）刷调合漆时，应在其内加入调合漆质量2.5%的催干剂和5.0%的松香水，施工时应排除烟气和潮气，防止失光和发黏不干。

（3）室外喷、涂、刷油漆、高级涂料时应保持施工均衡。粉浆类料浆宜采用热水配制，随用随配并应将料浆保温，料浆使用温度宜保持15℃左右。

（4）裱糊工程施工时，混凝土或抹灰基层含水率不应大于8%。施工中当室内温度高于20℃，且相对湿度大于80%时，应开窗换气，防止壁纸皱折起泡。

（5）玻璃工程施工时、应将玻璃、镶接用合金、橡胶等材料运到有采暖设备的室内，施工环境温度不宜低于5℃。

（6）外墙铝合金、塑料框、大扇玻璃不宜在冬期安装。

过程 11.2　雨期施工

11.2.1　雨期施工的特点及要求

1. 雨期施工的特点

（1）雨期施工的开始具有突然性。这就要求提前做好雨期施工的准备工作和防范措施。

（2）雨期施工带有突击性。因为雨水对建筑结构和地基基础的冲刷或浸泡，有严重的破坏性，必须迅速及时地防护，以免发生质量事故。

（3）雨期往往持续时间较长，从而影响工期。

2. 雨期施工的要求

（1）在编制施工组织设计时，要根据雨期施工的特点，将不宜在雨期施工的分项工程避开雨期施工，对于必须在雨期施工的分项工程，做好充分的准备工作和防范措施。

（2）合理进行施工安排。做到晴天抓室外工作，雨天做室内工作。

（3）做好材料的防雨防潮和施工现场的排水等准备工作。

11.2.2　雨期施工的主要措施

（1）主要暂设道路应将路基碾压坚实，做好面层及排水沟、排水涵管等设施，确保雨季道路通畅，不淹不冲、不陷不滑。

（2）凡有可能积水的区域，应事先填筑平整。各种构件、大模板、机具等存放场地，以及现场钢筋、木工加工的生产场地，应分层碾压密实，严禁积水，防止雨季下沉。

（3）现场临时设施的搭设，应严格控制各有关规定实施，防洪器材要备齐并按有关规定发放。

（4）成立防汛领导小组，防洪器械完备，设专人负责。

（5）有足够塑料布保证新浇筑混凝土不被雨水冲刷及现场材料的覆盖。

（6）雨期施工前，应对各类仓库、配电室、机具料棚、食堂、宿舍（包括电压线路）等进行全面检查，加固补漏，对于危险建筑必须及时处理。

（7）脚手架的设计、搭设必须符合建设施工安全技术标准和安全操作规程要求，搭设后未经专业验收并合格的脚手架，一律不得投入使用。

（8）雨季施工中，要经常检查各类架子的根部及与建筑物的搭结牢固情况，要经常检查和及时维修加固各类脚手板及防滑条，确保架板稳固、防滑措施有效。

（9）塔吊、外用电梯、脚手架等必须有避雷措施，施工机械设备必须有接地接零措施，加设防雨罩，以防漏电。

（10）对终凝之前的混凝土，应及时覆盖，防止被雨冲淋。

（11）合模后不能及时浇筑混凝土时，模板下口要预留排水口，防止模内积水。

(12) 在浇筑混凝土中遇雨不能连续施工时，应按规范规定留置施工缝，并覆盖防雨材料。雨后继续施工时，应先对接槎部位处理后再进行浇筑。

(13) 防止雨水流入地下室，楼板孔要覆盖，在楼梯口做挡水措施。

(14) 水泥等材料存放要符合有关规定，下部垫起，距墙不小于 500mm，防止受潮。

(15) 砂、石等材料堆放时周围加以围护，防止被雨水冲散。

(16) 塔吊基础要做专业设计，做好排水槽，防止积水影响塔基稳定。

复习思考题

1. 单选题

(1) 采用普通硅酸盐水泥配制的混凝土受冻临界强度为设计强度等级的(　　)。

A. 10%　　B. 30%　　C. 20%　　D. 15%

(2) 混凝土采用冬期施工技术措施施工的依据是：连续五天室外平均气温低于(　　)。

A. +5℃　　B. −3℃　　C. 0℃　　D. −5℃

(3) 冬期施工时，混凝土的搅拌时间与常温时相比应(　　)。

A. 缩短 50%　　B. 不变　　C. 延长 50%　　D. 延长 10%

(4) 与混凝土受冻临界强度有关的因素是(　　)。

A. 水泥品种　　B. 骨料粒径

C. 混凝土强度等级　　D. A 和 C

(5) 采用矿渣水泥配制的混凝土受冻临界强度为设计强度的(　　)。

A. 40%　　B. 10%　　C. 30%　　D. 20%

(6) 当日平均气温降到(　　)℃以下时，混凝土工程必须采用冬期施工技术措施。

A. 0　　B. −2　　C. 5　　D. 10

(7) 冬期施工中，配制混凝土用的水泥强度等级不应低于(　　)级。

A. 32.5　　B. 42.5　　C. 52.5　　D. 62.5

(8) 冬期施工中，配制混凝土的水泥用量不应少于(　　)kg/m^3。

A. 300　　B. 310　　C. 320　　D. 330

(9) 冬期施工中，混凝土入模温度不得低于(　　)℃。

A. 0　　B. 3　　C. 5　　D. 10

(10) 冬期施工中配置混凝土用的水泥宜优先采用(　　)的硅酸盐水泥。

A. 活性低、水化热量大　　B. 活性高、水化热量小

C. 活性低、水化热量小　　D. 活性高、水化热量大

(11) 在冬期施工中，拌合砂浆用水的温度不得超过(　　)。

A. 30℃　　B. 45℃　　C. 50℃　　D. 80℃

(12) 冬期施工砖墙每日砌筑高度不应超过(　　)。

A. 1.5m　　B. 2.1m　　C. 1.2m　　D. 1.8m

(13) 砌体工程按冬期施工规定进行的条件是连续 5 天室外日平均气温低于（　　）℃。

A. 0　　B. +5　　C. −3　　D. +3

(14) 冬期混凝土浇筑时，混凝土试块的留设组数应增设（　　）。

A. 一组　　B. 两组　　C. 不增设　　D. 五组

(15) 冬期施工的屋面防水层采用卷材时，可采用热熔法施工。热熔法施工温度不应低于（　　）。

A. −10℃　　B. 5℃　　C. 0℃　　D. 10℃

2. 简答题

(1) 砌筑工程什么时候进入冬期施工？施工的方法有哪些？

(2) 混凝土工程什么时候进入冬期施工？施工的方法有哪些？

(3) 什么是混凝土的抗冻临界强度？

(4) 混凝土冬期施工质量检查的内容？

(5) 室内抹灰的养护温度不应低于多少度？

(6) 屋面保温层冬期施工要求有哪些？

(7) 装饰工程冬期施工的一般规定有哪些？

参 考 文 献

[1] 上海市建筑业联合会 等. 建筑工程质量控制与验收[M]. 北京：中国建筑工业出版社，2002.

[2] 中国建筑第七工程局. 建筑工程施工技术标准[M]. 北京：中国建筑工业出版社，2007.

[3] 北京建工集团有限责任公司. 建筑分项工程施工工艺标准[M]. 北京：中国建筑工业出版社，2008.

[4] 杨澄宇，周和荣. 建筑施工技术[M]. 北京：高等教育出版社，2002.

[5] 廖代广. 土木工程施工技术[M]. 武汉：武汉理工大学出版社，2002.

[6] 姚谨英. 建筑施工技术[M]. 北京：中国建筑工业出版社，2007.

[7] 廖春洪，王世奇. 建筑施工测量[M]. 北京：中国地质大学出版社，2007.

[8] 李斯. 建筑工程施工工艺与新技术新标准应用手册[M]. 北京：电子工业出版社，2000.

[9] 丛书编委会. 建筑施工手册[M]. 北京：中国建筑工业出版社，2016.

[10] 李继业. 建筑施工技术[M]. 北京：科学出版社，2001.

[11] 邓寿昌，李晓日. 土木工程施工[M]. 北京：北京大学出版社，2006.

[12] 程绪楷. 建筑施工技术[M]. 北京：化学工业出版社，2005.

[13] 李钓一梅，赵占军，建筑装饰施工技术[M]. 北京：科学出版社，2006.

[14] 瞿义勇. 建筑装饰装修工程质量验收与施工工艺对照使用手册[M]. 北京：知识产权出版社，2007.

[15] 苏中锐. 建筑装饰装修工程施工质量旁站监理手册[M]. 北京：机械工业出版社，2006.

[16] 吴洁. 建筑施工技术[M]. 北京：中国建筑工业出版社，2008.

[17] 上海隧道工程股份有限公司，装配式混凝土结构施工[M]. 北京：中国建筑工业出版社，2016.

[18] 刘海成，郑勇. 装配式剪力墙结构深化设计、构件制作与施工安装技术指南[M]. 北京：中国建筑工业出版社，2016.

[19] 山西建筑工程(集团)总公司等. GB 50204—2011 地下防水工程质量验收规范[S]. 北京：中国建筑工业出版社，2011.

[20] 山西建筑工程(集团)总公司等. GB 50345—2012 屋面工程技术规范[S]. 北京：中国建筑工业出版社，2012.

[21] 山西建筑工程(集团)总公司等. GB 50207—2012 屋面工程质量验收规范[S]. 北京：中国建筑工业出版社，2012.

[22] 中国建筑科学研究院. GB 50204—2015 混凝土结构工程施工质量验收规范[S]. 北京：中国建筑工业出版社，2015.

[23] 陕西省建筑科学研究院等. GB 50203—2011 砌体结构工程施工质量验收规范[S]. 北京：中国建筑工业出版社，2011.

[24] 中国建筑科学研究院. GB 50210—2001 建筑装饰装修工程质量验收规范[S]. 北京：中国建筑工业出版社，2012.

[25] 中国建筑科学研究院. GB 50666—2011 混凝土结构工程施工规范[S]. 北京：中国建筑

工业出版社，2011.

[26] 住房和城乡建设部. GB 50209—2010 建筑地面工程施工质量验收规范(英文版)[S]. 北京：中国建筑工业出版社，2010.

[27] 住房和城乡建设部. GB 50086—2015 岩土锚杆与喷射混凝土支护工程技术规范[S]. 北京：中国建筑工业出版社，2015.

[28] 中国建筑标准设计院，中国建筑科学研究会. JGJ 1—2014 装配式混凝土结构技术规程[S]. 北京：中国建筑工业出版社，2014.

[29] 住房和城乡建设部. 装配式混凝土结构建筑技术规范(征求意见稿). 2016.

[30] 中国建筑科学研究院 云南建工第二建设有限公司. JGJ 355—2015 钢筋套筒灌浆连接应用技术规程[S]. 北京：中国建筑工业出版社，2012.

[31] 河北城乡建设学校实训楼施工图.

[32] 河北城乡建设学校实训楼施工组织设计.